互换性与测量技术基础

The Second Edition
第二版

薛 岩　　刘永田　　等编著

化学工业出版社

·北京·

本书是高等工科院校机械类和近机械类专业的一门重要的专业基础课教材。内容包括有关互换性、标准和优先数的介绍、孔轴结合的极限与配合、测量技术基础及光滑工件尺寸的检验、几何公差、表面粗糙度、常用标准件的互换性、渐开线圆柱齿轮传动的互换性和实验指导。

本书教学性强，内容注重系统性、实用性，采用了最新颁布的国家标准。每章均配有思考题与习题。

本书适于高等工科院校机械类和近机械类以及各相关专业的教与学使用，也可作为提高工程技术人员素质的培训教材，还可供从事机械设计、制造工艺、标准化和计量测试工作的工程技术人员学习与参考。

图书在版编目（CIP）数据

互换性与测量技术基础/薛岩，刘永田等编著．—2 版．—北京：化学工业出版社，2015.8（2019.2重印）

高等学校教材

ISBN 978-7-122-24324-9

Ⅰ.①互… Ⅱ.①薛…②刘… Ⅲ.①零部件-互换性-高等学校-教材②零部件-测量技术-高等学校-教材 Ⅳ.①TG801

中国版本图书馆 CIP 数据核字（2015）第 129892 号

责任编辑：张兴辉　　　　　　　　装帧设计：王晓宇
责任校对：宋　玮

出版发行：化学工业出版社（北京市东城区青年湖南街 13 号　邮政编码 100011）
印　　刷：三河市延风印装有限公司
装　　订：三河市宇新装订厂
787mm×1092mm　1/16　印张 14¼　字数 382 千字　2019 年 2 月北京第 2 版第 3 次印刷

购书咨询：010-64518888　　　　　　售后服务：010-64518899
网　　址：http：//www.cip.com.cn

凡购买本书，如有缺损质量问题，本社销售中心负责调换。

定　　价：39.80 元

第二版前言

本教材是以高等工科院校"互换性与测量技术基础"课程教学基本要求为依据编写的。教学总学时数为 30～40 学时。全书系统地阐述了互换性与测量技术相关的国家标准；介绍了孔轴结合的极限与配合、几何公差、表面粗糙度的基础知识和选用，并配有大量的思考题与习题；介绍了测量技术基础及光滑工件尺寸检验的基础知识和方法；阐述了常用标准件（滚动轴承与孔轴结合、螺纹结合、键和花键连接）和渐开线圆柱齿轮传动的互换性；同时，配有与"互换性与测量技术基础"课程密切相关的实验内容。

本教材是在总结了编者多年的教学经验的基础上，遵循了理论教学以实用为主的原则，本着理论以必需、够用为度编写而成。第二版修订更新了部分标准，精简了部分技术内容，例如删除尺寸链等相关内容，更加符合教学的要求。具有如下特点。

1. 取材和编写突出实用性

突出了常见的几何参数公差要求的标注、查表、解释以及检测方法和数据处理的内容。重点内容配有大量的思考题与习题，以加强学生初步精度设计能力的锻炼。

2. 在各章节的编写中注重系统性

以基本知识—标注—检测—选用为主线，力求由浅入深，由易到难，符合初学者的认知规律。

3. 教材的编写具有新颖性

（1）贯彻了与"互换性与测量技术"相关的最新颁布的国家标准。

（2）介绍了与"互换性与测量技术基础"课程密切相关的实验内容，以方便使用。

4. 便于自学

内容叙述力求通俗易懂，方便读者自学。

本教材由山东建筑大学薛岩、刘永田、耿宗亮、刘新莉及济南军区锅炉环境检测站于明编写，由山东大学刘春贵教授主审。本教材在编写过程中，得到了参编单位的领导和老师的大力支持，在此表示感谢！

由于编者水平有限，书中难免存在不妥之处，恳请广大读者批评指正。

编著者

目　录

绪　　论

（1）互换性的概述

① 互换性的定义　互换性在日常生活中随处可见。例如，灯泡坏了换个新的，自行车的零件坏了也可以换个新的规格相同的，即可使用。这是因为合格的产品和零件都具有在材料性能、几何尺寸、使用功能上彼此互相替换的性能，即具有互换性。广义上说，互换性是指一种产品、过程或服务能够代替另一种产品、过程或服务，并且能满足同样要求的能力。

制造业生产中，零（部）件的互换性就是指同一规格的一批零（部）件中，任取其一，不需要任何挑选或附加修配，就能与其他零件安装在一起而组成一台机器，并且达到规定的功能要求。在现代化的大量或成批生产中，要求互相装配的零件或部件都要符合互换性原则。例如，从一批规格为 $\phi10mm$ 的油杯中，如图 0-1 所示，任取一个装入尾架端盖的油杯孔中，都能使油杯顺利装入，并能使它们紧密结合，就两者的顺利结合而言，油杯和端盖都具有互换性。

图 0-1　互换性基本概念图例

② 互换性的分类　从广义上讲，零（部）件的互换性应包括几何量（如尺寸、形状）、力学性能（如强度、硬度）和理化性能等方面的互换。本课程仅讨论零（部）件几何量的互换性，即几何量方面的公差和检测。

a. 按确定的参数不同，互换性可分为几何参数互换性和功能互换性。

几何参数互换性，是指通过规定几何参数的公差所达到的互换性。这种互换性为狭义互换性，因为有时仅限于保证零（部）件尺寸配合的要求。

功能互换性，是指通过规定功能参数所达到的互换性。功能参数除了包括几何参数之外，还包括其他一些参数，如力学、化学、电学等参数。这种互换性为广义互换性，往往侧重于保证除几何参数要求以外的其他功能要求。

b. 按零（部）件互换程度的不同，互换性可分为完全互换和不完全互换。

完全互换，是以零（部）件在装配或更换时，不需要挑选和附加修配为条件。例如，螺纹紧固件和连接件都具有完全互换性。完全互换的主要优点是：能做到零（部）件的完全互换和通用，为专业化生产和相互协作创造了条件，提高了经济效益。它的主要缺点是：当组成产品的零件较多、整机精度要求较高时，分配到每一个零件上的尺寸允许变动量（即尺寸公差）必然较小，造成加工困难、成本提高。当装配精度要求很高时，会使加工难度和成本大大提高，甚至无法加工。为此，可采用不完全互换或修配的方法达到装配精度要求。

不完全互换也称有限互换，在零（部）件装配时允许有附加条件的选择或调整。即在零（部）件加工完毕之后，再用测量器具将零（部）件按实际组成要素的尺寸的大小分为若干组，使不完全互换可以采用概率法、分组装配法、调整法等工艺措施来实现。不完全互换的主要优点是：在保证装配功能的前提下，能适当放宽尺寸公差，使得加工容易，降低制造成本。它的主要缺点是：降低了互换程度，不利于部件、机器的装配和维修。

在装配时，若零件需要进行附加修配，则不具有互换性。

c. 对标准零（部）件或机构来讲，其互换性又可分为内互换和外互换。

内互换是指部件或机器内部组成零件间的互换。外互换是指部件或机器与其相配合件间的互换。例如，滚动轴承内、外圈滚道直径与滚动体（滚珠或滚柱）直径间的配合为内互换；滚动轴承内圈与传动轴的配合以及滚动轴承外圈与壳体孔的配合为外互换。内互换可以是完全互换，也可以是不完全互换；但外互换应为完全互换。

③ 互换性的作用　可以从下面三个方面理解互换性的作用。

a. 在设计方面：若零（部）件具有互换性，就能最大限度地使用标准件，可以简化绘图和计算等工作，使设计周期变短，有利于产品更新换代和计算机辅助设计（CAD）技术应用。

b. 在制造方面：互换性有利于组织专业化生产，使用专用设备和计算机辅助制造（CAM）技术。

c. 在使用和维修方面：可以及时更换那些已经磨损或损坏的零部件，对于某些易损件可以提供备用件，以此提高机器的使用价值。

互换性在提高产品质量、产品可靠性和经济效益等方面均具有重大意义。互换性原则已成为现代制造业中一个普遍遵守的原则，互换性生产对我国现代化生产具有十分重要的意义。

（2）标准和标准化

现代制造业生产的特点是规模大、分工细、协作单位多、互换性要求高。为了适应生产中各部门的协调和各生产环节的衔接，必须有一种手段，使分散的、局部的生产部门和生产环节保持必要的统一，成为一个有机的整体，以实现互换性生产。标准与标准化正是联系这种关系的主要途径和手段，实行标准化是互换性生产的基础。

① 标准　标准是指为了在一定的范围内获得最佳秩序，对人类实践过程中共同的和重复性的事物做出统一规定，并以特定的形式颁布的技术法规。简单地说，标准就是评价产品质量好坏的技术依据。

② 标准分类

a. 按标准的级别分类。按《中华人民共和国标准化法》规定，我国标准分为四级，即国家标准、行业标准、地方标准和企业标准。

国家标准，是指由国家机构通过并公开发布的标准。中华人民共和国国家标准，是指对我国经济技术发展有重大意义，必须在全国范围内统一的标准。对需要在全国范围内统一的技术要求，应当制定国家标准。我国国家标准由国务院标准化行政主管部门编制计划和组织草拟，并统一审批、编号和发布。国家标准在全国范围内适用，其他各级标准不得与国家标准相抵触，国家标准是四级标准体系中的主体。

行业标准，是指对没有国家标准而又需要在全国某个行业范围内统一的技术要求所制定的标准。行业标准是对国家标准的补充，是在全国范围的某一行业内统一的标准。行业标准在相应国家标准实施后，应自行废止。目前，国务院标准化行政主管部门已批准发布了 61 个行业的标准代号。如 JB、QB、FZ、TB 等分别是机械、轻工、纺织、铁路运输行业的标准代号。

地方标准，是指在国家的某个地区通过并公开发布的标准。对没有国家标准和行业标准而又需要在省、自治区、直辖市范围内统一的工业产品的安全和卫生要求，可以制定地方标准。地方标准由省、自治区、直辖市人民政府标准化行政主管部门编制计划，组织草拟，统一审批、编号、发布，并报国务院标准化行政主管部门和国务院有关行政主管部门备案。地方标准在本行政区域内适用。在相应的国家标准或行业标准实施后，地方标准应自行废止。地方标准代号为"DB"加上省、自治区、直辖市的行政区划代码，如山东省的地方标准为 DB 37。

企业标准，是指企业所制定的产品标准和对在企业内需要协调、统一的技术要求、管理和工作要求所制定的标准。企业生产的产品没有国家标准、行业标准和地方标准的，应当制定企业标准，作为组织生产的依据。对已有国家标准、行业标准和地方标准的，国家鼓励企业制定严于上述标准的企业标准，在企业内部适用。企业标准由企业组织制定，并按省、自治区、直辖市人民政府的规定备案。

四级标准之间的关系是：上级标准是下级标准的依据；下级标准是上级标准的补充；互不重复，互不抵触。

另外，国家标准化行政主管部门于 1998 年通过《国家标准化指导性技术文件管理规定》，出台了标准化体制改革的一项新举措，即在四级标准之外，又增设了一种"国家标准化指导性技术文件"，作为对四级标准的补充。注意：国家标准化指导性技术文件不是第五级文件。

国家标准化指导性技术文件，是指为仍处于技术发展过程中（如变化快的技术领域）的标准化工作提供指南或信息，供科研、设计、生产、使用和管理等有关人员参考使用而制定的标准文件。国家标准化指导性技术文件的代号：GB/Z。

b. 根据标准实施的强制程度分类。标准分为强制性标准、暂行标准和推荐性标准。

强制性标准是国家通过法律的形式明确要求，对于一些标准所规定的技术内容和要求必须执行，不允许以任何理由或方式加以违反、变更，这样的标准称之为强制性标准，包括强制性的国家标准、行业标准和地方标准。对违反强制性标准的，国家将依法追究当事人法律责任。例如，强制性国家标准代号为 GB；山东省的强制性地方标准代号为 DB 37。

推荐性标准是指国家鼓励自愿采用的，具有指导作用而又不宜强制执行的标准，即标准所规定的技术内容和管理要求具有普遍的指导作用，允许使用单位结合自己的实际情况，灵活加以选用。例如，推荐性国家标准代号为 GB/T；山东省的推荐性地方标准代号为 DB/T 37。

暂行标准是由一个标准化团体暂时制定并公开发布的文件，以使其作为一个标准，在应用中获得必要的经验。暂行标准一般应规定一个试行期限，试行期内达不到的某些要求和指标，可呈报有关部门酌情放宽执行。

c. 按照标准的作用和有效的范围分类。标准划分为国际标准、区域标准、国家标准、行业标准、地方标准和企业（公司）标准。

国际标准是由国际标准化或标准组织制定，并公开发布的标准。如由 ISO（国际标准化组织）、IEC（国际电工委员会）批准、发布的标准是目前主要的国际标准。ISO 认可并列入《国际标准题内关键词索引》的一些国际组织，如国际计量局（BIPM）、食品法典委员会（CAC）、世界卫生组织（WHO）等组织制定、发布的标准也是国际标准。

区域标准又称为地区标准，泛指世界某一区域标准组织所制定，并公开发布的标准。如欧洲标准化委员会（CEN）发布的欧洲标准（EN）就是区域标准。

d. 按照标准的对象分类。标准分为技术标准、管理标准和工作标准。

技术标准是指对标准化领域中需要协调统一的技术事项所制定的标准。技术标准包括技术基础标准、产品标准、工艺标准、检测试验方法标准及安全卫生、环保标准等。技术基础标准是指以标准化共性要求和前提条件为对象的标准，是为了保证产品的结构功能和制造质量而制定的、一般工程技术人员必须采用的通用性标准，也是制定其他标准时可依据的标准。例如术语标准、符号、代号、代码标准、量与单位标准等，都是目前广泛使用的综合性基础标准。

管理标准是指对标准化领域中需要协调统一的管理事项所制定的标准。管理标准包括管理基础标准、技术管理标准、经济管理标准、行政管理标准和生产经营管理标准等。

工作标准是指对工作的责任、权利、范围、质量要求、程序、效果、检查方法和考核办法所制定的标准。工作标准一般包括部门工作标准和岗位（或个人）工作标准。

③ 标准化　标准化是指为了在一定的范围内获得最佳秩序，对实际或潜在的问题制定共同的和重复使用的规则的活动。标准化是社会化生产的重要手段，是联系设计、生产和使用方面的纽带，是科学管理的重要组成部分。标准化对于改进产品、过程和服务的适用性，防止贸易壁垒，促进技术合作等方面，具有特别重要的意义。

标准化工作包括制定标准、颁布标准、组织实施标准和对标准的实施进行监督的全部活动过程。这个过程是从探索标准化对象开始，经调查、实验和分析，进而起草、制定和贯彻标准，而后修订标准。因此，标准化是一个不断循环又不断提高其水平的过程。

④ 标准化的发展历程

a. 国际标准化的发展。标准化在人类开始创造工具时就已出现。标准化是人类进行社会生产劳动的产物，标准化在近代工业兴起和发展的过程中显得重要起来。早在 19 世纪，标准化在国防、造船、铁路运输等行业中的应用十分突出。到了 20 世纪初，一些国家相继成立全国性的标准化组织机构，推进了本国的标准化事业。以后由于生产的发展，国际交流越来越频繁，因而出现了地区性和国际性的标准化组织。1926 年成立了国际标准化协会（简称 ISA）。1947 年重建国际标准化协会并改名为国际标准化组织（简称 ISO）。现在，这个世界上最大的标准化组织已成为联合国甲级咨询机构。ISO 9000 系列标准的颁发，使世界各国的质量管理及质量保证的原则、方法和程序，都统一在国际标准的基础之上。

b. 我国标准化的发展。我国标准化是在 1949 年中华人民共和国成立后，得到重视并发展起来的。1958 年颁布第一批 120 项国家标准。从 1959 年开始，陆续制定并颁布了极限与配合、几何公差、公差原则、表面结构、光滑极限量规、渐开线圆柱齿轮精度等许多公差标准。我国在 1978 年恢复为 ISO 成员国，承担 ISO 技术委员会秘书处工作和国际标准草案的起草工作。此后，我国的公差标准随着国际标准的不断更新，并结合我国的生产实际也在不断地进行修改和完善，标准化水平在社会主义现代化建设过程中不断得到发展与提高，并对我国经济的发展做出了很大的贡献。

（3）优先数和优先数系（GB/T 321—2005）

统一的数值标准是标准化的重要内容。

各种产品的技术参数都需要用数值来表达。这些技术参数的数值在生产各环节中往往不是孤立的，具有扩散性。如螺栓的尺寸一旦确定，将影响螺母以及加工它们用的丝锥和板牙的尺寸，也会影响检验它们的量规的尺寸，还有螺栓孔和垫圈孔的尺寸以及紧固螺母用的扳手尺寸也将受到影响。这些技术参数，即使只有很小的差别，经过多次传播以后，也会造成尺寸规格的繁多杂乱，以致给生产的组织、协调配套和使用维修等带来很大的困难。因此，对各种技术参数，必须从全局出发，加以协调优化。优先数和优先数系是对各种技术参数的数值进行协调、简化和统一的一种科学的数值制度。

① 优先数系及其公比　优先数系是公比为 $\sqrt[5]{10}$、$\sqrt[10]{10}$、$\sqrt[20]{10}$、$\sqrt[40]{10}$ 和 $\sqrt[80]{10}$，且项值中含有 10 的整数幂的几何级数的常用圆整值。分别用 R5、R10、R20、R40、R80 表示，其中前四个为基本系列，最后一个作为补充系列，仅用于分级很细的特殊场合。基本系列 R5、R10、R20、R40 的 1～10 的常用值，如表 0-1 所示。

表 0-1　优先数系基本系列的常用值（摘自 GB/T 321—2005）

R5	R10	R20	R40	R5	R10	R20	R40	R5	R10	R20	R40
1.00	1.00	1.00	1.00				2.24		5.00	5.00	5.00
			1.06				2.36				5.30
		1.12	1.12	2.50	2.50	2.50	2.50			5.60	5.60
			1.18				2.65				6.00
	1.25	1.25	1.25				2.80	6.30	6.30	6.30	6.30
			1.32				3.00				6.70
		1.40	1.40			3.15	3.15			7.10	7.10
			1.50				3.35				7.50
1.60	1.60	1.60	1.60				3.55		8.00	8.00	8.00
			1.70				3.75				8.50
		1.80	1.80	4.00	4.00	4.00	4.00			9.00	9.00
			1.90				4.25				9.50
	2.00	2.00	2.00				4.50	10.00	10.00	10.00	10.00
			2.12				4.75				

优先数系是十进等比数列，其中包含 10 的所有整数幂（…，0.01，0.1，1，10，100，…）。只要知道一个十进段内的优先数值，其他十进段内的数值就可由小数点的前后移位得到。优先数系中的数值可方便地向两个方向无限延伸，由表 0-1 中的数值，使小数点前后移位，便可以得到所有小于 1 和大于 10 的任意优先数。

符合 R5、R10、R20、R40 和 R80 系列的圆整值即为优先数。

优先数的理论值一般为无理数，不便于实际应用。在作参数系列的精确计算时可采用计算值，即对理论值取 5 位有效数字。计算值对理论值的相对误差小于 1/20000。

R5、R10、R20 和 R40 基本系列中的优先数常用值，对计算值的相对误差在 +1.26%～-1.01% 范围内。各系列的公比分别如下。

R5 系列：$q_5 = \sqrt[5]{10} \approx 1.60$

R10 系列：$q_{10} = \sqrt[10]{10} \approx 1.25$

R20 系列：$q_{20} = \sqrt[20]{10} \approx 1.12$

R40 系列：$q_{40} = \sqrt[40]{10} \approx 1.06$

② 优先数的优点

a. 最佳的级数。从规律性的观点，以及通过插入中间值组成较密系列，以适应新的需要的可能性来说，优先数能保证得到最佳的级数。

b. 广泛的适应性。优先数提供了逻辑性最强的方法，能在给定的领域内（电动机的功率、泵的输出量等），前后衔接不间断地满足整个范围的需要。

c. 使技术和商业计算简单化。因为优先数的积和商按定义也是优先数，所以可用对数值或序号而不用优先数自身进行计算，尤其是当系列（尺寸、表记价格等）按同样比例相乘或相除时，使计算大为简化。

d. 便于计量单位的换算。当测量系列值为优先数，同时换算系数近似为优先数时，能很方便地换算成其他计量单位。

③ 优先数系的派生系列　为使优先数系具有更宽广的适应性，可以选用派生系列。派

生系列是从基本系列或补充系列 Rr 中，每 p 项取值导出的系列，以 Rr/p 表示，比值 r/p 是 $1\sim10$、$10\sim100$ 等各个十进制数内项值的分级数。

派生系列的公比为：$q_{r/p}=q_r^p=(\sqrt[r]{10})^p=10^{p/r}$。

比值 r/p 相等的派生系列具有相同的公比，但其项值是多义的。例如，派生系列 R10/3 的公比 $q_{10/3}=10^{3/10}=1.2589^3\approx2$，可导出三种不同项值的系列：

1.00，2.00，4.00，8.00

1.25，2.50，5.00，10.0

1.60，3.15，6.30，12.5

④ 优先数系的选用规则　优先数系的应用很广泛，它适用于各种尺寸、参数的系列化和质量指标的分级，对保证各种工业产品的品种、规格、系列的合理化分档和协调配套具有十分重要的意义。选用基本系列时，应遵守先疏后密的规则。即按 R5、R10、R20、R40 的顺序选用；当基本系列不能满足要求时，可选用派生系列。注意应优先采用公比较大和延伸项含有项值 1 的派生系列；根据经济性和需要量等不同条件，还可分段选用最合适的系列，以复合系列的形式来组成最佳系列。

思考题与习题

0-1　什么是互换性？说明互换性有什么作用？互换性的分类？各用于什么场合？试举例说明。

0-2　什么是标准和标准化？标准化与互换性生产有何联系？

0-3　优先数系是一种什么数列？它有何特点？

0-4　有哪些优先数的基本系列？什么是优先数的派生系列？

0-5　试写出下列基本系列和派生系列中自 1 以后共 5 个优先数的常用值：R10，R10/2，R20/3，R5/3。

0-6　在尺寸公差表格中，自 6 级开始各等级尺寸公差的计算公式为 10i，16i，25i，40i，64i，100i，160i，…；在螺纹公差表中，自 3 级开始的等级系数为 0.50，0.63，0.80，1.00，1.25，1.60，2.00。试判断它们各属于何种优先数的系列。

第1章 孔轴结合的极限与配合

孔轴结合是在机械制造中应用最广泛的一种结合，这种结合的极限与配合是机械工程中重要的基础标准，它不仅应用于圆柱体内、外表面的结合，也应用于其他结合中由单一尺寸确定的表面和结构，例如键结合中键与键槽、花键结合中的花键孔与花键轴等。

尺寸的"公差"主要反映机器零件使用要求与制造要求的矛盾；而"配合"则反映组成机器的零件之间的关系。极限与配合标准化有利于机器的设计、制造、使用和维修，它不仅是机械工业各部门进行产品设计、工艺设计和制定其他标准的基础，而且也是广泛组织协作和专业化生产的重要依据。极限与配合标准几乎涉及国民经济的各个部门，因此它是特别重要的基础标准之一。

随着科学技术的飞跃发展，产品精度的不断提高，国际技术交流的日益扩大，我国的基础标准也在不断地与国际标准接轨，并参照 ISO 国际标准制定。其中"极限与配合"国家标准包括以下两部分：

GB/T 1800.1—2009《极限与配合　第 1 部分：公差、偏差和配合的基础》；

GB/T 1800.2—2009《极限与配合　第 2 部分：标准公差等级和孔、轴极限偏差表》。

本章主要阐述极限与配合国家标准的构成与特征。

1.1　基本术语及定义

1.1.1　有关尺寸的术语及定义（GB/T 1800.1—2009）

（1）有关孔和轴的定义

孔和轴的区分：从装配后的包容面与被包容面之间的关系看，被包容面属于轴，包容面属于孔；从工件的加工过程来看，随着加工余量的切除，轴的尺寸是由大变小，而孔的尺寸是由小变大。

① 孔：通常是指工件的圆柱形或非圆柱形（如键槽等）的内表面尺寸要素，其公称尺寸代号用 D 来表示。

② 轴：通常是指工件的圆柱形或非圆柱形（如键等）的外表面尺寸要素，其公称尺寸代号用 d 来表示。

必须指出，尺寸要素是指由一定大小的线性尺寸或角度尺寸确定的几何形状。

（2）有关尺寸的术语定义

尺寸是指以特定单位表示线性尺寸值的数值。尺寸由数字和单位组成，用于表示零件几何形状的大小。线性尺寸包括直径、半径、长度、高度、宽度、深度、厚度和中心距等。机械制图国家标准规定：在图样中（包括技术要求和其他说明）的尺寸以 mm 为单位时，不需要标注其计量单位的代号或名称，若采用其他单位时必须注明相应的单位符号。

① 公称尺寸　公称尺寸是由图样规范确定的理想形状要素的尺寸。它是根据零件的强度计算、结构和工艺上的需要设计给定的尺寸，需选用标准尺寸按表 1-1 所示定出。选用标准尺寸可以压缩尺寸的规格数，从而减少标准刀具、量具、夹具的规格数量，以获得最佳经

表 1-1　标准尺寸（摘自 GB 2822—2005）（部分）

R			Ra			R			Ra		
R10	R20	R40	Ra10	Ra20	Ra40	R10	R20	R40	Ra10	Ra20	Ra40
10.0	10.0		10	10			35.5	35.5		**36**	**36**
	11.2			**11**				37.5			**38**
12.5	12.5	12.5	**12**	**12**	**12**	40.0	40.0	40.0	40	40	40
		13.2			**13**			42.5			**42**
	14.0	14.0		14	14		45.0	45.0		45	45
		15.0			15			47.5			**48**
16.0	16.0	16.0	16	16	16	50.0	50.0	50.0	50	50	50
		17.0			17			53.0			53
	18.0	18.0		18	18		56.0	56.0		56	56
		19.0			19			60.0			60
20.0	20.0	20.0	20	20	20	63.0	63.0	63.0	63	63	63
		21.2			**21**			67.0			67
	22.4	22.4		22	**22**		71.0	71.0		71	71
		23.6			**24**			75.0			75
25.0	25.0	25.0	25	25	25	80.0	80.0	80.0	80	80	80
		26.5			26			85.0			85
	28.0	28.0		28	28		90.0	90.0		90	90
		30.0			30			95.0			95
31.5	31.5	31.5	**32**	**32**	**32**	100.0	100.0	100.0	100	100	100
		33.5			**34**						

注：Ra 系列中的黑体字，为 R 系列相应各项优先数的化整值。

济效益。通过它应用极限偏差可算出极限尺寸，孔与轴配合的公称尺寸是相同的。

　　② 实际（组成）要素　由接近实际（组成）要素所限定的工件实际表面的组成要素部分。由于在测量过程中，不可避免地存在测量误差（测量误差的产生受测量仪器的精度、环境条件及操作水平等因素的影响），同一零件的相同部位用同一量具重复测量多次，其测量的实际（组成）要素的尺寸也不完全相同。因此实际（组成）要素的尺寸并非尺寸的真值。另外，由于零件形状误差的影响，同一截面内不同部位的实际（组成）要素的尺寸也不一定相同，在同一截面不同方向上的实际（组成）要素的尺寸也可能不相同，如图 1-1 所示。

图 1-1　实际（组成）要素

　　③ 提取组成要素　按规定方法，由实际（组成）要素提取有限数目的点形成实际（组成）要素的近似替代。对于一个孔或轴的任意横截面中的任一距离，也即一切提取组成要素上两相对点之间的距离称为提取组成要素的局部尺寸。换言之，用两点法（如用卡尺或千分尺测量）所得到的尺寸为提取组成要素的局部尺寸，如图 1-2 中任一尺寸。

　　④ 极限尺寸　由一定大小的线性尺寸或角度尺寸确定的几何形状称为尺寸要素。尺寸要素允许的尺寸的两个极端称为极限尺寸。也即，尺寸要素允许的最大尺寸，称为上极限尺

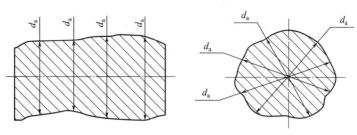

图 1-2　提取组成要素的局部尺寸

寸，孔、轴分别用 $D_{\max}$ 和 $d_{\max}$ 来表示；而尺寸要素允许的最小尺寸，称为下极限尺寸，孔、轴分别用 $D_{\min}$ 和 $d_{\min}$ 来表示。极限尺寸是以公称尺寸为基数来确定的。提取组成要素的局部尺寸应位于其中，也可达到极限尺寸。实际（组成）要素必须位于其中，也可达到极限尺寸。若完工的零件测量时，任一位置的实际（组成）要素的尺寸都在此范围内，即实际（组成）要素的尺寸小于或等于上极限尺寸，大于或等于下极限尺寸的零件为合格。

1.1.2　有关公差与偏差的术语及定义（GB/T 1800.1—2009）

（1）尺寸偏差（简称偏差）

尺寸偏差是指某一尺寸［实际（组成）要素的尺寸、极限尺寸等］减其公称尺寸所得的代数差，它包括极限偏差（上极限偏差、下极限偏差）和实际偏差。

上极限偏差为上极限尺寸减其公称尺寸所得的代数差（孔用 ES 表示，轴用 es 表示）。即：

$$ES = D_{\max} - D \tag{1-1}$$
$$es = d_{\max} - d \tag{1-2}$$

下极限偏差为下极限尺寸减其公称尺寸所得的代数差（孔用 EI 表示，轴用 ei 表示）。即：

$$EI = D_{\min} - D \tag{1-3}$$
$$ei = d_{\min} - d \tag{1-4}$$

实际偏差是指实际（组成）要素的尺寸减去公称尺寸所得的代数差。

由于实际（组成）要素的尺寸和极限尺寸可能大于、小于或等于公称尺寸，故尺寸偏差可以是正、负或零。

（2）尺寸公差（简称公差）

尺寸公差是允许尺寸的变动量。它等于上极限尺寸减下极限尺寸之差，或上极限偏差减下极限偏差之差。它是一个没有符号的绝对值（孔用 T_{h} 表示，轴用 T_{s} 表示），即：

$$T_{\mathrm{h}} = |D_{\max} - D_{\min}| = |ES - EI| \tag{1-5}$$
$$T_{\mathrm{s}} = |d_{\max} - d_{\min}| = |es - ei| \tag{1-6}$$

必须指出，公差大小确定了允许尺寸变动范围的大小。若公差值大则允许尺寸变动的范围大，因而要求加工精度低；反之，公差值小则允许尺寸变动的范围小，因而要求加工精度高。

以上所述公称尺寸、极限尺寸、极限偏差和公差之间的关系见图 1-3 所示。

（3）零线与公差带

① 零线　在极限与配合图解中，如图 1-3 所示，零线是表示公称尺寸的一条直线，以其为基准来确定偏差和公差。极限偏差位于零线的上方，则表示偏差为正；位于零线的下方，则表示偏差为负；当与零线重合时，表示偏差为零。

② 公差带　表示零件的尺寸相对其公称尺寸所允许变动的范围，叫做公差带。用图所表示的公差带，称为公差带图，如图 1-4 所示。在公差带图解中，公差带是由代表上极限偏

差和下极限偏差或上极限尺寸和下极限尺寸的两条直线所限定的一个区域。它由公差大小（由标准公差等级来确定）和其相对零线的位置，即基本偏差来确定。

基本偏差是在国家标准极限与配合制中，确定公差带相对零线位置的那个极限偏差。它可以是上极限偏差或下极限偏差，一般为靠近零线的那个偏差，如图 1-4 所示，孔的基本偏差为下极限偏差，而轴的基本偏差为上极限偏差。

图 1-3　轴与孔配合示意图　　　　　　　　　图 1-4　公差带图解

（4）公差与偏差的区别

通过以上讨论分析可见公差与偏差有两点区别：

① 从概念上讲，极限偏差是相对于公称尺寸偏离大小的数值，即是确定了极限尺寸相对公称尺寸的位置，它是限制实际偏差的变动范围。而公差仅表示极限尺寸变动范围的一个数值。

② 从作用上讲，极限偏差表示了公差带的确切位置，可反映零件配合的松紧程度。而公差只表示公差带的大小，反映了零件的配合精度。

1.1.3　有关"配合"的术语及定义（GB/T 1800.1—2009）

所谓配合是指公称尺寸相同，相互结合的孔与轴公差带之间的关系。

（1）间隙或过盈

孔的尺寸减去相配合轴的尺寸所得的代数之差。此差值为正时是间隙，用大写字母 X 表示；为负时是过盈，用大写字母 Y 表示。

（2）配合的种类

国家标准根据零件配合的松紧程度的不同要求，即孔和轴公差带之间的关系不同，将配合分为三大类：间隙配合、过盈配合和过渡配合。

在机器中，由于零件的作用和工作情况不同，故相结合两零件的配合性质（即装配后相互配合零件之间配合的松紧程度）也不一样，如图 1-5 所示三个滑动轴承，图 1-5（a）所示为轴直接装入座孔中，要求自由转动且不打晃；图 1-5（c）所示要求衬套装在座孔中要紧固，不得松动；图 1-5（b）所示衬套装在座孔中，虽也要紧固，但要求容易装入，且要求比图 1-5（c）的配合要松一些。

① 间隙配合　间隙配合是指具有间隙（包括最小间隙等于零）的配合。此时，孔的公差带在轴的公差带之上，如图 1-6 所示。由于孔和轴在各自的公差带内变动，因此装配后每对孔、轴间的间隙也是变动的。当孔制成上极限尺寸、轴制成下极限尺寸时，装配后得到最大间隙，用 X_{max} 表示；当孔制成下极限尺寸、轴制成上极限尺寸时，装配后得到最小间隙，用 X_{min} 表示。即：

$$X_{max} = D_{max} - d_{min} = ES - ei \qquad (1\text{-}7)$$

(a) 轴承座孔与轴　　　　　(b) 轴承座孔与衬套　　　　　(c) 轴承座孔与衬套
　装配要求间隙配合　　　　　装配要求过渡配合　　　　　装配要求过盈配合

图 1-5　配合的种类

(a)　　　　　　　　　　　　　　　　　(b)

图 1-6　孔与轴的间隙配合

$$X_{min} = D_{min} - d_{max} = EI - es \tag{1-8}$$

② 过盈配合　过盈配合是指具有过盈（包括最小过盈等于零）的配合。此时孔的公差带在轴的公差带之下，如图 1-7 所示。同样孔和轴装配后每对孔、轴间的过盈也是变化的。当孔上极限尺寸减去轴下极限尺寸时，装配后得到最小过盈，其值为负，用 Y_{min} 表示；当孔制成下极限尺寸、轴制成上极限尺寸时，装配后得到最大过盈，其值为负，用 Y_{max} 表示。即：

$$Y_{min} = D_{max} - d_{min} = ES - ei \tag{1-9}$$

$$Y_{max} = D_{min} - d_{max} = EI - es \tag{1-10}$$

(a)　　　　　　　　　　　　　　　　　(b)

图 1-7　孔与轴的过盈配合

③ 过渡配合　过渡配合是可能具有间隙或过盈的配合。此时，孔的公差带与轴的公差带相互交叠，如图 1-8 所示。在过渡配合中，孔和轴装配后每对孔、轴间的间隙或过盈也是变化的。当孔上极限尺寸减去轴下极限尺寸时，装配后得到最大间隙，按公式(1-7)计算；当孔制成下极限尺寸、轴制成上极限尺寸时，装配后得到最大过盈，按公式(1-10)计算。

必须指出："间隙、过盈、过渡"是对一批孔、轴而言，具体到一对孔和轴装配后，只能是间隙或过盈，包括间隙或过盈为零，而不会出现"过渡"。

（3）配合公差

图 1-8　孔与轴的过渡配合

配合公差是指组成配合的孔与轴的公差之和，用 T_f 表示。它是允许间隙或过盈的变动量，是一个没有符号的绝对值。它表明了配合松紧程度的变化范围。在间隙配合中，最大间隙与最小间隙之差的绝对值为配合公差；在过盈配合中，最小过盈与最大过盈之差的绝对值为配合公差；在过渡配合中，配合公差等于最大间隙与最大过盈之差的绝对值，即：

$$T_f = |X_{max} - X_{min}| \tag{1-11}$$

$$T_f = |Y_{min} - Y_{max}| \tag{1-12}$$

$$T_f = |X_{max} - Y_{max}| \tag{1-13}$$

上述三种配合的配合公差亦为孔公差与轴公差之和，即：

$$T_f = T_h + T_s \tag{1-14}$$

由此可见，配合零件的装配精度与零件的加工精度有关，若要提高零件的装配精度，使得配合后间隙或过盈的变化范围减少，则应减少零件的公差，也就是提高零件的加工精度。

以上三种配合的轴孔公差带关系的实例，如图 1-9 所示。

用直角坐标表示出相配合的孔与轴其间隙或过盈的变化范围的图形称为配合公差带图。

图 1-9　孔与轴公差带关系的实例

图 1-10 所示为图 1-9 三种配合的孔与轴的配合公差带图，零线上方表示间隙，下方表示过盈。图中上左侧为 $\phi30$H7/g6 间隙配合的配合公差带，右侧为 $\phi30$H7/k6 过渡配合的配合公差带，中间下方为 $\phi30$H7/p6 过盈配合的配合公差带。

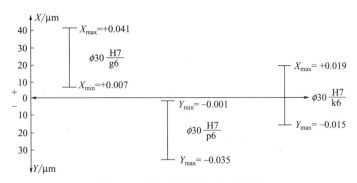

图 1-10　孔与轴的配合公差带图

（4）配合制（GB/T 1800.1—2009）

配合制是指同一极限制的孔和轴组成的一种配合制度。从前述三种配合的公差带图可知，变更孔、轴公差带的相对位置，可以组成不同性质、不同松紧的配合，但为了简化起见，无需将孔、轴公差带同时变动，只要固定一个，变更另一个即可满足不同使用性能要求的配合。因此，极限与配合标准对孔和轴配合公差带之间的关系，规定了两种配合：基孔制配合和基轴制配合。在一般情况下，优先选用基孔制配合。如无特殊需要，允许将任一孔、轴公差带组成配合。在孔、轴配合时，究竟属于哪一种配合取决于孔、轴公差带的相互关系。在基孔制和基轴制配合中，基本偏差为 A～H（a～h）用于间隙配合；基本偏差为 J～ZC（j～zc）用于过渡配合和过盈配合。

① 基孔制配合　基孔制是指基本偏差为一定的孔的公差带与不同基本偏差的轴的公差带形成各种配合的一种制度。在基孔制配合中选作基准的孔为基准孔，代号为 H，基准孔的下极限偏差为基本偏差，且数值为零，上极限偏差为正值，其公差带偏置在零线上方，如图 1-11 所示。图 1-12 为基孔制的几种配合示意图。

图 1-11　基孔制

② 基轴制配合　基轴制是指基本偏差为一定的轴的公差带与不同基本偏差的孔的公差带形成各种配合的一种制度。在基轴制配合中选作基准的轴为基准轴，代号为 h，基准轴的上极限偏差为基本偏差，且数值为零，下极限偏差为负值，其公差带偏置在零线下方，如图 1-13 所示。图 1-14 表示基轴制的几种配合示意图。

图 1-12　基孔制的几种配合示意图

图 1-13　基轴制

图 1-14　基轴制的几种配合示意图

1.2　极限与配合国家标准

极限与配合国家标准 GB/T 1800.1—2009、GB/T 1800.2—2009、GB/T 1801—2009、GB/T 1803—2003、GB/T 1804—2000，是光滑圆柱体零件或长度单一尺寸的公差与配合的依据，也适用于其他光滑表面和相应结合尺寸的公差以及由它们组成的配合。

1.2.1　标准公差系列

（1）标准公差等级

标准公差（用符号 IT 表示）是国家标准规定的用以确定公差带大小的任一公差值，而公差等级是指确定尺寸精确程度的等级。由于不同零件和零件上不同部位的尺寸，对其精确程度的要求往往也不同。为了满足生产使用要求，国家标准对公称尺寸至 3150mm 内规定了 20 个标准公差等级。其代号分别为 IT01、IT0、IT1～IT18，其中 IT01 级精度最高，其余依次降低，IT18 级精度最低。其相应的标准公差值在公称尺寸相同的条件下，是随着公差等级的降低而依次增大。IT1～IT16 标准公差等级的公差数值见表 1-2。由表 1-2 可见，在同一个尺寸段中，公差等级数越大，尺寸的公差数值也越大，即尺寸的精度越低。在极限与配合制中，同一公差等级（例如 IT7）对所有公称尺寸的一组公差被认为具有同等精确程度。

表 1-2　标准公差数值（摘自 GB/T 1800.1—2009）（部分）

公称尺寸		公差等级															
		IT1	IT2	IT3	IT4	IT5	IT6	IT7	IT8	IT9	IT10	IT11	IT12	IT13	IT14	IT15	IT16
>至		μm											mm				
—	3	0.8	1.2	2	3	4	6	10	14	25	40	60	0.1	0.14	0.25	0.4	0.6
3	6	1	1.5	2.5	4	5	8	12	18	30	48	75	0.12	0.18	0.3	0.48	0.75
6	10	1	1.5	2.5	4	6	9	15	22	36	58	90	0.15	0.22	0.36	0.58	0.9
10	18	1.2	2	3	5	8	11	18	27	43	70	110	0.18	0.27	0.43	0.7	1.1
18	30	1.5	2.5	4	6	9	13	21	33	52	84	130	0.21	0.33	0.52	0.84	1.3
30	50	1.5	2.5	4	7	11	16	25	39	62	100	160	0.25	0.39	0.62	1	1.6
50	80	2	3	5	8	13	19	30	46	74	120	190	0.3	0.46	0.74	1.2	1.9
80	120	2.5	4	6	10	15	22	35	54	87	140	220	0.35	0.54	0.87	1.4	2.2
120	180	3.5	5	8	12	18	25	40	63	100	160	250	0.4	0.63	1	1.6	2.5
180	250	4.5	7	10	14	20	29	46	72	115	185	290	0.46	0.72	1.15	1.85	2.9
250	315	6	8	12	16	23	32	52	81	130	210	320	0.52	0.81	1.3	2.1	3.2
315	400	7	9	13	18	25	36	57	89	140	230	360	0.57	0.86	1.4	2.3	3.6
400	500	8	10	15	20	27	40	63	97	155	250	400	0.63	0.7	1.55	2.5	4
500	630	9	11	16	22	32	44	70	110	175	280	440	0.7	1.1	1.75	2.8	4.4
630	800	10	10	18	25	36	50	80	125	200	320	500	0.8	1.25	2	3.2	5
800	1000	11	15	21	28	40	56	90	140	230	360	560	0.9	1.4	2.3	3.6	5.6

生产实践中，在规定零件尺寸的公差时，应尽量按表 1-2 来选用标准公差。

（2）标准公差因子

在极限与配合制中，用以确定标准公差的基本单位，称为标准公差因子，用 i 表示。该因子是公称尺寸的函数。由大量的试验数据和统计分析得知，在一定工艺条件的情况下加工，其加工误差和测量误差按一定规律随公称尺寸的增大而增大。由于公差是用来控制误差的，因此公差和公称尺寸之间也应符合这个规律。对于公称尺寸不大于 500mm 的常用尺寸段，这个规律在公差因子计算公式中表示为：

$$i = 0.45\sqrt[3]{D（或 d）} + 0.001D（或 d） \tag{1-15}$$

式中　D（或 d）——孔或轴的公称尺寸（mm）的几何平均值；

　　　i——标准公差因子，μm。

公式（1-15）中，等号右边第一项反映了加工误差与公称尺寸之间呈立方抛物线关系，第二项反映了由温度影响而引起的测量误差，此项与公称尺寸呈线性关系。

对于公称尺寸大于 500～3150mm 的大尺寸段，其标准公差因子计算公式表示为：

$$I = 0.004D（或 d） + 2.1（\mu m） \tag{1-16}$$

式中　D（或 d）——孔或轴的公称尺寸（mm）的几何平均值；

　　　I——标准公差因子，μm。

这是因为大尺寸，其测量误差是主要因素，特别是温度变化对测量结果的影响比较大，因此，标准公差因子与公称尺寸呈线性关系。

表 1-2 所列的标准公差数值是按公式计算后，根据一定规则圆整尾数后而确定的。常用尺寸段（公称尺寸至 500mm）的标准公差计算公式可见表 1-3。

公称尺寸大于 500～3150mm 的各公差等级的标准公差计算公式见表 1-4 所示。

从表 1-3 和表 1-4 可见，常用公差等级 IT5～IT18，其标准公差因子 I 或 i 的系数值（如：7、10、16、…、2500）符合 R5 优先数系。所以，在表 1-2 中每个横行其标准公差从 IT5～IT18 按公比 $q = \sqrt[5]{10} \approx 1.6$ 递增，从 IT6 开始每增加 5 个等级，标准公差值增加到 10 倍。

表 1-3 公称尺寸小于 500mm 的标准公差计算公式

公差等级	公式	公差等级	公式	公差等级	公式
IT01	$0.3+0.008D$	IT5	$7i$	IT12	$160i$
IT0	$0.5+0.012D$	IT6	$10i$	IT13	$250i$
IT1	$0.8+0.020D$	IT7	$16i$	IT14	$400i$
IT2	$(IT1)\times(IT5/IT1)^{1/4}$	IT8	$25i$	IT15	$640i$
		IT9	$40i$	IT16	$1000i$
IT3	$(IT1)\times(IT5/IT1)^{2/4}$	IT10	$64i$	IT17	$1600i$
IT4	$(IT1)\times(IT5/IT1)^{3/4}$	T11	$100i$	IT18	$2500i$

表 1-4 公称尺寸大于 500～3150mm 的标准公差计算公式

公差等级	公式	公差等级	公式	公差等级	公式
IT1	$2I$	IT7	$16I$	IT13	$250I$
IT2	$2.7I$	IT8	$25I$	IT14	$400I$
IT3	$3.7I$	IT9	$40I$	IT15	$640I$
IT4	$5I$	IT10	$64I$	IT16	$1000I$
IT5	$7I$	IT11	$100I$	IT17	$1600I$
IT6	$10I$	IT12	$160I$	IT18	$2500I$

在常用尺寸段（公称尺寸至 500mm）中，对于高精度的 IT01、IT0、IT1 三个公差等级，其标准公差与公称尺寸呈线性关系，这主要是考虑测量误差的影响；标准公差等级 IT2～IT4 的标准公差数值大致按公比 $q = (IT5/IT1)^{1/4}$ 的等比数列递增。

在计算公式(1-15) 和公式(1-16) 中，系数和常数都采用优先数系的派生系列 R10/2。

（3）公称尺寸分段

公称尺寸分主段落和中间段落。标准公差和基本偏差是按表中的主段落计算的。中间段落仅用于公称尺寸至 500mm 的轴的基本偏差 a～c 及 r～zc，或孔的基本偏差 A～C 及 R～ZC 和公称尺寸大于 500～3150mm 的轴的基本偏差 r～u，或孔的基本偏差 R～U。

如果按公式计算标准公差值，则每一个公称尺寸就有一个对应的公差值，这样将使编制的公差值表格庞大，使用会很不方便。实际上计算结果表明，对同一个公差等级、公称尺寸相近时，公差值相差甚微，此时取相同数值对实际影响很小。因此，标准中将常用尺寸分为若干段，以简化公差表格，见表 1-5 所示。

分段后的标准公差计算公式中的公称尺寸应按每一尺寸分段首尾两尺寸的几何平均值代入计算，即：$D = \sqrt{D_1 \times D_2}$。而对于小于或等于 3mm 的公称尺寸段，用 1mm 和 3mm 的几何平均值 $D = \sqrt{1 \times 3} = 1.732$（mm）来计算标准公差和基本偏差。实际工作中，标准公差用查表法来确定。

表 1-5 公称尺寸分段（摘自 GB/T 1800.1—2009）

主段落		中间段落		主段落		中间段落	
大于	至	大于	至	大于	至	大于	至
—	3	无细分段		250	315	250	280
						280	315
3	6			315	400	315	355
6	10					355	400
10	18	10	14	400	500	400	450
		14	18			450	500
18	30	18	24	500	630	500	560
		24	30			560	630
30	50	30	40	630	800	630	710
		40	50			710	800
50	80	50	65	800	1000	800	900
		65	80			900	1000
80	120	80	100	1000	1250	1000	1200
		100	120			1200	1250
120	180	120	140	1250	1600	1250	1400
		140	160			1400	1600
		160	180	1600	2000	1600	1800
						1800	2000
180	250	180	200	2000	2500	2000	2240
		200	225			2240	2500
		225	250	2500	3150	2500	2800
						2800	3150

1.2.2 基本偏差系列

如前所述，基本偏差是确定公差带的位置参数，与公差等级无关。为了满足各种不同配合的需要，必须将孔和轴的公差带位置标准化。为此，标准对孔和轴各规定了 28 个公差带位置，分别由 28 个基本偏差代号来确定。

（1）基本偏差的代号

基本偏差代号用拉丁字母表示，对孔用大写 A，…，ZC 表示；对轴用小写 a，…，zc 表示。轴和孔的基本偏差代号各 28 个。

必须指出：以轴为例，字母中除去与其他代号易混淆的 5 个字母 i、l、o、q、w，增加了七个双字母代号 cd、ef、fg、js、za、zb、zc，其排列顺序见图 1-15 所示。孔的基本偏差代号与轴类同，这里不再重述。

（2）基本偏差系列图及特征

在图 1-15 基本偏差系列图中，表示了公称尺寸相同的 28 种孔和轴基本偏差相对零线的位置。图中画的基本偏差是"开口"公差带，这是因为基本偏差只表示公差带的位置，而不表示公差带的大小。"开口"的一端则表示将由公差等级来确定，即由公差等级确定公差带的大小。

由图 1-15 可以看出，孔和轴的各基本偏差图形是基本对称的，它们的性质和关系可归纳如下：

① 孔的基本偏差中，A～G 的基本偏差为下极限偏差 EI，其值为正值；J～ZC 的基本偏差为上极限偏差 ES，其值为负值，J、K 除外。轴的基本偏差中，a～g 的基本偏差为上极限偏差 es，其值为负值；j～zc 的基本偏差为下极限偏差 ei，其值为正值，j 除外。

② H 和 h 分别为基准孔和基准轴的基本偏差代号，它们的基本偏差分别是 $EI = 0$、$es = 0$。

图 1-15　孔和轴基本偏差系列

③ 基本偏差代号 JS 和 js 的公差带对称分布在零线两侧，因此，它们的基本偏差既可以是上极限偏差，也可以是下极限偏差。

④ 孔和轴的基本偏差系列在图中具有倒影关系。

（3）基本偏差数值

① 轴基本偏差数值的确定　轴的基本偏差数值是以基孔制配合为基础，按照各种配合的要求，再根据生产实践经验和统计分析结果得出一系列的计算公式，计算后圆整成尾数而得出列表值，公称尺寸至 1000mm 轴的基本偏差数值如表 1-6 所示。

② 孔基本偏差数值的确定　根据孔和轴基本偏差的倒影关系，按一定的规则换算后可得到孔的基本偏差数值表，公称尺寸至 1000mm 孔的基本偏差数值见表 1-7。但在查孔的基本偏差表时应注意以下两种情况：

a. 直接查表（倒影关系）。当孔的基本偏差在 A～S 时，EI＝－es；当孔的基本偏差在 J～N（＞IT8）和 P～ZC（＞IT7）时，ES＝－ei。其中 es 和 ei 是指待求孔的基本偏差相对应的同尺寸、同名轴的基本偏差（如 $\phi72G7$—$\phi72g7$）。所谓的倒影关系，是将轴的基本偏差双变号（上、下极限偏差变，数值正负号变），即得待求孔的基本偏差。

b. 查表加值。当孔的基本偏差在 K、M、N（≤IT8）和 P～ZC（≤IT7）时，ES＝－ei＋Δ。孔的公差等级在上述规定范围之内时，孔的基本偏差等于在上述双变号的基础上加上一个 Δ 值，Δ 值可在表 1-7 中"Δ"栏处查得。

③ 轴和孔基本偏差值的查表

【例 1-1】　查表确定尺寸 $\phi35j6$、$\phi72K8$、$\phi90R7$ 的极限偏差。

解：a. $\phi35j6$，查表 1-2 得：IT6＝0.016mm；查表 1-6 得：基本偏差 ei＝－0.005mm，则 es＝ei＋IT6＝－0.005＋0.016＝＋0.011（mm）。由此可得：$\phi35j6\left(^{+0.011}_{-0.005}\right)$ mm。

b. $\phi72K8$，查表 1-2 得：IT8＝0.046mm；查表 1-7 得：基本偏差 ES＝－0.002＋Δ＝－0.002＋0.016＝＋0.014（mm），则 EI＝ES－IT8＝＋0.014－0.046＝－0.032（mm）。由此可得：$\phi72K8\left(^{+0.014}_{-0.032}\right)$ mm。

表 1-6　公称尺寸至 1000mm 轴的基本偏差数值（摘自 GB/T 1800.1—2009）（部分）

单位：μm

基本偏差数值

公称尺寸/mm 大于	至	上极限偏差 es（所有标准公差等级） a	b	c	cd	d	e	ef	f	fg	g	h	js	下极限偏差 ei　j (IT5和IT6)	j (IT7)	j (IT8)	k (IT4至IT7)	k (≤IT3和>IT7)	m	n	p	r	s	t	u
—	3	−270	−140	−60	−34	−20	−14	−10	−6	−4	−2	0		−2	−4	−6	0	0	+2	+4	+6	+10	+14		+18
3	6	−270	−140	−70	−46	−30	−20	−14	−10	−6	−4	0		−2	−4		+1	0	+4	+8	+12	+15	+19		+23
6	10	−280	−150	−80	−56	−40	−25	−18	−13	−8	−5	0		−2	−5		+1	0	+6	+10	+15	+19	+23		+28
10	14	−290	−150	−95		−50	−32		−16		−6	0		−3	−6		+1	0	+7	+12	+18	+23	+28		+33
14	18	−290	−150	−95		−50	−32		−16		−6	0		−3	−6		+1	0	+7	+12	+18	+23	+28		+33
18	24	−300	−160	−110		−65	−40		−20		−7	0		−4	−8		+2	0	+8	+15	+22	+28	+35		+41
24	30	−300	−160	−110		−65	−40		−20		−7	0		−4	−8		+2	0	+8	+15	+22	+28	+35	+41	+48
30	40	−310	−170	−120		−80	−50		−25		−9	0		−5	−10		+2	0	+9	+17	+26	+34	+43	+48	+60
40	50	−320	−180	−130		−80	−50		−25		−9	0		−5	−10		+2	0	+9	+17	+26	+34	+43	+54	+70
50	65	−340	−190	−140		−100	−60		−30		−10	0		−7	−12		+2	0	+11	+20	+32	+41	+53	+66	+87
65	80	−360	−200	−150		−100	−60		−30		−10	0		−7	−12		+2	0	+11	+20	+32	+43	+59	+75	+102
80	100	−380	−220	−170		−120	−72		−36		−12	0		−9	−15		+3	0	+13	+23	+37	+51	+71	+91	+124
100	120	−410	−240	−180		−120	−72		−36		−12	0		−9	−15		+3	0	+13	+23	+37	+54	+79	+104	+144
120	140	−460	−260	−200		−145	−85		−43		−14	0		−11	−18		+3	0	+15	+27	+43	+63	+92	+122	+170
140	160	−520	−280	−210		−145	−85		−43		−14	0		−11	−18		+3	0	+15	+27	+43	+65	+100	+134	+190
160	180	−580	−310	−230		−145	−85		−43		−14	0		−11	−18		+3	0	+15	+27	+43	+68	+108	+146	+210
180	200	−660	−340	−240		−170	−100		−50		−15	0		−13	−21		+4	0	+17	+31	+50	+77	+122	+166	+236
200	225	−740	−380	−260		−170	−100		−50		−15	0		−13	−21		+4	0	+17	+31	+50	+80	+130	+180	+258
225	250	−820	−420	−280		−170	−100		−50		−15	0		−13	−21		+4	0	+17	+31	+50	+84	+140	+196	+284
250	280	−920	−480	−300		−190	−110		−56		−17	0		−16	−26		+4	0	+20	+34	+56	+94	+158	+218	+315
280	315	−1050	−540	−330		−190	−110		−56		−17	0		−16	−26		+4	0	+20	+34	+56	+98	+170	+240	+350
315	355	−1200	−600	−360		−210	−125		−62		−18	0		−18	−28		+4	0	+21	+37	+62	+108	+190	+268	+390
355	400	−1350	−680	−400		−210	−125		−62		−18	0		−18	−28		+4	0	+21	+37	+62	+114	+208	+294	+435
400	450	−1500	−760	−440		−230	−135		−68		−20	0		−20	−32		+5	0	+23	+40	+68	+126	+232	+330	+490
450	500	−1650	−840	−480		−230	−135		−68		−20	0		−20	−32		+5	0	+23	+40	+68	+132	+252	+360	+540
500	560					−260	−145		−76		−22	0					0	0	+26	+44	+78	+150	+280	+400	+600
560	630					−260	−145		−76		−22	0					0	0	+26	+44	+78	+155	+310	+450	+660
630	710					−290	−160		−80		−24	0					0	0	+30	+50	+88	+175	+340	+500	+740
710	800					−290	−160		−80		−24	0					0	0	+30	+50	+88	+185	+380	+560	+840
800	900					−320	−170		−86		−26	0					0	0	+34	+56	+100	+210	+430	+620	+940
900	1000					−320	−170		−86		−26	0					0	0	+34	+56	+100	+220	+470	+680	+1050

js 列：偏差 = ±ITn/2，式中 ITn 是 IT 值数。

注：1. 公称尺寸小于或等于 1mm 时，基本偏差 a 和 b 均不采用。

2. 公差带 js7 至 js11，若 ITn 值数为奇数，则取偏差 = ±(ITn−1)/2。

表1-7　公称尺寸至1000mm孔的基本偏差数值（摘自GB/T 1800.1—2009）（部分）　　μm

基本偏差数值：下极限偏差 EI 适用于所有标准公差等级（A～JS）；上极限偏差 ES 列于 J～U。JS 栏偏差=±$\mathrm{IT}_n/2$，式中 IT_n 是 IT 值数。P至ZC 栏：在大于 IT7 的相应数值上增加一个Δ值。

公称尺寸/mm 大于	至	A	B	C	CD	D	E	EF	F	FG	G	H	JS	J IT6	J IT7	J IT8	K ≤IT8	K >IT8	M ≤IT8	M >IT8	N ≤IT8	N >IT8	P	R	S	T	U	Δ IT3	Δ IT4	Δ IT5	Δ IT6	Δ IT7	Δ IT8
—	3	+270	+140	+60	+34	+20	+14	+10	+6	+4	+2	0	±IT/2	+2	+4	+6	0	0	−2	−2	−4	−4	−6	−10	−14		−18	0	0	0	0	0	0
3	6	+270	+140	+70	+46	+30	+20	+14	+10	+6	+4	0	±IT/2	+5	+6	+10	−1+Δ	0	−4+Δ	−4	−8+Δ	0	−12	−15	−19		−23	1	1.5	1	3	4	6
6	10	+280	+150	+80	+56	+40	+25	+18	+13	+8	+5	0	±IT/2	+5	+8	+12	−1+Δ	0	−6+Δ	−6	−10+Δ	0	−15	−19	−23		−28	1	1.5	2	3	6	7
10	14	+290	+150	+95		+50	+32		+16		+6	0	±IT/2	+6	+10	+15	−1+Δ	0	−7+Δ	−7	−12+Δ	0	−18	−23	−28		−33	1	2	3	3	7	9
14	18	+290	+150	+95		+50	+32		+16		+6	0	±IT/2	+6	+10	+15	−1+Δ	0	−7+Δ	−7	−12+Δ	0	−18	−23	−28		−33	1	2	3	3	7	9
18	24	+300	+160	+110		+65	+40		+20		+7	0	±IT/2	+8	+12	+20	−2+Δ	0	−8+Δ	−8	−15+Δ	0	−22	−28	−35		−41	1.5	2	3	4	8	12
24	30	+300	+160	+110		+65	+40		+20		+7	0	±IT/2	+8	+12	+20	−2+Δ	0	−8+Δ	−8	−15+Δ	0	−22	−28	−35	−41	−48	1.5	2	3	4	8	12
30	40	+310	+170	+120		+80	+50		+25		+9	0	±IT/2	+10	+14	+24	−2+Δ	0	−9+Δ	−9	−17+Δ	0	−26	−34	−43	−48	−60	1.5	3	4	5	9	14
40	50	+320	+180	+130		+80	+50		+25		+9	0	±IT/2	+10	+14	+24	−2+Δ	0	−9+Δ	−9	−17+Δ	0	−26	−34	−43	−54	−70	1.5	3	4	5	9	14
50	65	+340	+190	+140		+100	+60		+30		+10	0	±IT/2	+13	+18	+28	−2+Δ	0	−11+Δ	−11	−20+Δ	0	−32	−41	−53	−66	−87	2	3	5	6	11	16
65	80	+360	+200	+150		+100	+60		+30		+10	0	±IT/2	+13	+18	+28	−2+Δ	0	−11+Δ	−11	−20+Δ	0	−32	−43	−59	−75	−102	2	3	5	6	11	16
80	100	+380	+220	+170		+120	+72		+36		+12	0	±IT/2	+16	+22	+34	−3+Δ	0	−13+Δ	−13	−23+Δ	0	−37	−51	−71	−91	−124	2	4	5	7	13	19
100	120	+410	+240	+180		+120	+72		+36		+12	0	±IT/2	+16	+22	+34	−3+Δ	0	−13+Δ	−13	−23+Δ	0	−37	−54	−79	−104	−144	2	4	5	7	13	19
120	140	+460	+260	+200		+145	+85		+43		+14	0	±IT/2	+18	+26	+41	−3+Δ	0	−15+Δ	−15	−27+Δ	0	−43	−63	−92	−122	−170	3	4	6	7	15	23
140	160	+520	+280	+210		+145	+85		+43		+14	0	±IT/2	+18	+26	+41	−3+Δ	0	−15+Δ	−15	−27+Δ	0	−43	−65	−100	−134	−190	3	4	6	7	15	23
160	180	+580	+310	+230		+145	+85		+43		+14	0	±IT/2	+18	+26	+41	−3+Δ	0	−15+Δ	−15	−27+Δ	0	−43	−68	−108	−146	−210	3	4	6	7	15	23
180	200	+660	+340	+240		+170	+100		+50		+15	0	±IT/2	+22	+30	+47	−4+Δ	0	−17+Δ	−17	−31+Δ	0	−50	−77	−122	−166	−236	3	4	6	9	17	26
200	225	+740	+380	+260		+170	+100		+50		+15	0	±IT/2	+22	+30	+47	−4+Δ	0	−17+Δ	−17	−31+Δ	0	−50	−80	−130	−180	−258	3	4	6	9	17	26
225	250	+820	+420	+280		+170	+100		+50		+15	0	±IT/2	+22	+30	+47	−4+Δ	0	−17+Δ	−17	−31+Δ	0	−50	−84	−140	−196	−284	3	4	6	9	17	26
250	280	+920	+480	+300		+190	+110		+56		+17	0	±IT/2	+25	+36	+55	−4+Δ	0	−20+Δ	−20	−34+Δ	0	−56	−94	−158	−218	−315	4	4	7	9	20	29
280	315	+1050	+540	+330		+190	+110		+56		+17	0	±IT/2	+25	+36	+55	−4+Δ	0	−20+Δ	−20	−34+Δ	0	−56	−98	−170	−240	−350	4	4	7	9	20	29
315	355	+1200	+600	+360		+210	+125		+62		+18	0	±IT/2	+29	+39	+60	−4+Δ	0	−21+Δ	−21	−37+Δ	0	−62	−108	−190	−268	−390	4	5	7	11	21	32
355	400	+1350	+680	+400		+210	+125		+62		+18	0	±IT/2	+29	+39	+60	−4+Δ	0	−21+Δ	−21	−37+Δ	0	−62	−114	−208	−294	−435	4	5	7	11	21	32
400	450	+1500	+760	+440		+230	+135		+68		+20	0	±IT/2	+33	+43	+66	−5+Δ	0	−23+Δ	−23	−40+Δ	0	−68	−126	−232	−330	−490	5	5	7	13	23	34
450	500	+1650	+840	+480		+230	+135		+68		+20	0	±IT/2	+33	+43	+66	−5+Δ	0	−23+Δ	−23	−40+Δ	0	−68	−132	−252	−360	−540	5	5	7	13	23	34
500	560					+260	+145		+76		+22	0	±IT/2				0		−26		−44		−78	−150	−280	−400	−600						
560	630					+260	+145		+76		+22	0	±IT/2				0		−26		−44		−78	−155	−310	−450	−660						
630	710					+290	+160		+80		+24	0	±IT/2				0		−30		−50		−88	−175	−340	−500	−740						
710	800					+290	+160		+80		+24	0	±IT/2				0		−30		−50		−88	−185	−380	−560	−840						
800	900					+320	+170		+86		+26	0	±IT/2				0		−34		−56		−100	−210	−430	−620	−940						
900	1000					+320	+170		+86		+26	0	±IT/2				0		−34		−56		−100	−220	−470	−680	−1050						

注：1. 公称尺寸小于或等于1mm时，基本偏差A和B及大于IT8的N均不采用。公差带JS7至JS11，若IT_n值数是奇数，则取偏差=±$\dfrac{\mathrm{IT}_n-1}{2}$。

2. 对小于或等于IT8的K、M、N和小于或等于IT7的P至ZC，所需Δ值从表内右侧选取。例如：18～30mm段的K7：Δ=8μm，所以ES=(−2+8)μm=+6μm；18～30mm段的S6：Δ=4μm，所以ES=(−35+4)μm=−31μm。特殊情况：250～315mm段的M6，ES=−9μm（代替−11μm）。

c. $\phi 90R7$，查表 1-2 得：$IT7=0.035mm$；查表 1-7 得：基本偏差 $ES=-0.051+\Delta=$ $-0.051+0.013=-0.038$（mm），则 $EI=ES-IT7=-0.038-0.035=-0.073$（mm）。由此可得：$\phi 90R7$ $\binom{-0.038}{-0.073}$ mm。

（4）公差与配合在图样上的标注

在机械图样中，尺寸公差与配合的标注应遵守国家标准（GB/T 4458.5—2003）规定，现摘要叙述。

① 在零件图中的标注　在零件图中标注孔、轴的尺寸公差有下列三种形式：

a. 在孔或轴的公称尺寸的右边注出公差带代号，如图 1-16 所示。孔、轴公差带代号由基本偏差代号与公差等级代号组成，如图 1-17 所示。

图 1-16　标注公差带代号　　　　　　　　图 1-17　公差带代号的形式

b. 在孔或轴的公称尺寸的右边注出该公差带的极限偏差数值，如图 1-18 所示。上极限偏差应注在公称尺寸的右上角；下极限偏差应与公称尺寸在同一底线上，且上、下极限偏差数字的字号应比公称尺寸数字的字号小一号。

图 1-18　标注极限偏差数值

当上极限偏差或下极限偏差为零时，要注出偏差数值"0"，并与另一个偏差值的个位数对齐，如图 1-18（a）所示。上、下极限偏差的小数点必须对齐，小数点后的位数必须相同，如图 1-18（b）所示；小数点后右端的"0"一般不注出；为了使上、下极限偏差值的小数点后的位数相同，可以用"0"补齐，如图 1-18（d）所示。若上、下极限偏差值相等，符号相反时，偏差数值只注写一次，并在偏差值与公称尺寸之间注写符号"±"，且两者数字高度相同，如图 1-18（c）所示。

c. 在孔或轴的公称尺寸的右边同时注出公差带代号和相应的极限偏差数值，此时后者应加上圆括号，如图 1-19 所示。

图 1-19　标注公差带代号和极限偏差数值

② 装配图中的标注 装配图中一般标注配合代号，配合代号由两个相互结合的孔或轴的公差带代号组成，写成分数形式，分子为孔的公差带代号，分母为轴的公差带代号，如图 1-20 所示。

在图 1-20(a) 中 $\phi50H7/k6$ 的含义为：公称尺寸 $\phi50mm$，基孔制配合，基准孔的基本偏差为 H，公差等级为 7 级；与其配合的轴基本偏差为 k，公差等级为 6 级。图 1-20(b) 中 $\phi50F8/h7$ 是基轴制配合。

在装配图中，当零件与常用标准件有配合要求的尺寸时，可以仅标注相配合的非标准件（零件）的公差带代号，如图 1-21 所示。

图 1-20 装配图中的标注（一）

图 1-21 装配图中的标注（二）

1.2.3 公差带与配合的国家标准

标准公差等级代号由符号 IT 和数字组成，例如：IT7 表示标准公差等级为 7 级。当其与代表基本偏差的字母一起组成公差带时，省略标准公差符号 IT 字母，如 h7 等。根据 GB/T 1800.1—2009 规定的 20 个标准公差等级和孔、轴各 28 个基本偏差，二者组合，孔可有 543 种不同位置和大小的公差带，而轴可有 544 种。孔和轴各 500 多种的公差带，又可组成大量的配合。这很显然是不科学不经济的。

因此，为了简化公差带和配合的数量，从而减少定值刀具、量具和工艺装备的品种和规格，国家标准 GB/T 1801—2009 对公称尺寸不大于 500mm 的孔、轴分别规定了一般、常用和优先选用的公差带，见图 1-22 和图 1-23 所示。图中列出了一般公差带：孔有 105 种，轴有 116 种；框格内为常用公差带：孔 44 种，轴有 59 种；圆圈内为优先公差带：孔和轴各

图 1-22 公称尺寸≤500mm 一般、常用和优先选用孔的公差带

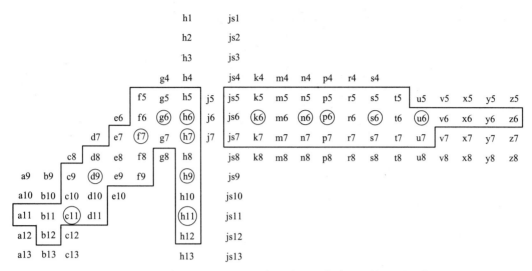

图 1-23　公称尺寸≤500mm 一般、常用和优先选用轴的公差带

有 13 种。

在选用公差带时，应按优先、常用、一般公差带的顺序选取。当一般公差带也不能满足使用要求时，允许按国家标准规定的基本偏差和标准公差等级组成所需的公差带。

在所规定的孔、轴常用和优先选用公差带的基础上，国家标准规定了公称尺寸至 500mm 的基孔制常用配合 59 种，优先配合 13 种，见表 1-8；基轴制常用配合 47 种，优先配合 13 种，见表 1-9。

表 1-8　基孔制优先、常用配合（摘自 GB/T 1801—2009）

基准孔	轴																			
	a	b	c	d	e	f	g	h	js	k	m	n	p	r	s	t	u	v	x	y	z
	间　隙　配　合								过　渡　配　合				过　盈　配　合								
H6						$\dfrac{H6}{f5}$	$\dfrac{H6}{g5}$	$\dfrac{H6}{h5}$	$\dfrac{H6}{js5}$	$\dfrac{H6}{k5}$	$\dfrac{H6}{m5}$	$\dfrac{H6}{n5}$	$\dfrac{H6}{p5}$	$\dfrac{H6}{r5}$	$\dfrac{H6}{s5}$	$\dfrac{H6}{t5}$					
H7						$\dfrac{H7}{f6}$	$\dfrac{H7}{g6}$	$\dfrac{H7}{h6}$	$\dfrac{H7}{js6}$	$\dfrac{H7}{k6}$	$\dfrac{H7}{m6}$	$\dfrac{H7}{n6}$	$\dfrac{H7}{p6}$	$\dfrac{H7}{r6}$	$\dfrac{H7}{s6}$	$\dfrac{H7}{t6}$	$\dfrac{H7}{u6}$	$\dfrac{H7}{v6}$	$\dfrac{H7}{x6}$	$\dfrac{H7}{y6}$	$\dfrac{H7}{z6}$
H8				$\dfrac{H8}{e7}$		$\dfrac{H8}{f7}$	$\dfrac{H8}{g7}$	$\dfrac{H8}{h7}$	$\dfrac{H8}{js7}$	$\dfrac{H8}{k7}$	$\dfrac{H8}{m7}$	$\dfrac{H8}{n7}$	$\dfrac{H8}{p7}$	$\dfrac{H8}{r7}$	$\dfrac{H8}{s7}$	$\dfrac{H8}{t7}$	$\dfrac{H8}{u7}$				
			$\dfrac{H8}{d8}$	$\dfrac{H8}{e8}$		$\dfrac{H8}{f8}$		$\dfrac{H8}{h8}$													
H9			$\dfrac{H8}{c9}$	$\dfrac{H9}{d9}$	$\dfrac{H9}{e9}$	$\dfrac{H9}{f9}$		$\dfrac{H9}{h9}$													
H10			$\dfrac{H10}{c10}$	$\dfrac{H10}{d10}$				$\dfrac{H10}{h10}$													
H11	$\dfrac{H11}{a11}$	$\dfrac{H11}{b11}$	$\dfrac{H11}{c11}$	$\dfrac{H11}{d11}$				$\dfrac{H11}{h11}$													
H12		$\dfrac{H12}{b12}$						$\dfrac{H12}{h12}$													

注：1. $\dfrac{H6}{n5}$、$\dfrac{H7}{p6}$ 在公称尺寸小于或等于 3mm 和 $\dfrac{H8}{r7}$ 在小于或等于 100mm 时，为过渡配合。

2. 标注 ◤ 的配合为优先配合。

表 1-9　基轴制优先、常用配合（摘自 GB/T 1801—2009）

基准轴	孔																				
	A	B	C	D	E	F	G	H	JS	K	M	N	P	R	S	T	U	V	X	Y	Z
	间隙配合								过渡配合			过盈配合									
h5						$\frac{F6}{h5}$	$\frac{G6}{h5}$	$\frac{H6}{h5}$	$\frac{JS6}{h5}$	$\frac{K6}{h5}$	$\frac{M6}{h5}$	$\frac{N6}{h5}$	$\frac{P6}{h5}$	$\frac{R6}{h5}$	$\frac{S6}{h5}$	$\frac{T6}{h5}$					
h6						$\frac{F7}{h6}$	$\frac{G7}{h6}$	$\frac{H7}{h6}$	$\frac{JS7}{h6}$	$\frac{K7}{h6}$	$\frac{M7}{h6}$	$\frac{N7}{h6}$	$\frac{P7}{h6}$	$\frac{R7}{h6}$	$\frac{S7}{h6}$	$\frac{T7}{h6}$	$\frac{U7}{h6}$				
h7					$\frac{E8}{h7}$	$\frac{F8}{h7}$		$\frac{H8}{h7}$	$\frac{JS8}{h7}$	$\frac{K8}{h7}$	$\frac{M8}{h7}$	$\frac{N8}{h7}$									
h8				$\frac{D8}{h8}$	$\frac{E8}{h8}$	$\frac{F8}{h8}$		$\frac{H8}{h8}$													
h9				$\frac{D9}{h9}$	$\frac{E9}{h9}$	$\frac{F9}{h9}$		$\frac{H9}{h9}$													
h10				$\frac{D10}{h10}$				$\frac{H10}{h10}$													
h11	$\frac{A11}{h11}$	$\frac{B11}{h11}$	$\frac{C11}{h11}$	$\frac{D11}{h11}$				$\frac{H11}{h11}$													
h12		$\frac{B12}{h12}$						$\frac{H12}{h12}$													

注：标注▼的配合为优先配合。

1.3　极限与配合的选择

极限与配合的选择内容包括：基准制、公差等级和配合种类的选择。选择的原则是在满足使用要求的前提下，获得最佳的经济效益。

1.3.1　基准制的选择

选择基准制时，应综合考虑相关零件的结构特点，加工与装配工艺以及经济效益等因素，且应遵循以下原则来确定。

（1）优先选用基孔制

采用基孔制可以减少定值刀、量具的规格数量，有利于刀、量具的标准化、系列化，因而经济合理、使用方便。这是因为对于中、小尺寸的孔多采用定值刀具（如钻头、铰刀、拉刀等）加工，用定值量具（如光滑极限量规等）检验。这些刀具的形状较为复杂、材料较贵、制造较难，且每一种规格的定值刀、量具只能加工和检验一种尺寸的孔。例如，ϕ30H7/f6、ϕ30H7/n6、ϕ30H7/k6 是公称尺寸相同的基孔制配合，虽然它们的配合性质各不相同，但孔的公差带是相同的，所以只需用同一规格的定值刀、量具来加工和检验即可。这三个尺寸中轴的公差带虽然各不相同，但由于车刀、砂轮等刀具对不同极限尺寸的轴是同样适用的，因而，不会增加刀具的费用。由此可见，采用基孔制配合不但可以减少孔的公差带的数量，而且大大减少了孔定值刀、量具的数量，从而获得较高的经济效益。

（2）有明显经济效益时选用基轴制

采用冷拉钢材做轴时，由于钢材本身的精度（可达 IT8）已能满足设计要求，故轴不再加工，此时采用基轴制较为经济合理。

在同一公称尺寸的轴上需要装配几个具有不同配合的零件时，采用基轴制，否则将会造成轴加工困难或无法加工。如图 1-24 所示为活塞、活塞销和连杆的连接，按使用要求活塞销与连杆头内衬套孔的配合为间隙配合，而活塞销与活塞的配合为过渡配合。这两种配合的公称尺寸相同，如果采用基孔制配合，三个孔的公差带虽然一样，但活塞销必须做成两头粗中间细的阶梯形状（直径相差比较小），如图 1-25(a) 所示。此时，活塞销的两头直径必大于连杆头衬套孔的直径。这样在装配时，活塞销要挤过衬套孔壁不仅困难，而且会刮伤孔的表面。另外，这种阶梯形状的活塞销比无阶梯的加工要困难得多。在此情况下如果采用基轴制，如图 1-25(b) 所示的活塞销采用无阶梯结构，衬套孔和活塞孔分别采用不同的公差带，既可以满足使用要求，又可以减少加工的工作量，降低加工成本，同时还可以方便装配。

图 1-24　活塞销、活塞、连杆头衬套孔的配合

ϕ_1—间隙配合；ϕ_2，ϕ_3—过渡配合

(a) 采用基孔制　　　　(b) 采用基轴制

图 1-25　活塞销配合基准制的选用

（3）由常用标准件选用基准制

当设计的零件与常用标准件配合时，基准制的选择应以常用标准件而定。如零件与滚动轴承相配合时，与轴承内圈配合的轴应选用基孔制，而与轴承外圈配合的孔则应选用基轴制，如图 1-21 和图 1-26（尺寸未注出）所示。

（4）特殊情况下可采用混合配合

在一般情况下，优先选用基孔制配合。如有特殊要求，允许将任一孔、轴公差带组成配合。如图 1-26 所示为机床主轴箱的一部分，由于齿轮轴筒与两个轴承孔相配合，根据轴承的使用要求已选定为 $\phi60js6$，而两个隔套只起间隔两个轴承的轴向定位作用，为了装拆方便，隔套松套在齿轮轴筒上的配合间隙应大些，其定心精度要求也不高，因而选用 $\phi60D10$ 与齿轮轴筒配合；同样主轴箱壳孔同时与轴承外圈和隔套外径配合，根据轴承的使用要求已选定为 $\phi95K7$，而隔套的外径则选用 $\phi95d11$ 已达到上述使用要求。在此情况下无论采用基孔制还是基轴制都难以达到使用要求。

图 1-26　非基准制的混合配合

1.3.2 公差等级的选择

合理地选择公差等级是为了更好地处理机械零、部件的使用要求与制造工艺及成本之间的矛盾。公差等级选择过低，虽然其零、部件的制造工艺简单、成本低，但产品的精度也低、质量得不到保证；反之，选择过高，使得零、部件的制造工艺复杂，加工成本也会增高。因此，公差等级选择过高或过低都不利于综合经济效益的提高。所以，选择公差等级的原则是：在满足使用要求的前提下，尽量选择低的公差等级。

选择公差等级常用类比法，也就是参考从生产实践中总结出来的经验资料，进行比较选择。用类比法选择公差等级时，应掌握各个公差等级的应用范围和各种加工方法所能达到的公差等级，以便有所依据。表 1-10 是各种加工方法可能达到的公差等级，表 1-11 是公差等级的应用范围，表 1-12 是各种公差等级的主要应用范围。

表 1-10 各种加工方法可能达到的公差等级

加工方法	公差等级(IT)																			
	01	0	1	2	3	4	5	6	7	8	9	10	11	12	13	14	15	16	17	18
研磨	—	—	—	—	—	—	—													
珩							—	—	—											
圆磨								—	—	—	—									
平磨								—	—	—	—									
金刚石车							—	—	—											
金刚石镗							—	—	—											
拉削								—	—	—	—									
铰孔								—	—	—	—	—								
车									—	—	—	—	—							
镗									—	—	—	—	—							
铣									—	—	—	—	—							
刨、插												—	—							
钻												—	—	—						
滚压、挤压												—	—							
冲压												—	—	—	—	—				
压铸												—	—	—						
粉末冶金成形								—	—	—										
粉末冶金烧结									—	—	—									
砂型铸造、气割																		—		—
锻造																	—	—		

表 1-11 公差等级应用范围

应用	公差等级(IT)																			
	01	0	1	2	3	4	5	6	7	8	9	10	11	12	13	14	15	16	17	18
块规	—	—	—																	
量规			—	—	—	—	—	—	—											
配合尺寸							—	—	—	—	—	—	—	—						
特别精密零件				—	—	—	—													
非配合尺寸														—	—	—	—	—	—	—
原材料公差										—	—	—	—	—	—	—	—			

表 1-12　公差等级的主要应用范围

公差等级	主 要 应 用 范 围
IT01、IT0、IT1	一般用于高精密量块和其他精密尺寸标准块的公差。IT1 也用于检验 IT6、IT7 级轴用量规的校对量规
IT2～IT5	用于特别精密零件的配合及精密量规
IT5(孔 IT6)	用于高精密和重要的配合处。例如，机床主轴的轴颈、主轴箱体孔与精密滚动轴承的配合；车床尾座孔与顶针套筒的配合；发动机活塞销与连杆衬套孔和活塞孔的配合 配合公差很小，对加工要求很高，应用较少
IT6(孔 IT7)	用于机床、发动机、仪表中的重要配合。如机床传动机构中齿轮与轴的配合；轴与轴承的配合；发动机中活塞与汽缸、曲轴与轴套、气门杆与导套的配合等 配合公差较小，一般精密加工能够实现，在精密机床中广泛应用
IT7、IT8	用于机床、发动机中的次要配合；也用于重型机械、农业机械、纺织机械、机车车辆等的重要配合上。如机床上操纵杆的支承配合；发动机活塞环与活塞环槽的配合；农业机械中齿轮与轴的配合等 配合公差中等，加工易实现，在一般机械中广泛应用
IT9、IT10	用于一般要求，或精度要求较高的槽宽的配合
IT11、IT12	用于不重要的配合处。多用于各种没有严格要求，只要求便于连接的配合。如螺栓和螺孔、铆钉和孔等的配合
IT12～IT18	用于未注公差的尺寸和粗加工的工序尺寸上，包括冲压件、铸锻件的公差等。如手柄的直径、壳体的外形、壁厚尺寸、端面之间的距离等

采用类比法选择公差等级时，除考虑以上各表内容外，还应注意以下两点。

（1）考虑孔和轴的工艺等价性

孔和轴的工艺等价性，是指孔和轴的加工难易程度应相同。对于基孔制配合的公称尺寸 ≤500mm 的高精度配合（<IT8），由于孔比轴加工困难，加工成本也高一些。为了使孔和轴的加工难易程度相当，即具有工艺等价性，其公差等级选择是孔比轴低一级，见表 1-8 和表 1-9 优先和常用配合的选用；当精度＝IT8 时，孔比轴低一级或同级，而低精度（>IT8）或公称尺寸大于 500mm 的孔和轴采用同级配合。

（2）考虑非基准件配合与成本

若相配合零件的精度要求不高，则相配件的公差等级可以相差 2～4 级，以降低加工成本。如图 1-26 中的隔套与轴筒和箱体孔分别选取 $\phi 60D10/js6$ 和 $\phi 95K7/d11$。

【例 1-2】　某配合的公称尺寸为 $\phi 30mm$，根据使用要求，配合间隙应在 $+21～+56\mu m$ 范围内，试确定孔和轴的公差等级。

解：按已知条件配合允许的最大间隙 $[X_{max}]=+56\mu m$，最小间隙 $[X_{min}]=+21\mu m$。

① 求允许的配合公差 T_f

根据公式(1-11) 可知 $[T_f]=|[X_{max}]-[X_{min}]|=|+56-(+21)|=35$（$\mu m$）

② 查表确定孔和轴的公差等级

根据公式(1-14) 可知孔和轴的配合公差 $T_f=T_h+T_s$，从满足使用要求考虑，所选的孔和轴应是 $T_h+T_s\le[T_f]$，为降低成本应选用公差等级最低的组合。

查表 1-2 可得，IT6＝13μm，IT7＝21μm。考虑到工艺等价性，按孔的公差等级比轴低一级的原则，选取孔为 IT7，轴为 IT6。由此可得配合公差

$T_f=T_h+T_s=IT7+IT6=21+13=34\mu m<35\mu m$，可满足使用要求。

1.3.3　配合的选用

当基准制和公差等级选定后，就确定了基准孔或基准轴的公差带，以及相应的非基准轴

或非基准孔的公差带的大小,因此配合的选择实际是要确定非基准轴或非基准孔的公差带的位置,也即选择非基准轴或非基准孔的基本偏差代号。

选择配合的方法有计算法、试验法、类比法。在生产实际中,通常多采用类比法。为此,首先必须掌握各种基本偏差的特点,并了解它们的应用实例,然后再根据具体要求情况加以选择。以下我们重点阐述类比法。

(1) 配合选择的大体方向

选择配合时,应首先根据配合的具体要求,如工作时配合件的运动速度、运动方向、运动精度、间歇时间等,承受负荷情况,润滑条件,温度变化,装卸条件,以及材料的物理力学性能等,参照表 1-13 大致确定应选择的配合类别,即从宏观的角度初定配合种类。

表 1-13　孔、轴配合类别选择的大致方向

	有相对运动(转动或移动)	间隙配合	
孔和轴之间	无相对运动	传递较大扭矩,不可拆卸	过盈配合
		定心精度要求高,加键传递扭矩,需要拆卸	过渡配合
		加键传递扭矩,经常拆卸	间隙配合

(2) 基本偏差的特点及应用

在明确所选择的配合类别后,参照表 1-14 即各种基本偏差的特点及应用,来正确地选择配合。表 1-15 是优先配合的特征及应用,仅供设计选择配合时参考。

(3) 公差与配合选择实例

【例 1-3】 某基孔制配合,公称尺寸为 $\phi40\text{mm}$,允许配合间隙为 $+0.075 \sim +0.210\text{mm}$,试确定配合代号。

解: ① 求允许的配合公差　由已知条件可知 $[X_{max}] = +0.210\text{mm}$,$[X_{min}] = +0.075\text{mm}$,则根据公式(1-11)可知允许的配合公差为:

$$[T_f] = |[X_{max}] - [X_{min}]| = |+0.210 - (+0.075)| = 0.135 \text{ (mm)}$$

② 确定孔和轴的公差　查表 1-2 得:孔和轴公差之和小于并接近 0.135mm 的标准公差等级为 IT9 = 0.062mm,故孔和轴的公差等级均选 9 级,孔的公差带代号为 H9($^{+0.062}_{0}$)。

③ 确定轴的基本偏差代号　在基孔制间隙配合中,轴的基本偏差为上极限偏差,由公式(1-8)可知 $[es] = -[X_{min}] = -0.075\text{mm}$。

查表 1-6 可知,基本偏差值接近 -0.075mm 的基本偏差代号为 d,其基本偏差值 es = -0.080mm,故轴的公差带代号选作 d9($^{-0.080}_{-0.142}$)。

因此,所选的配合代号为 H9/d9。

④ 验算　所选配合极限间隙为:

$$X_{max} = ES - ei = +0.062 - (-0.142) = +0.204 \text{ (mm)}$$
$$X_{min} = EI - es = 0 - (-0.080) = +0.080 \text{ (mm)}$$

由此可见 X_{max} 小于已知条件中的最大配合间隙,X_{min} 大于已知条件中的最小配合间隙,所以该配合满足使用要求。

【例 1-4】 某基孔制配合,公称尺寸为 $\phi16\text{mm}$,允许配合的最大间隙为 $+0.012\text{mm}$,最大过盈为 -0.020mm,试确定配合代号。

解: ① 求允许的配合公差　由已知条件可知 $[X_{max}] = +0.012\text{mm}$,$[Y_{max}] = -0.020\text{mm}$,则根据公式(1-13)可知允许的配合公差为

$$[T_f] = |[X_{max}] - [Y_{max}]| = |+0.012 - (-0.020)| = 0.032 \text{ (mm)}$$

表 1-14　各种基本偏差的特点及应用

配合	轴、孔基本偏差	特点及应用
间隙配合	a(A) b(B)	可得到特别大的间隙,应用很少。主要应用于工作温度高、热变形大的零件的配合,如发动机中活塞与汽缸套的配合为 H9/a9
	c(C)	可得到很大间隙,适用于缓慢、松弛的动配合。一般用于工作条件较差(如农业机械,矿山机械)、工作时受力变形大及装配工艺性不好的零件的配合,推荐配合为 H11/c11;也适用于高温工作的间隙配合,如内燃机排气阀杆与导管的配合为 H8/c7
	d(D)	与 IT7~IT11 级对应,适用于较松的间隙配合,如密封盖、滑轮、空转带轮轴孔等与轴的配合;以及大尺寸的滑动轴承孔与轴颈的配合,如涡轮机、球磨机、轧滚成形和重型弯曲机等的滑动轴承。活塞环与活塞环槽的配合可选用 H9/d9
	e(E)	与 IT6~IT9 对应,适用于具有明显间隙、易于转动的轴与轴承的配合,以及高速、重载支承的大尺寸轴和轴承的配合。如涡轮发电机、大型电机、内燃机主要轴承处的配合为 H8/e7
	f(F)	多与 IT6~IT8 对应,用于一般转动的配合。当受温度影响不大时,被广泛应用于普通润滑油润滑的轴和轴承孔的配合。如齿轮箱、小电动机、泵等的转轴与滑动轴承孔的配合为 H7/f6
	g(G)	多与 IT5~IT7 对应,形成配合的间隙较小,制造成本高,仅用于轻载精密装置中的转动配合。最适合不回转的精密滑动配合,也用于插销的定位配合,滑阀、连杆销等处的配合
	h(H)	多与 IT4~IT11 对应,广泛应用于无相对转动零件的配合,一般的定位配合。若没有温度、变形的影响,也用于精密滑动轴承的配合。如车床尾座孔与滑动套筒的配合为 H6/h5
过渡配合	js(JS)	多用于 IT4~IT7 具有平均间隙的过渡配合,用于略有过盈的定位配合,如联轴器、齿圈与钢制轮毂的配合,滚动轴承外圈与外壳孔的配合多采用 JS7。一般用手或木锤装配
	k(K)	多用于 IT4~IT7 平均间隙接近零的配合,用于稍有过盈的定位配合,如滚动轴承内、外圈分别与轴颈、外壳孔的配合。一般用木锤装配
	m(M)	多用于 IT4~IT7 平均过盈较小的配合,用于精密定位的配合,如蜗轮的青铜轮缘与轮毂的配合为 H7/m6。一般用木锤装配,但在最大过盈时,需要相当的压入力
	n(N)	多用于 IT4~IT9 平均过盈较大的配合,很少形成间隙。用于加键传递较大扭矩的配合,如冲床上齿轮与轴的配合,推荐采用 H6/n5;键与键槽的配合采用 N9/h9。一般用木锤或压力机装配
过盈配合	p(P)	用于小过盈的配合,与 H6 或 H7 的孔形成过盈配合,而与 H8 的孔形成过渡配合。对于合金钢制件的配合,为易于拆卸需要较轻的压入配合;而对于碳钢和铸铁制件形成的配合则为标准压入配合
	r(R)	用于传递大扭矩或受冲击负荷而需要加键的配合,如蜗轮与轴的配合为 H7/r6。与 H8 孔的配合,公称尺寸在 100mm 以上时为过盈配合,公称尺寸小于 100mm 时,为过渡配合
	s(S)	用于钢和铸铁制件的永久性和半永久性装配,可产生相当大的结合力。如套环压在轴、阀座上用 H7/s6 的配合。当尺寸较大时,为了避免损伤配合的表面,需用热胀或冷缩法装配
	t(T)	用于钢和铸铁制件的永久性结合,不用键可传递扭矩。如联轴器与轴的配合用 H7/t6,需用热套法或冷轴法装配
	u(U)	用于大过盈配合,一般应验算在最大过盈时,零件材料是否损坏。如火车轮毂轴孔与轴的配合为 H6/u5,需用热胀或冷缩法装配
	v(V) x(X) y(Y) z(Z)	用于特大的过盈配合,目前使用的经验和资料很少,须经试验后才能应用。一般不推荐

表 1-15　优先配合的特征及应用

优先配合		特征及应用
基孔制	基轴制	
H11/c11	C11/h11	间隙非常大，摩擦情况差。用于要求大公差和大间隙的外露组件，要求装配方便，很松的配合，高温工作和松的转动配合
H9/d9	D9/h9	间隙比较大，摩擦情况较好，用于精度要求低、温度变化大、高转速或径向压力较大的自由转动的配合
H8/f7	F8/h7	摩擦情况良好，配合间隙适中的转动配合。用于中等转速和中等轴颈压力的一般精度的转动，也可用于长轴或多支承的中等精度的定位配合
H7/g6	G7/h6	间隙很小，用于不回转的精密滑动配合；或用于不希望自由转动，但可自由移动和滑动，并精密定位的配合；也可用于要求明确的定位配合
H7/h6 H8/h7 H9/h9 H11/h11	H7/h6 H8/h7 H9/h9 H11/h11	均为间隙配合，其最小间隙为零，最大间隙为孔和轴的公差之和，用于具有缓慢的轴向移动或摆动的配合
H7/k6	K7/h6	过渡配合，装拆方便，用木锤打入或取出。用于要求稍有过盈、精密定位的配合
H7/n6	N7/h6	过渡配合，装拆困难，需要用木锤费力打入。用于允许有较大过盈的更精密的配合，也用于装配后不需拆卸或大修时才拆卸的配合
H7/p6	P7/h6	小过盈的配合，用于定位精度特别重要时，能以最好的定位精度达到部件的刚性及对中性要求，而对内孔承受压力无特殊要求，不依靠配合的紧固性传递摩擦负荷的配合
H7/s6	S7/h6	过盈量属于中等的压入配合，用于一般钢和铸铁制件，或薄壁件的冷缩配合，铸铁件可得到最紧的配合
H7/u6	U7/h6	过盈量较大的压入配合，用于传递大的扭矩或承受大的冲击负荷，或不宜承受大压入力的冷缩配合，或不加紧固件就能得到牢固结合的场合

② 确定孔和轴的公差　查表 1-2 得：IT6＝0.011mm，IT7＝0.018mm，由工艺等价性，取孔的标准公差等级为 IT7，轴为 IT6，则有 T_f＝IT7＋IT6＝0.018＋0.011＝0.029（mm），可见配合公差值小于 0.032mm，故孔的公差带代号为 H7($^{+0.018}_{0}$)。

③ 确定轴的基本偏差代号　在基孔制过渡配合中，轴的基本偏差为下极限偏差，由公式(1-7) 可知

$$[ei]=ES-[X_{max}]=+0.018-(+0.012)=+0.006（mm）$$

查表 1-6 可知，基本偏差代号 m 的基本偏差 ei＝＋0.006mm，故轴的公差带代号选作 m6($^{+0.006}_{+0.018}$)。

因此，所选的配合代号为 H7/m6。

④ 验算　所选配合的最大间隙和最大过盈为

$$X_{max}=ES-ei=+0.018-(+0.006)=+0.012（mm）$$
$$Y_{max}=EI-es=0-(+0.018)=-0.018（mm）$$

由此可见，X_{max} 和 Y_{max} 都分别等于和小于已知条件中的最大配合间隙和最大配合过盈，所以该配合满足使用要求。

1.4　线性尺寸的未注公差

对机械零件上各几何要素的线性尺寸、角度尺寸、形状和各要素之间的位置等要求，取决于它们的功能。因此，零件在图样上表示的所有要素都有一定的公差要求。但是，对某些

在功能上无特殊要求的要素，则可给出一般公差，即未注公差。

（1）线性尺寸的一般公差

线性尺寸的一般公差主要用于较低精度的非配合尺寸，零件上无特殊要求的尺寸，以及由工艺方法可保证的尺寸。如零件在车间普通工艺条件下，由机床设备一般加工能力即可保证的公差，即尺寸后不需带有公差。

（2）一般公差的作用

零件图上应用一般公差后具有以下优点：

① 简化制图，使图样清晰易读。

② 设计者只要熟悉一般公差的规定和应用，不需要逐一考虑几何要素的公差值，节省了图样设计的时间。

③ 只要明确哪些几何要素可由一般工艺水平保证，可简化对这些要素的检验要求，从而有利于质量管理。

④ 突出了图样上注出公差的要素的重要性，以便在加工和检验时引起重视。

⑤ 明确了图样上几何要素的一般公差要求，对供需双方在加工、销售、交货等各个方面都是非常有利的。

（3）线性尺寸一般公差的标准

《一般公差　未注公差的线性和角度尺寸的公差》国家标准 GB/T 1804 中对一般公差规定了四个公差等级：精密级 f，中等级 m，粗糙级 c，最粗级 v，按未注公差的线性尺寸和倒圆半径及倒角高度尺寸分别给出了各公差等级的极限偏差数值，如表 1-16 和表 1-17 所示。

表 1-16　线性尺寸的极限偏差数值（摘自 GB/T 1804—2000）

公差等级	尺寸分段							
	0.5～3	>3～6	>6～30	>30～120	>120～400	>400～1000	>1000～2000	>2000～4000
精密级 f	±0.05	±0.05	±0.1	±0.15	±0.2	±0.3	±0.5	—
中等级 m	±0.1	±0.1	±0.2	±0.3	±0.5	±0.8	±1.2	±2
粗糙级 c	±0.2	±0.3	±0.5	±0.8	±1.2	±2	±3	±4
最粗级 v	—	±0.5	±1	±1.5	±2.5	±4	±6	±8

表 1-17　倒圆半径与倒角高度尺寸的极限偏差数值（摘自 GB/T 1804—2000）

公差等级	尺寸分段			
	0.5～3	>3～6	>6～30	>30
精密级 f	±0.2	±0.5	±1	±2
中等级 m				
粗糙级 c	±0.4	±1	±2	±4
最粗级 v				

由表 1-16 和表 1-17 可见，一般公差的极限偏差，无论孔、轴或长度尺寸一律呈对称分布。这样的规定，可以避免由于对孔、轴尺寸理解的不一致而带来不必要的纠纷。

（4）线性尺寸一般公差的表示法

当零件上的要素采用一般公差时，在图样上只标注公称尺寸，不标注极限偏差或公差带代号，零件加工完后可不检验，而是在图样上、技术文件或标准（企业或行业标准）中做出总的说明。

例如，在零件图样上标题栏上方标明：GB/T 1804—m，则表示该零件的一般公差选用中等级，按国家标准 GB/T 1804 中的规定执行。

思考题与习题

1-1 思考题

  (1) 公称尺寸、极限尺寸和实际（组成）要素的尺寸有何区别与联系？

  (2) 尺寸公差、极限偏差和实际偏差有何区别与联系？

  (3) 标准公差、基本偏差和公差带有何区别与联系？

  (4) 什么是配合？配合分几大类？各类配合中孔和轴公差带的相对位置有何特点？

  (5) 极限与配合有哪些术语？举例说明一下。

  (6) 什么是基准制？为什么规定基准制？为什么优先采用基孔制？在什么情况下采用基轴制？

  (7) 为什么要规定一般、常用和优先选用公差带和配合？设计时应如何选择？

  (8) 极限与配合在图样上有哪些标注形式？标注时应注意哪些问题？举例说明。

  (9) 阐述基准制、配合种类和公差等级的选择原则。

1-2 判断下列说法是否正确，并阐述理由。

  (1) 公称尺寸是设计时给定的尺寸，因此零件的实际（组成）要素的尺寸越接近公称尺寸，则其精度越高。

  (2) 公差是零件尺寸允许的最大偏差。

  (3) 孔的基本偏差即下极限偏差，而轴的基本偏差为上极限偏差。

  (4) 过渡配合可能具有间隙或过盈，因此过渡配合可能是间隙配合或过盈配合。

  (5) 某孔的实际（组成）要素的尺寸小于其配合的轴的实际（组成）要素的尺寸，则形成的配合为过盈配合。

1-3 按下面表中给出的数据，计算表中空格的数值，并将计算结果填入相应的空格内，要求数值的单位为 mm。

公称尺寸	上极限尺寸	下极限尺寸	上极限偏差	下极限偏差	公　差
孔 $\phi 8$	8.040	8.025			
轴 $\phi 60$			-0.060		0.046
孔 $\phi 30$		30.020			0.100
轴 $\phi 50$			-0.050	-0.112	

1-4 根据表中的数据，计算并填写该表空格中的数值，要求数值的单位为 mm。

公称尺寸	孔			轴			最大间隙或最小过盈	最小间隙或最大过盈	平均间隙或过盈	配合公差	配合性质
	上极限偏差	下极限偏差	公　差	上极限偏差	下极限偏差	公　差					
$\phi 25$		0				0.013	$+0.074$		$+0.057$		
$\phi 14$		0				0.011		-0.012	$+0.0025$		
$\phi 45$			0.025	0				-0.050	-0.0295		

1-5 已知某配合的公称尺寸为 $\phi 60$mm，孔的下极限偏差为零、公差为 0.046mm，轴的上极限偏差为 -0.010mm、公差为 0.030mm，试计算孔和轴的极限尺寸，并写出在图样上的标注形式，画出孔和轴的尺寸公差带图。

1-6 说明下列配合所表示的基准制和配合种类（间隙配合、过渡配合或过盈配合），并查表计算其极限间隙或过盈、以及配合公差画出孔、轴的公差带图。

(1) $\phi 25H7/g6$ (2) $\phi 40K7/h6$ (3) $\phi 50S8/h8$ (4) $\phi 15JS8/g7$

1-7 已知孔和轴的公称尺寸 $D(d)$，以及使用要求如下：

(1) $D(d)=40\text{mm}$，$X_{max}=+0.068\text{mm}$，$X_{min}=+0.025\text{mm}$；

(2) $D(d)=30\text{mm}$，$Y_{max}=-0.052\text{mm}$，$Y_{min}=-0.013\text{mm}$。

试按基轴制确定孔和轴的公差等级和基本偏差代号，以及它们的极限偏差。

1-8 有一公称尺寸为 $\phi 60\text{mm}$ 的配合，经计算确定其间隙应为 $+0.025 \sim +0.110\text{mm}$，若采用基孔制配合，试确定此配合的孔与轴的公差带代号，并画出其尺寸的公差带图。

1-9 已知某配合中孔和轴的公称尺寸为 $\phi 20\text{mm}$，孔的上、下极限尺寸分别为 20.021mm 和 20mm，而轴的上、下极限尺寸分别为 19.980mm 和 19.967mm，试计算出孔和轴的极限偏差、基本偏差和公差，以及它们的配合公差，并画出孔和轴的尺寸公差带图和配合公差带图。

1-10 在基孔制配合中，孔和轴的公称尺寸 $\phi 50\text{mm}$，要求配合的最大间隙为 $+0.066\text{mm}$，最小间隙为 $+0.025\text{mm}$，若轴的公差值为 0.016mm，试确定孔和轴的极限偏差，并画出尺寸的公差带图。

1-11 在基轴制配合中，孔和轴的公称尺寸为 $\phi 30\text{mm}$，要求配合的最大过盈为 -0.035mm，最小过盈为 -0.001mm，若孔的公差值为 0.021mm，试确定孔和轴的极限偏差，并画出尺寸的公差带图。

1-12 已知下列三类配合的孔和轴的公称尺寸为 $\phi 30\text{mm}$，按照设计要求其极限间隙或极限过盈分别为：

(1) 配合间隙在 $+0.019 \sim +0.056\text{mm}$ 范围内；

(2) 配合的最大间隙为 $+0.033\text{mm}$，最大过盈为 -0.033mm；

(3) 配合的过盈应在 $-0.007 \sim -0.063\text{mm}$ 范围内。

试分别确定孔和轴的公差等级，并按基孔制选择适当的配合，写出配合代号。

第 2 章　测量技术基础及光滑工件尺寸的检验

测量是认识和分析各种量的基本方法，是进行科学实验的基本手段。测量技术是进行质量管理的技术保证，在生产、生活等各方面都占有重要地位。

2.1　测量技术的基础知识

2.1.1　测量的定义

测量是以确定量值为目的的一组操作，将被测量与作为测量单位的标准量进行比较，从而确定被测量量值的实验过程。

由测量的定义可知，任何一个测量过程都必须有明确的测量对象和确定的测量单位，还要有与被测对象相适应的测量方法，而且测量结果还要达到所要求的测量精度。因此，一个完整的测量过程应包括以下四个要素。

① 测量对象　我们研究的测量对象是几何量，即长度、角度、形状、位置、表面粗糙度，以及螺纹和齿轮等零件的几何参数。

② 测量单位　我国采用国际单位制的法定计量单位，长度的基本计量单位为米（m），在机械零件制造中，常用的长度单位有毫米（mm）、微米（μm）；常用的角度单位为弧度（rad）和度（°）、分（′）、秒（″）。

③ 测量方法　测量方法是指测量时所采用的测量原理、测量器具和测量条件的总和。测量时，应根据测量对象的特点，如精度、大小、材料、数量等来确定所用的测量器具，根据被测参数的特点及其与其他参数的关系，确定合适的测量方法。

④ 测量精度（即准确度）　测量精度是指测量结果与被测量真值之间的一致程度。任何测量过程，总会不可避免地出现测量误差。测量误差大，说明测量结果离真值远，测量精度低。为此，除了合理地选择测量器具和测量方法，还应正确估计测量误差的性质和大小，以便保证测量结果具有较高的置信度。

2.1.2　有关的常用术语

在测量技术中，有一些常用术语比较容易混淆，下面简单介绍一下。

① 计量　计量是指为实现单位统一，量值准确可靠的活动。计量不仅要获取量值信息，而且要实现量值信息的传递或溯源。计量作为一类操作，其对象就是测量仪器。在实际工作中包括测量单位的统一，测量方法（如仪器、操作、数据处理等）的研究，量值传递系统的建立和管理，以及同这些工作有关的法律、法规的制定和实施等。

② 检验　检验是指对实体的一个或多个特性进行诸如测量、检查、试验或度量，并将其结果与规定的要求进行比较的活动。从定义可以看出，检验不仅提供数据，还需与规定的要求进行比较之后，做出合格与否的判定。

③ 检定　检定是指查明和确认计量器具是否符合法定要求的程序，它包括检查、加标记和（或）出具检定证书。检定的对象是《中华人民共和国依法管理的计量器具目录》中的

强制检定的计量器具，非强制检定的计量器具可采用校准、比对、测试等方式达到统一量值的目的。

④ 检测　检测是指对给定的产品、材料、设备、生物体、物理现象或工艺过程，按规定程序确定一种或多种特性的技术操作。从定义可以看出，检测仅是一种技术操作，它只需按规定的程序操作并提供所测的结果，不需给出所测数据是否合格的判定。

⑤ 校准　校准是指在规定条件下，为确定计量器具示值误差的一组操作。校准范围主要是指《中华人民共和国依法管理的计量器具目录》中的非强制检定的计量器具。校准依据应当优先选择国家的标准规范，没有国家标准规范的，可根据计量检定规程或相关产品标准、使用说明书等技术文件编制校准技术条件，再经技术机构技术负责人批准后，方可使用。校准只给出示值偏离数据或曲线，不必判定计量器具是否合格。

检定、校准和检测三者之间的不同之处主要表现在对象不同，活动不同，目的不同。检定：必须使用计量检定规程；校准：应使用满足顾客需要的、适宜的校准规范；检测：应使用国家统一规定的商品检测技术规范，如果没有国家统一制定的技术规范，应执行由省以上政府计量行政部门规定的检测方法。

⑥ 比对　比对是指在规定的条件下，对具有相同准确度等级的同类基准、标准或工作用计量器具之间的量值进行比较的过程。比对一般是精确度相近的标准仪器间相互比较，其数据只能起到旁证与参考的作用，不能对一台仪器给出合格与否的结论。

⑦ 测试　测试是指试验研究性的测量，或理解为测量与试验的全过程。

图 2-1　长度基准的量值传递系统

2.1.3　尺寸的传递

为了保证测量过程中标准量的统一，必须规定一个统一的标准。国际上统一使用的公制长度基准是 1983 年第 17 届国际计量大会上通过的，以米作为长度基准。米的最新定义为：米是光在真空中 1/299792458 秒的时间间隔内所经路径的长度。鉴于激光稳频技术的发展，用激光波长作为长度基准具有很好的稳定性和复现性。但在实际应用中，不能直接使用光波作为长度基准进行测量，而是采用各种计量器具进行测量。为了保证量值统一，必须把长度

图 2-2　正八面棱体

基准的量值准确地传递到生产中应用的计量器具和被测工件上，这就需要建立准确的量值传递系统。

我国长度量值通过两个平行的系统向下传递，如图 2-1 所示。一个是刻线量具（线纹尺）系统，另一个是端面量具（量块）系统，其中量块传递系统应用最广。

角度也是机械制造中重要的几何量之一，一个圆周角定义为 360°，角度不需要像长度一样建立自然基准。但在计量部门，为了方便，仍采用多面棱体作为角度量值的基准。机械制造中的角度标准一般是角度量块、测角仪或分度头等。

目前生产的多面棱体是用特殊合金钢或石英玻璃精细加工而成的，常见的有 4 面、6 面、8 面、12 面、24 面、36 面及 72 面等。如图 2-2 所示为正八面棱体，在该棱体的同一横切面上，其相邻两面法线间的夹角为 45°，以它为基准可以测量 $n \times 45°$ 的角度（n 为正整数）。

以多面棱体作角度基准的量值传递系统如图 2-3 所示。

图 2-3　角度基准的量值传递系统

2.1.4　量块的基本知识

（1）量块的构成

量块是没有刻度，横截面为矩形，并具有一对相互平行测量面的实物量具。量块应由优质钢或能被精加工成容易研合表面的其他类似的耐磨材料制造。如图 2-4 所示，量块的长度 L_i，是指从量块一个测量面上的任意点到与其相对的另一测量面相研合的辅助体（如平晶）表面之间的垂直距离。任意点不包括距测量面边缘为 0.8mm 区域的点，辅助体的材料和表面质量应与量块相同。量块的中心长度 L_0，是指对应于量块未研合测量面中心点的量块长度。量块的标称长度，是指标记在量块上，用以表明其与主单位（m）之间关系的量值，也称为量块长度的示值。

图 2-4　量块

（2）量块的应用

量块在机械制造厂和各级计量部门中应用广泛，除作为尺寸传递的长度基准外，还可以用来检定或校准测量工具和仪器、调整量具或量仪的零位，用于机床夹具的调整，或直接用于精密划线和精密测量。

（3）量块的精度

量块的精度可以按"级"和按"等"划分。

国家标准 GB/T 6093—2001《几何量技术规范（GPS）长度标准 量块》中规定，量块按准确度级别划分，分为 K、0、1、2、3 五级。其中 0 级精度最高，3 级精度最低，K 级为校准级。

按"级"使用量块时，用其标称长度作为工作尺寸，因此测量结果中包含了量块的制造误差，不需要加修正值，使用较方便。

量块在使用的过程中，由于磨损等原因使其实际组成要素的尺寸发生变化，因此需要定期检定。在国家计量检定规程 JJG 146—2003《量块 检定规程》中，根据量块长度的测量不确定度，规定分为 1、2、3、4、5 五等，其中 1 等精度最高，5 等精度最低。

按"等"使用量块时，用其中心长度的实测值作为工作尺寸，该尺寸排除了量块的制造误差，只包含检定时较小的测量误差。在测量时需要加入修正值，虽麻烦一些，但消除了量块尺寸制造误差的影响。

因此，量块按"等"使用，比按"级"使用的测量精度高。对于作为基准进行长度尺寸传递，以及高精度的测量，应当按"等"使用；而在一般测量时可按"级"使用，以简化计算。

（4）量块的尺寸组合

量块是单值量具，一个量块只代表一个尺寸。在使用时，利用量块的研合性（量块的一个测量面与另一量块的测量面或与另一经精加工的类似量块测量面的表面，通过分子力的作用而相互粘合的性能），根据实际需要，用多个尺寸不同的量块研合组成所需要的长度标准量。为减小量块的组合误差保证精度，应尽量减少组合块数，一般不超过 4 块。

量块是成套制成的，每套包括一定数量，不同尺寸的量块。国家标准共规定了 17 种套别的量块，其每套数目分别为 91、83、46、38 等。

量块的尺寸组合一般采用去尾法，即选一块量块应去除一位尾数。如尺寸 46.725 使用 83 块套的量块，组合为 46.725＝1.005＋1.22＋4.5＋40，如表 2-1 所示。

表 2-1　成套量块的尺寸及尺寸组合

成套量块的尺寸（摘自 GB/T 6093—2001）						量块组合方法
套别	总块数	级别	尺寸系列/mm	间隔/mm	块数	
2	83	0,1,2	0.5	—	1	46.725　…量块组合尺寸
			1	—	1	－ 1.005　…第一块量块尺寸
			1.005	—	1	‾‾‾‾‾‾ 45.72
			1.01,1.02,…,1.49	0.01	49	－ 1.22　…第二块量块尺寸
			1.5,1.6,…,1.9	0.1	5	‾‾‾‾‾‾ 44.5
			2.0,2.5,…,9.5	0.5	16	－ 4.5　…第三块量块尺寸
			10,20,…,100	10	10	‾‾‾‾‾‾ 40　…第四块量块尺寸

2.2　测量器具的分类及主要技术指标

2.2.1　测量器具的分类

测量器具可按其测量原理、结构特点及用途等分为以下四类。

（1）标准测量器具

标准测量器具是指以固定的形式复现量值的测量器具，因此，又称为计量器具。通常用来校对和调整其他测量器具，或作为标准量与被测工件进行比较，如量块、线纹尺、直角尺和标准量规等。

（2）通用测量器具

通用测量器具通用性较强，可测量某一范围内的任一尺寸（或其他几何量），并能获得具体读数值。按其结构特点可分为以下几种。

①　固定标尺量具　　固定标尺量具是指具有一定标尺标记，在一定范围内能直接读出被测量数值的量具，如卷尺、钢直尺等。

②　游标量具　　游标量具是指直接移动测头实现几何量测量的量具，如游标卡尺、游标高度卡尺、游标量角器等。

③　微动螺旋副式量仪　　微动螺旋副式量仪是指用螺旋方式移动测头实现几何量测量的量具，如内径千分尺、外径千分尺、深度千分尺等。

④　机械式量仪　　机械式量仪是指用机械方法来实现被测量的传递和放大以实现几何量测量的量仪，一般都具有机械测微机构。这种量仪结构简单、性能稳定、使用方便。如百分表、杠杆齿轮比较仪、扭簧比较仪等。

⑤　光学式量仪　　光学式量仪是指用光学原理来实现被测量的变换和放大，以实现几何量测量的量仪，一般都具有光学放大（测微）机构。这种量仪精度高、性能稳定。如光学比较仪、工具显微镜、干涉仪等。

⑥　电动式量仪　　电动式量仪是指将被测量通过传感器变换为电量，然后通过对电量的测量来实现几何量测量的量仪，一般都具有放大、滤波等电路。这种量仪精度高、测量信号经模/数（A/D）转换后，易于与计算机接口，实现测量和数据处理的自动化，如电感式量仪、电容式量仪、电动轮廓仪等。

⑦　气动式量仪　　气动式量仪是指以压缩空气为介质，通过气动系统流量或压力的变化来实现几何量测量的量仪。这种量仪结构简单、测量精度和效率都高、操作方便，但示值范围小，如水柱式气动量仪、浮标式气动量仪等。

⑧　光电式量仪　　光电式量仪是指利用光学方法放大或瞄准，通过光电元件再转换为电量进行检测，来实现几何量测量的量仪，如光电显微镜、光纤传感器、激光干涉仪等。

（3）专用测量器具

专用测量器具是指专门用来测量某种特定参数的测量器具，如圆度仪、渐开线检查仪、极限量规等。

（4）检验夹具

检验夹具是指量具、量仪和定位元件等组合的一种专用的检验工具，当配合各种比较仪时，可用来检验更多、更复杂的参数。

2.2.2　测量器具的主要技术指标（JJF 1001—1998）

测量器具的主要技术指标是表征测量器具的性能和功能的指标，是合理选择和使用测量器具、研究和判断测量方法正确性的重要依据。技术指标主要有以下几项。

①　标尺间距　　标尺间距是指沿着标尺长度的同一条线测得的两相邻标尺之间的距离。标尺间距用长度单位表示，与被测量的单位和标在标尺上的单位无关。考虑到人眼观察的方便，一般应取标尺标记间距为 $0.75 \sim 2.5$mm。

②　分度值（标尺间距）　　分度值是指测量器具上对应两相邻标尺标记的两个值之差。通常长度量仪的分度值有 0.1mm、0.05mm、0.02mm、0.01mm、0.005mm、0.002mm、0.001mm 等几种。一般来说，分度值越小，测量器具的精度就越高。

③　分辨力　　分辨力是指显示装置能有效辨别的最小的示值差。由于在一些量仪（如数字式量仪）中，其读数采用非标尺或非分度盘显示，因此就不能使用分度值这一概念，而将其称做分辨力。

④　示值范围　　示值范围是指测量器具极限示值界限内的一组值。如图 2-5 所示，测量器具的示值范围为 ± 0.1mm。

⑤　测量范围（即工作范围）　　测量范围是指测量器具的误差处在规定极限内的一组被测

图 2-5 测量器具的示值范围与测量范围

量的值。一般测量范围上限值与下限值之差称为量程。如图 2-5 所示，测量器具的测量范围为 0～180mm，也说它的量程为 180mm。

⑥ 灵敏度 S 灵敏度是指测量器具响应的变化除以对应的激励变化。若被测几何量的变化为 Δx，该几何量引起测量器具的响应变化能力为 ΔL，则灵敏度 $S = \Delta L / \Delta x$。当上式中分子和分母为同种量时，灵敏度也称为放大比或放大倍数。对于具有等分标记的标尺或分度盘的量仪，放大倍数 K 等于刻度间距 a 与分度值 i 之比，即 $K = a / i$。一般来说，分度值越小，则测量器具的灵敏度就越高。

⑦ 示值误差 示值误差是指测量仪器上的示值与对应输入量的真值之差。它主要由仪器误差和仪器调整误差引起，一般来说，示值误差越小，则测量器具的精度就越高。

⑧ 修正值 修正值是指用代数方法与未修正测量结果相加，以补偿其系统误差的值。修正值的大小与示值误差的绝对值相等，而符号相反。例如，示值误差为 $-0.004mm$，则修正值为 $+0.004mm$。

⑨ 测量结果的重复性 测量结果的重复性是指在相同的测量条件下，对同一被测几何量进行连续多次测量所得结果之间的一致性。

⑩ 测量结果的复现性 测量结果的复现性是指在改变了的测量条件下，同一被测量的测量结果之间的一致性。

⑪ 测量不确定度 测量不确定度是指表征合理地赋予被测量之值的分散性，与测量结果相联系的参数，指由于测量误差的存在，而对被测几何量量值不能肯定的程度，直接反映测量结果的置信度。

⑫ 标准不确定度 标准不确定度是指以标准偏差表示的测量不确定度。

⑬ 测量力 测量力是指测量器具的测头与被测工件表面之间的机械接触力。在接触式测量过程中，要求测量力是恒定的。测量力太小，影响接触的可靠性；测量力太大，则会引起弹性变形，从而影响测量精度。

2.3　测量方法及测量技术的应用原则

2.3.1　测量方法的分类

广义的测量方法，是指测量时采用的测量原理、测量器具和测量条件的总和。而在实际测量工作中，测量方法通常是指获得测量结果的具体方式，它可以按下面几种情况进行分类。

（1）按被测几何量获得的方法分类

① 直接测量　直接测量是指被测几何量的量值直接由测量器具读出。例如，用游标卡尺、千分尺测量轴径的大小。

② 间接测量　间接测量是指欲测量的几何量的量值由实测几何量的量值按一定的函数关系式运算后获得。例如，测量较大圆柱形零件的直径 D 时，可以先测出其周长 L，然后通过公式 $D=L/\pi$，求得零件的直径。

直接测量过程简单，其测量精度只与这一测量过程有关，而间接测量的精度不仅取决于实测几何量的测量精度，还与所依据的计算公式和计算的精度有关。一般来说，直接测量的精度比间接测量的精度高。因此，应尽量采用直接测量，对于受条件所限无法进行直接测量的场合采用间接测量。

（2）按示值是否是被测几何量的全部量值分类

① 绝对测量　绝对测量是指测量时测量器具的示值就是被测几何量的全部量值。例如，用游标卡尺、千分尺测量轴径的大小。

② 相对测量　相对测量又称比较测量，这时测量器具的示值只是被测几何量相对于标准量（已知）的偏差，被测几何量的量值等于已知标准量与该偏差值（示值）的代数和。例如，用立式光学比较仪测量轴径，测量时先用量块调整示值零位，该比较仪指示出的示值为被测轴径相对于量块尺寸的偏差。

（3）按测量时被测表面与测量器具的测头是否接触分类

① 接触测量　接触测量是指在测量过程中，测量器具的测头与被测表面接触，即有测量力存在。例如，用立式光学比较仪测量轴径。

② 非接触测量　非接触测量是指在测量过程中，测量器具的测头不与被测表面接触，即无测量力存在。例如，用光切显微镜测量表面粗糙度，用气动量仪测量孔径。

对于接触测量，测头和被测表面的接触会引起弹性变形，即产生测量误差。而非接触测量则无此影响，故易变形的软质表面或薄壁工件多用非接触测量。

（4）按工件上同时测量被测几何量的多少分类

① 单项测量　单项测量是指对工件上的各个被测几何量分别进行测量。例如，用公法线千分尺测量齿轮的公法线长度偏差，用跳动检查仪测量齿轮的径向跳动等。

② 综合测量　综合测量是指对工件上几个相关几何量的综合效应同时测量得到综合指标，以判断综合结果是否合格。例如，用齿距仪测量齿轮的齿距累积偏差，实际上反映的是齿轮的公法线长度和径向跳动两种偏差的综合结果。

综合测量的效率比单项测量的效率高。一般来说单项测量便于分析工艺指标；综合测量用于只要求判断合格与否，而不需要得到具体测得值的场合。

（5）按测头和被测表面之间是否处于相对运动状态分类

① 动态测量　动态测量是指在测量过程中，测头与被测表面处于相对运动状态。动态测量能反映被测量的变化过程，例如用电动轮廓仪测量表面粗糙度。

② 静态测量　静态测量是指在测量过程中，测头与被测表面处于相对静止状态。例如千分尺测量轴的直径。

（6）按测量在加工过程中所起的作用分类

① 主动测量（又称在线测量）　主动测量是指零件在加工过程中进行的测量。其测量结果可直接用以控制加工过程，及时防止废品的产生。

② 被动测量（又称离线测量）　被动测量是指零件在加工完成后进行的测量，它主要用于发现并剔除废品。

以上测量方法的分类是从不同角度考虑的。一个具体的测量过程，可能有几种测量方法的特征。测量方法的选择，应考虑零件的结构特点、精度要求、生产批量、技术条件和经济效果等。

2.3.2　测量技术的基本原则

在实际测量中，对于同一被测量往往可以采用多种测量方法。为减小测量不确定度，应尽可能遵守以下基本测量原则。

（1）阿贝原则

阿贝原则是要求在测量过程中被测长度与基准长度安置在同一直线上的原则。若被测长度与基准长度并排放置，在测量比较过程中由于制造误差的存在，移动方向的偏移，两长度之间出现夹角而产生较大的误差。误差的大小除与两长度之间夹角大小有关外，还与其之间距离大小有关，距离越大，误差也越大。

（2）基准统一原则

基准统一原则是指测量基准要与加工基准和使用基准统一。即工序测量应以工艺基准作为测量基准，终检测量应以设计基准作为测量基准。各基准遵循统一的原则，可以避免出现累积误差。

（3）最短测量链原则

在间接测量中，与被测量具有函数关系的其他量与被测量形成测量链。形成测量链的环节越多，被测量的不确定度越大。因此，应尽可能减少测量链的环节数，以保证测量精度，称之为最短链原则。当然，按此原则最好不采用间接测量，而采用直接测量。所以，只有在不可能采用直接测量，或直接测量的精度不能保证时，才采用间接测量。应该以最少数目的量块组成所需尺寸的量块组，就是最短链原则的一种实际应用。

（4）最小变形原则

测量器具与被测零件都会因实际温度偏离标准温度和受力（重力和测量力）而产生变形，形成测量误差。在测量过程中，控制测量温度及其变动、保证测量器具与被测零件有足够的等温时间、选用与被测零件线膨胀系数相近的测量器具、选用适当的测量力并保持其稳定、选择适当的支承点等，都是实现最小变形原则的有效措施。

2.4　测量误差及数据处理

2.4.1　测量误差的概述

（1）测量误差的概念

测量误差是指测量结果减去被测量的真值。对于任何测量过程，由于测量器具和测量条件方面的限制，不可避免地会出现一定的误差。因此，每一个实际测得值，往往只是在一定程度上接近被测几何量的真值。设被测几何量的真值为 L，被测几何量的测得值为 l，则测量误差可以表示为：

$$\delta = l - L \tag{2-1}$$

式(2-1) 所表达的测量误差，反映了测得值偏离真值的程度，也称为绝对误差。它是一个代数差。因此，对公称尺寸相同的几何量进行测量时，绝对误差的绝对值越小，说明测得值越靠近真值，测量精度越高；反之，则测量精度越低。对公称尺寸不同的几何量进行测量时，要采用相对误差来判断测量精度的高低。

相对误差是指测量误差与被测量的真值之比，它是一个无量纲的数值，通常用百分数表示为：

$$\delta_r = [(l-L)/L] \times 100\% = (\delta/L) \times 100\% \approx (\delta/l) \times 100\% \tag{2-2}$$

例如，测得两个孔的直径大小分别为 25.43mm 和 41.94mm，其绝对误差分别为 +0.02mm和+0.01mm，则由公式(2-2) 计算得到其相对误差分别为：

$$\delta_{r1} = 0.02/25.43 = 0.078\%$$

$$\delta_{r2} = 0.01/41.94 = 0.0238\%$$

显然后者的测量精度比前者高。

由于测量误差的存在，测得值只能近似地反映被测几何量的真值。为减小测量误差，就必须分析产生测量误差的原因，以便提高测量精度。

（2）测量误差的来源

在实际测量中，产生测量误差的因素很多，归纳起来主要有以下几个方面。

① 测量器具引起的误差　指测量器具本身的误差，包括测量器具在设计、制造和使用过程中的误差，这些误差的总和反映在示值误差和测量的重复性上。

设计测量器具时，为了简化结构而采用近似设计的方法会产生测量误差。例如，当设计的测量器具不符合阿贝原则时，会产生测量误差。一般符合阿贝原则的测量引起的测量误差很小，可以略去不计。不符合阿贝原则的测量引起的测量误差较大。如千分尺的标准线（测微螺杆轴线）与工件被测线（被测直径）在同一条直线上，而游标卡尺作为标准长度的刻度尺与被测直径不在同一条直线上。所以用千分尺测量轴径，要比用游标卡尺测量轴径的测量误差更小，即测量精度更高。

测量器具零件的制造和装配误差也会产生测量误差。例如刻线尺的制造误差、量块制造与检定误差、表盘的刻制与装配偏心、光学系统的放大倍数误差、齿轮分度误差等。其中最重要的是基准件的误差，如刻线尺和量块的误差，它是测量器具误差的主要来源。

② 测量方法引起的误差　是指测量方法的不完善（包括计算公式不准确，测量方法选择不当，工件安装、定位不准确等），会产生测量误差。例如，在接触测量中，由于测头测量力的影响，使被测零件和测量装置产生变形而引起测量误差。间接测量法中因采用近似的函数关系原理而产生的误差，或多个数据经过计算后产生的累积误差。

③ 测量环境引起的误差　是指测量时，环境条件（温度、湿度、气压、照明、振动、电磁场等）不符合标准的测量条件所引起的误差。例如，在测量长度时，规定的环境条件标准温度为 20℃，但是在实际测量时被测零件和测量器具的温度与标准温度会有一定的偏差，这时会产生测量误差；被测零件和测量器具的材料不同时，它们的线膨胀系数也不相同，这也将产生一定的测量误差。

④ 测量人员引起的误差　是指测量人员人为的差错，如测量瞄准不准确、读数或估读错误等，都会产生测量误差。它的大小取决于测量人员的操作技术水平和其他主观因素。

（3）测量误差的分类

按测量误差的特点和性质，可分为系统误差、随机误差和粗大误差三类。

① 系统误差　系统误差是指在重复性条件下，对同一被测量进行无限多次测量，所得结果的平均值与被测量的真值之差。若误差的大小和符号均保持不变，称为定值系统误差；

若误差的大小和符号按某一规律变化，称为变值系统误差。例如，在比较仪上用相对法测量零件尺寸时，调整量仪所用量块的误差，会引起定值系统误差；量仪的分度盘与指针回转轴偏心所产生的示值误差，会引起变值系统误差。

根据系统误差的性质和变化规律，从理论上讲，系统误差可以用计算或实验对比的方法确定，用修正值（校正值）从测量结果中予以消除。但在某些情况下，系统误差由于变化规律比较复杂，不易确定，因而难以消除。

② 随机误差　　随机误差是指一次测量结果与在重复条件下，对同一被测量进行无限多次测量所得结果的平均值之差。

随机误差主要是由测量过程中一些偶然性因素或不确定因素引起的，因此在多次测取同一量值时，误差的大小和符号是以不可预定的方式变化的。例如，量仪传动机构的间隙、摩擦、测量力的不稳定以及温度波动等引起的测量误差，都属于随机误差。

就某一次具体测量而言，随机误差的绝对值和符号无法预先知道。但对于连续多次重复测量来说，随机误差符合一定的概率统计规律，因此，可以应用概率论和数理统计的方法来对它进行处理。

系统误差和随机误差的划分并不是绝对的，它们在一定的条件下是可以相互转化的。例如，按一定公称尺寸制造的量块总是存在着制造误差，对某一具体量块来讲，可认为该制造误差是系统误差，但对一批量块而言，制造误差是变化的，可以认为它是随机误差。在使用某一量块时，若没有检定该量块的尺寸偏差，而按量块标称尺寸使用，则制造误差属随机误差；若检定出该量块的尺寸偏差，按量块实际组成要素的尺寸使用，则制造误差属系统误差。

掌握误差转化的特点，可根据需要将系统误差转化为随机误差，用概率论或数理统计的方法来减小该误差的影响；或将随机误差转化为系统误差，用修正的方法减小该误差的影响。

③ 粗大误差　　粗大误差是指超出在一定测量条件下预计的测量误差，就是对测量结果产生明显歪曲的测量误差。含有粗大误差的测得值称为异常值，它的数值比较大。粗大误差的产生有主观和客观两方面的原因，主观原因如测量人员疏忽造成的读数误差，客观原因如外界突然振动引起的测量误差。由于粗大误差明显歪曲测量结果，因此在处理测量数据时，直接将其剔除。

（4）测量精度

测量精度是指被测几何量的测得值与其真值的接近程度。它和测量误差是从两个不同角度说明同一概念的术语。测量误差越大，则测量精度就越低；测量误差越小，则测量精度就越高。为了反映系统误差和随机误差对测量结果的不同影响，测量精度可分为以下几种。

① 正确度　　正确度是指在一定测量条件下，连续多次测量所得的测得值靠近真值的程度，反映测量结果受系统误差的影响程度。系统误差小，则正确度高。

② 精密度　　精密度是指在一定测量条件下，连续多次测量所得的测得值之间相互接近的程度，反映测量结果受随机误差的影响程度。随机误差小，则精密度高。

③ 准确度（精确度）　　准确度反映测量结果同时受系统误差和随机误差的综合影响程度。若系统误差和随机误差都小，则准确度高。

一般来说，精密度高，正确度不一定高；反之亦然。但准确度高，精密度和正确度一定高。以射击打靶为例，其中图 2-6（a）表示随机误差小而系统误差大，即精密度高而正确度低；图 2-6（b）表示系统误差小而随机误差大，即正确度高而精密度低；图 2-6（c）表示系统误差和随机误差都小，即准确度高；图 2-6（d）表示系统误差和随机误差都大，即准确度低。

(a)　　　　　　　(b)　　　　　　　(c)　　　　　　　(d)

图 2-6　测量精度的表示

2.4.2　随机误差

（1）随机误差的分布规律及特性

前面已经提到，随机误差就其整体来说是有内在规律的，通常服从正态分布规律，或者服从其他规律的分布，如等概率分布、三角分布、反正弦分布等，其正态分布曲线（俗称高斯曲线）如图 2-7 所示。

正态分布曲线

根据概率论原理，正态分布曲线的表达式为：

$$y = f(\delta) = \frac{1}{\sigma\sqrt{2\pi}} e^{\frac{\delta^2}{2\sigma^2}} \tag{2-3}$$

式中　y——概率分布密度；

　　　δ——随机误差；

　　　σ——标准偏差；

　　　e——自然对数的底。

图 2-7　正态分布曲线图

从式（2-3）和图 2-7 看出，随机误差具有以下四个基本特性。

① 单峰性　绝对值越小的随机误差出现的概率越大，反之则越小。

② 对称性　绝对值相等的正、负随机误差出现的概率相等。

③ 有界性　在一定测量条件下，随机误差的绝对值不超过一定界限。

④ 抵偿性　随着测量的次数增加，随机误差的算术平均值趋于零，即各次随机误差的代数和趋于零。这一特性是对称性的必然反映。

（2）随机误差的评定指标

评定随机误差时，通常以正态分布曲线的两个参数，即算术平均值 $\overline{L}$ 和标准偏差 σ 作为评定指标。

① 算术平均值 $\overline{L}$　对同一尺寸进行 N 次等精度测量，得到的测量结果为 l_1、l_2、…、l_N，则

$$\overline{L} = \frac{l_1 + l_2 + l_3 + \cdots + l_N}{N} = \frac{1}{N}\sum_{i=1}^{N} l_i \tag{2-4}$$

由式（2-1）可知，各次测量的随机误差为

$$\delta_1 = l_1 - L$$
$$\delta_2 = l_2 - L$$
$$\delta_3 = l_3 - L$$
$$\cdots$$
$$\delta_N = l_N - L$$

将等式两边相加得：

$$\delta_1 + \delta_2 + \delta_3 + \cdots + \delta_N = (l_1 + l_2 + l_3 + \cdots + l_N) - NL$$

即
$$\sum_{i=1}^{N}\delta_i = \sum_{i=1}^{N}l_i - NL$$

将等式两边同除以 N 得：$\dfrac{1}{N}\sum_{i=1}^{N}\delta_i = \dfrac{1}{N}\sum_{i=1}^{N}l_i - L = \overline{L} - L$

即
$$\delta_L = \frac{1}{N}\sum_{i=1}^{N}\delta_i \tag{2-5}$$

式中，δ_L 为算术平均值 $\overline{L}$ 的随机误差。

由式（2-5）可知，当 $N \to \infty$ 时，$\dfrac{1}{N}\sum_{i=1}^{N}\delta_i = 0$，$L = \overline{L}$。即，如果对某一尺寸进行无限次测量，则全部测得值的算术平均值 $\overline{L}$ 就等于其真值 L。实际上，无限次测量是不可能的，也就是说真值是找不到的。但进行测量的次数越多，其算术平均值就会越接近真值。因此，将算术平均值作为最后测量结果是可靠的、合理的。

以算术平均值作为测量的最后结果，则测量中各测得值与算术平均值的代数差称为残余误差 v_i，即 $v_i = l_i - \overline{L}$。残余误差是由随机误差引申而来的，故当测量次数 $N \to \infty$ 时，$\displaystyle\lim_{N \to \infty}\sum_{i=1}^{N}v_i = 0$。

用算术平均值作为测量结果是可靠的，但它不能反映测得值的精度。例如有两组测得值，第一组：12.005，11.996，12.003，11.994，12.002；第二组：11.9，12.1，11.95，12.05，12.00。

可以算出 $\overline{L_1} = \overline{L_2} = 12$，但从两组数据看出，第一组测得值比较集中，第二组测得值比较分散，即说明第一组每一测得值比第二组每一测得值更接近于算术平均值 $\overline{L}$（即真值），也就是说第一组测得值精密度比第二组高。

由公式（2-3）可知，概率密度 y 与随机误差 δ 及标准偏差 σ 有关。当 $\delta = 0$ 时，概率密度最大，$y_{\max} = 1/(\sigma\sqrt{2\pi})$，且不同的标准偏差对应不同形状的正态分布曲线。如图 2-8 所示，若三条正态分布曲线，$\sigma_1 < \sigma_2 < \sigma_3$，则 $y_{1\max} > y_{2\max} > y_{3\max}$。这表明 σ 越小，曲线越陡，随机误差分布就越集中，测

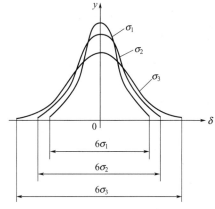

图 2-8　标准偏差对随机误差
分布特性的影响

量的精密度也就越高；反之，σ 越大，曲线越平缓，随机误差分布就越分散，测量的精密度也就越低。因此，标准偏差 σ 可作为随机误差评定指标来评定测得值的精密度。

② 标准偏差 σ

a. 测量列中任一测得值的标准偏差 σ。根据误差理论，等精度测量列中单次测量（任一测量值）的标准偏差可用下式计算：

$$\sigma = \sqrt{\frac{(\delta_1^2 + \delta_2^2 + \cdots + \delta_N^2)}{N}} = \sqrt{\frac{1}{N}\sum_{i=1}^{N}\delta_i^2} \tag{2-6}$$

理论上，随机误差的分布范围应在正、负无穷之间，但这在生产实践中是不切实际的。一般随机误差主要分布在 $\delta = \pm 3\sigma$ 范围之内，由概率论可知，δ 落在 $\pm 3\sigma$ 范围内出现的概率为 99.73%。所以，可以把 $\delta = \pm 3\sigma$ 看作随机误差的极限值，记作 $\delta_{\lim} = \pm 3\sigma$。

　　b. 测量列中任一测得值的实验标准偏差（即标准偏差的估计值）。由公式（2-6）计算 σ 值必须具备三个条件：真值 L 必须已知；测量次数要无限次；无系统误差。但在实际测量中要达到这三个条件是不可能的，所以常采用残余误差 v_i 代替 δ_i 来估算标准偏差。实验标准偏差值 σ' 为：

$$\sigma' = \sqrt{\frac{1}{N-1}\sum_{i=1}^{N}v_i^2} \tag{2-7}$$

　　c. 测量列算术平均值的标准偏差 $\sigma\overline{L}$。标准偏差 σ 代表一组测量值中任一测得值的精密度。但在系列测量中，是以测得值的算术平均值 $\overline{L}$ 作为测量结果的。因此，更重要的是要确定算术平均值的精密度，即算术平均值的标准偏差。

　　根据误差理论，算术平均值的标准偏差 $\sigma\overline{L}$ 与测量列中任一测得值的标准偏差 σ 存在如下关系：

$$\sigma\overline{L} = \frac{\sigma}{\sqrt{N}} \tag{2-8}$$

　　同样，算术平均值的实验标准偏差 $\sigma'_{\overline{L}}$ 与任一测得值的实验标准偏差 σ' 的关系为：

$$\sigma'_{\overline{L}} = \frac{\sigma'}{\sqrt{N}} = \sqrt{\frac{\sum_{i=1}^{N}v_i^2}{N(N-1)}} \tag{2-9}$$

　　（3）随机误差的处理

　　随机误差不可能被消除，但可应用概率与数理统计方法，通过对测量列的数据处理，评定其对测量结果的影响。

　　在具有随机误差的测量列中，常以算术平均值 $\overline{L}$ 表征最可靠的测量结果，以标准偏差 σ 表征随机误差。其处理方法如下：

　　① 计算测量列算术平均值 $\overline{L}$。

　　② 计算测量列中任一测得值的实验标准偏差值 σ'。

　　③ 计算测量列算术平均值的实验标准偏差值 $\sigma'_{\overline{L}}$。

　　④ 确定测量结果。

　　多次测量结果可表示为：

$$L = \overline{L} \pm 3\sigma'_{\overline{L}} \tag{2-10}$$

2.4.3　系统误差

　　在测量过程中产生系统误差的因素是复杂多样的，对测量结果的影响也是明显的。因此，分析处理系统误差的关键是发现系统误差，进而设法消除或减少系统误差，来有效地提高测量精度。

　　（1）发现系统误差的方法

　　发现系统误差必须根据具体测量过程和测量器具进行全面而仔细的分析，但目前还没有能够找到可以发现各种系统误差的方法，下面只介绍适用于发现某些系统误差常用的两种方法。

　　① 实验对比法　实验对比法是指通过改变产生系统误差的测量条件，进行不同测量条件下的测量，来发现系统误差。这种方法适用于发现定值系统误差。例如量块按标称尺寸使用时，在测量结果中，就存在着由于量块尺寸偏差而产生的大小和符号均不变的定值系统误差，重复测量也不能发现这一误差，只有用另一块更高等级的量块进行对比测量，才能发现它。

　　② 残差观察法　残差观察法是指根据测量列的各个残差大小和符号的变化规律，直接由残差数据或残差曲线图形来判断有无系统误差，这种方法主要适用于发现大小和符号按一

定规律变化的变值系统误差。根据测量先后顺序，将测量列的残差作图，观察残差的规律。若残差大体正、负相间，又没有显著变化，就可判断不存在变值系统误差，如图 2-9(a) 所示；若残差按近似的线性规律递增或递减，就可判断存在着线性系统误差，如图 2-9(b) 所示；若残差的大小和符号有规律地周期变化，就可判断存在着周期性系统误差，如图 2-9(c) 所示；若残差按某种特定的规律变化，就可判断存在复杂变化的系统误差，如图 2-9(d) 所示。但是残差观察法对于测量次数不是足够多时，也有一定的难度。

图 2-9　用残差作图判断系统误差

（2）消除系统误差的方法

① 从产生误差根源上消除系统误差　这要求测量人员对测量过程中可能产生系统误差的各个环节进行分析，并在测量前就将系统误差从产生根源上加以消除。例如，为了防止测量过程中仪器示值零位的变动，测量开始和结束时都需检查示值零位。

② 用修正法消除系统误差　这种方法是预先将测量器具的系统误差检定或计算出来，做出误差表或误差曲线，然后取与误差数值相同而符号相反的值作为修正值，将测得值加上相应的修正值，即可使测量结果不包含系统误差。

③ 用抵消法消除定值系统误差　这种方法要求在对称位置上分别测量一次，以使这两次测量中测得的数据与出现的系统误差大小相等，符号相反，取这两次测量中数据的平均值作为测得值，即可消除定值系统误差。例如，在工具显微镜上测量螺纹螺距时，为了消除螺纹轴线与量仪工作台移动方向倾斜而引起的系统误差，可分别测取螺纹左、右牙面的螺距，然后取它们的平均值作为螺距测得值。

④ 用半周期法消除周期性系统误差　对周期性系统误差，可以每隔半个周期进行一次测量，以相邻两次测量数据的平均值作为一个测得值，即可有效消除周期性系统误差。

消除和减小系统误差的关键是找出误差产生的根源和规律。实际上，系统误差不可能完全消除。一般来说，系统误差若能减小到使其影响相当于随机误差的程度，则可认为已被消除。

2.4.4　粗大误差的处理

粗大误差的数值比较大，会对测量结果产生明显的歪曲，在测量中应尽可能避免。如果粗大误差已经产生，则应根据判断粗大误差的准则予以剔除，通常用拉依达准则来判断。

拉依达准则又称 3σ 准则。当测量列服从正态分布时，残余误差落在 $\pm 3\sigma$ 外的概率很小，仅有 0.27%。因此，将超出 $\pm 3\sigma$ 的残余误差作为粗大误差，即：

$$|v_i| > 3\sigma \tag{2-11}$$

则认为该残余误差对应的测得值含有粗大误差，在误差处理时应予以剔除。

2.5　光滑工件尺寸的检验

为了使零件符合规定的精度要求，除了要保证加工零件所用的设备和工艺装备具有足够的精度和稳定性外，质量检验也是一个十分重要的问题。

由于被测工件的形状、大小、精度要求和使用场合不同，光滑工件尺寸的检验有两种方法：用通用的测量器具检验和用光滑极限量规检验。对于单件、小批量生产常采用通用的测量器具（如游标卡尺、千分尺等）来测量工件尺寸，并按规定的验收极限判断工件尺寸是否合格，是一种定量检验过程；对于大批量生产，为了提高检验效率，多采用光滑极限量规的通规和止规，来判断工件尺寸是否在极限尺寸范围内，是一种定性检验过程。

在检验过程中，当工件尺寸真值接近极限尺寸时，可能由于测量误差的存在，产生两种错误判断：一是误收，指把尺寸超出规定尺寸极限的工件判为合格；二是误废，指把处在规定尺寸极限之内的工件判为废品。

误收影响产品质量，误废造成经济损失。因此，为了保证产品质量，降低测量成本，需要确定合适的质量验收标准及正确选用测量器具。

2.5.1 用通用测量器具检验工件 （GB/T 3177—2009）

（1）验收极限

加工完的工件其实际（组成）要素的尺寸应位于上极限尺寸和下极限尺寸之间，包括正好等于极限尺寸时，都应该认为是合格的。但由于测量误差的存在，实际（组成）要素的尺寸并非工件尺寸的真值，特别是当实际（组成）要素的尺寸在极限尺寸附近时，加上形状误差的影响，极易造成错误判断。因此，如果只根据测量结果是否超出图样给定的极限尺寸来判断其合格性，有可能会造成误收或误废。为防止受测量误差的影响而使工件的实际（组成）要素的尺寸超出两个极限尺寸范围，必须规定验收极限。

① 验收极限方式的确定　验收极限是判断所检验工件尺寸合格与否的尺寸界限。国家标准 GB/T 3177—2009《光滑工件尺寸的检验》中规定，验收极限可按下面两种方式之一确定。

a. 内缩方式。验收极限是从规定的最大实体尺寸（MMS）和最小实体尺寸（LMS）分别向工件公差带内移动一个安全裕度 A，如图 2-10(a)、（b）所示。A 值按工件尺寸公差 T 的 1/10 确定。

(a) 轴的内缩验收方式　　(b) 孔的内缩验收方式　　(c) 不内缩的验收方式

图 2-10　验收极限示意图

轴尺寸的验收极限

$$上验收极限＝最大实体尺寸（MMS）－安全裕度（A）$$
$$下验收极限＝最小实体尺寸（LMS）＋安全裕度（A）$$

孔尺寸的验收极限

$$上验收极限＝最小实体尺寸（LMS）－安全裕度（A）$$
$$下验收极限＝最大实体尺寸（MMS）＋安全裕度（A）$$

按内缩方式验收工件，将会没有或很少有误收，并能将误废量控制在所要求的范围内。

b. 不内缩方式。验收极限等于规定的最大实体尺寸和最小实体尺寸，即安全裕度 $A=0$，如图 2-10(c) 所示。此方案使误收和误废都有可能发生。

② 验收极限方式的选择　　验收极限方式的选择要结合尺寸功能要求及其重要程度、尺寸公差等级、测量的不确定度和过程能力等因素综合考虑。一般可按下列原则选取：

a. 对采用包容要求的尺寸、公差等级较高的尺寸，应选择内缩方式；

b. 当过程能力指数 $C_p \geqslant 1$ 时（$C_p = T/6\sigma$，T 为工件的尺寸公差，σ 为单次测量的标准偏差），可采用不内缩方式；但对采用包容要求的尺寸，其最大实体尺寸一边，验收极限仍应按内缩方式确定；

c. 对偏态分布的尺寸，其验收极限可以只对尺寸偏向的一边（如生产批量不大，用试切法获得尺寸时，尺寸会偏向 MMS 一边），按内缩方式确定；

d. 对非配合尺寸和一般公差尺寸，其验收极限按不内缩方式确定。

（2）通用测量器具的选择

① 测量器具选择原则　　国家标准 GB/T 3177—2009《产品几何技术规范（GPS）光滑工件尺寸的检验》中规定，按照测量器具所导致的测量不确定度（简称测量器具的测量不确定度）的允许值（u_1）选择测量器具。选择时，应使所选用的测量器具的测量不确定度数值等于或小于选定的 u_1 值。

测量器具的测量不确定度允许值 u_1 按测量不确定度 u 与工件公差的比值分档：对 IT6～IT11 的分为 Ⅰ、Ⅱ、Ⅲ 三档；对 IT12～IT18 分为 Ⅰ、Ⅱ 两档。测量不确定度 u 的 Ⅰ、Ⅱ、Ⅲ 三档值分别为工件公差的 1/10、1/6、1/4。测量器具的测量不确定度允许值 u_1 约为测量不确定度 u 的 0.9 倍。

② 测量器具的测量不确定度允许值 u_1 的选定　　选用测量器具的测量不确定度允许值 u_1 时，一般情况下，优先选用 Ⅰ 档，其次为 Ⅱ 档、Ⅲ 档。

表 2-2～表 2-4 中列出了几种常用测量器具的测量不确定度。

表 2-2　千分尺和游标卡尺的不确定度　　　　　　mm

尺寸范围	测量器具类型			
	分度值 0.01 外径千分尺	分度值 0.01 内径千分尺	分度值 0.02 游标卡尺	分度值 0.05 游标卡尺
	不　确　定　度			
≤50	0.004	0.008	0.020	0.050
>50～100	0.005	0.008	0.020	0.050
>100～150	0.006	0.008	0.020	0.050
>150～200	0.007	0.013	0.020	0.050
>200～250	0.008	0.013	0.020	0.050
>250～300	0.009	0.013	0.020	0.050
>300～350	0.010	0.020	0.020	0.100
>350～400	0.011	0.020	0.020	0.100
>400～450	0.012	0.020	0.020	0.100
>450～500	0.013	0.025	0.020	0.100
>500～600		0.030		0.100
>600～700		0.030		0.100
>700～1000		0.030		0.150

注：当采用比较测量时，千分尺的不确定度可小于本表列出的数值，一般约为 60%。

表 2-3　比较仪的不确定度　　　　　　　　　　　mm

尺寸范围	测量器具类型			
	分度值为 0.0005 的比较仪	分度值为 0.001 的比较仪	分度值为 0.002 的比较仪	分度值为 0.005 的比较仪
≤25	0.0006	0.0010	0.0017	0.0030
>25~40	0.0007			
>40~65	0.0008	0.0011	0.0018	
>65~90	0.0008			
>90~115	0.0009	0.0012	0.0019	
>115~165	0.0010	0.0013		
>165~215	0.0012	0.0014	0.0020	
>215~265	0.0014	0.0016	0.0021	0.0035
>265~315	0.0016	0.0017	0.0022	

注：测量时，使用的标准器由 4 块 1 级（或 4 等）量块组成。

表 2-4　指示表的不确定度　　　　　　　　　　　mm

尺寸范围	测量器具类型			
	分度值为 0.001 的千分表（0 级在全程范围内，1 级在 0.2mm 内）；分度值为 0.02 的千分表（在 1 转范围内）	分度值为 0.001、0.002、0.005 的千分表（1 级在全程范围内）；分度值为 0.01 的百分表（0 级在任意 1mm 内）	分度值为 0.01 的百分表（0 级在全程范围内，1 级在任意 1mm 内）	分度值为 0.01 的百分表（1 级在全程范围内）
≤25	0.005	0.010	0.018	0.030
>25~40				
>40~65				
>65~90				
>90~115				
>115~165	0.006			
>165~215				
>215~265				
>265~315				

注：测量时，使用的标准器由 1 块 1 级（或 4 等）量块组成。

【例 2-1】　被测工件为 $\phi 50 f8^{-0.025}_{-0.064}$，试确定验收极限并选择合适的测量器具。

解：① 确定安全裕度 A 和测量器具的不确定度允许值 u_1。

该工件的安全裕度为：$A = T/10 = 0.039/10 = 0.0039$（mm）

验收极限为：上验收极限 $= d_{MMS} - A$

$$= 49.975 - 0.0039 = 49.9711 \text{（mm）}$$

下验收极限 $= d_{LMS} + A$

$$= 49.936 + 0.0039 = 49.9399 \text{（mm）}$$

由测量不确定度 u 与工件尺寸公差的关系：

$$u = T/10 = 0.0039 \text{mm}$$

所以，测量器具的测量不确定度允许值：

$$u_1=0.9u\approx0.0035\text{mm}$$

② 选择测量器具。

按工件公称尺寸 50mm，查表 2-3 可知，应选用分度值为 0.005mm 的比较仪，其不确定度为 0.0030mm，小于且最接近于允许值。

2.5.2　用光滑极限量规检验工件

（1）光滑极限量规的定义和作用

光滑极限量规是指具有以孔或轴的上极限尺寸和下极限尺寸为公称尺寸的标准测量面，能反映控制被检孔或轴边界条件的无标记长度测量器具。

光滑极限量规成对设计和使用，它不能测得工件实际（组成）要素的尺寸的大小，只能确定被测工件的尺寸是否在它的极限尺寸范围内，从而对工件做出合格性判断。

塞规是用于孔径检验的光滑极限量规，其测量面为外圆柱面。其中，圆柱直径具有被检孔下极限尺寸的为孔用通规，具有被检孔上极限尺寸的为孔用止规，如图 2-11(a) 所示。检验时，通规通过被检孔，而止规不通过，则被检孔合格。

卡规是用于轴径检验的光滑极限量规，其测量面为内圆环面。其中，轴用通规尺寸为被检轴上极限尺寸，轴用止规的尺寸为被检轴下极限尺寸，如图 2-11(b) 所示。检验时，通规通过被检轴，而止规不通过，则被检轴合格。

(a) 塞规　　　　　　　　　　　　　　　　(b) 卡规

图 2-11　光滑极限量规

光滑极限量规结构简单，使用方便、可靠，检验效率高，因此在大批量生产中得到广泛应用。

（2）光滑极限量规的分类

根据量规不同用途，分为工作量规、验收量规和校对量规三类。

① 工作量规　工人在加工时用来检验工件的量规。一般用的通规是新制的或磨损较少的量规。工作量规的通规用代号"T"来表示，止规用代号"Z"来表示。

② 验收量规　检验部门或用户代表验收工件时用的量规。一般情况下，检验人员用的通规为磨损较大但未超过磨损极限的旧工作量规；用户代表用的是接近磨损极限尺寸的通规，这样由生产工人自检合格的产品，检验部门验收时也一定合格。

③ 校对量规　用以检验轴用工作量规的量规。它检查轴用工作量规在制造时是否符合制造公差，在使用中是否已达到磨损极限所用的量规。校对量规可分为以下三种：

a."校通-通"量规（代号为 TT），检验轴用量规通规的校对量规。检验时，校对量规应通过轴用量规的通规，否则该通规不合格。

b."校止-通"量规（代号为 ZT），检验轴用量规止规的校对量规。检验时，校对量规应通过轴用量规的止规，否则该止规不合格。

　　c."校通-损"量规（代号为 TS），检验轴用量规通规磨损极限的校对量规。检验时，校对量规不应通过轴用量规的通规，若通过说明该通规磨损已超过极限，应报废。

　　在制造工作量规时，由于轴用工作量规为内圆环面，测量比较困难，使用过程中又易磨损和变形，所以必须用校对量规进行检验和校对。而孔用工作量规是柱状的外尺寸，便于用普通测量器具进行检验，所以孔用量规没有校对量规。

　　在国家标准 GB/T 1957—2006《光滑极限量规 技术条件》的附录 C 中指出：制造厂对工件进行检验时，操作者应该使用新的或者磨损较少的通规；检验部门应使用与操作者相同形式的且已磨损较多的通规。用户代表在用量规验收工件时，通规应接近工件的最大实体尺寸，止规应接近工件的最小实体尺寸。

　　（3）光滑极限量规的公差带

　　作为量具的光滑极限量规，本身亦相当于一个精密工件，制造时和普通工件一样，不可避免地会产生加工误差，同样需要规定尺寸公差。量规尺寸公差的大小不仅影响量规的制造难易程度，还会影响被测工件加工的难易程度以及对被测工件的误判。

　　为确保产品质量，国家标准 GB/T 1957—2006 规定，通规和止规都采用内缩方式，即量规公差带必须位于被检工件的尺寸公差带内。如图 2-12 所示为光滑极限量规国家标准规定的量规公差带。

(a) 孔用工作量规公差带　　　　　　　　(b) 轴用工作量规及其校对量规公差带

图 2-12　量规公差带图

　　通规由于经常通过被测工件会有较大的磨损，为了延长使用寿命，除规定尺寸公差 T_1 外，还规定了磨损公差和磨损极限。通规尺寸公差带的中心线由被检工件最大实体尺寸向工件公差带内缩一个距离 Z_1（位置要素），通规的磨损极限等于被检工件的最大实体尺寸。止规不经常通过被测工件，故磨损较少，所以不规定磨损公差，只规定尺寸公差。工作量规的尺寸公差 T_1 和位置要素 Z_1 与被检工件的尺寸公差 T 有关，其数值见表 2-5。

　　国家标准规定工作量规的几何误差，应在其尺寸公差范围内，其几何公差为量规尺寸公差的 50%。考虑到制造和测量的困难，当量规尺寸公差小于或等于 0.002mm 时，其几何公差为 0.001mm。

　　国家标准还规定轴用卡规的校对量规尺寸公差 T_p，为被校对的轴用工作量规尺寸公差的 50%，其形状误差应在校对量规的尺寸公差范围内。

　　（4）光滑极限量规的设计

　　① 量规的设计原则　为了确保孔和轴能满足配合要求，光滑极限量规的设计应符合极限尺寸判断原则（也称泰勒原则）。即要求孔或轴的体外作用尺寸不允许超过最大实体尺寸，任何部位的实际（组成）要素的尺寸不允许超过最小实体尺寸。

表 2-5　工作量规尺寸公差 T_1 与位置要素值 Z_1（摘自 GB/T 1957—2006）　　μm

工件公称尺寸/mm	IT6			IT7			IT8			IT9		
	IT6	T_1	Z_1	IT7	T_1	Z_1	IT8	T_1	Z_1	IT9	T_1	Z_1
～3	6	1	1	10	1.2	1.6	14	1.6	2	25	2	3
>3～6	8	1.2	1.4	12	1.4	2	18	2	2.6	30	2.4	4
>6～10	9	1.4	1.6	15	1.8	2.4	22	2.4	3.2	36	2.8	5
>10～18	11	1.6	2	18	2	2.8	27	2.8	4	43	3.4	6
>18～30	13	2	2.4	21	2.4	3.4	33	3.4	5	52	4	7
>30～50	16	2.4	2.8	25	3	4	39	4	6	62	5	8
>50～80	19	2.8	3.4	30	3.6	4.6	46	4.6	7	74	6	9
>80～120	22	3.2	3.8	35	4.2	5.4	54	5.4	8	87	7	10
>120～180	25	3.8	4.4	40	4.8	6	63	6	9	100	8	12
>180～250	29	4.4	5	46	5.4	7	72	7	10	115	9	14
>250～315	32	4.8	5.6	52	6	8	81	8	11	130	10	16
>315～400	36	5.4	6.2	57	7	9	89	9	12	140	11	18
>400～500	40	6	7	63	8	10	97	10	14	155	12	20

由于通规用来控制工件的作用尺寸，止规用来控制工件的实际（组成）要素的尺寸。因此，按照泰勒原则，通规的测量面应是孔或轴相对应的完整表面（即全形量规），其尺寸等于工件的最大实体尺寸，且量规长度等于配合长度；止规的测量面应是点状的（即不全形量规），两测量面之间的尺寸等于工件的最小实体尺寸。

② 量规形式的选择　检验圆柱形工件的光滑极限量规的形式很多。合理地选择与使用，对正确判断检验结果影响很大。

使用符合泰勒原则的光滑极限量规检验工件，基本可以保证其公差与配合的要求。如图 2-13 所示为量规形式对检验结果的影响。该孔的实际轮廓已超出尺寸公差带，应为废品。当量规的形式符合泰勒原则时，量规能正常地检验出废品。但是，当量规的形式不符合泰勒原则时，即通规制成不全形量规（片状），止规制成全形量规（圆柱形），显然有可能将该孔误判为合格品。

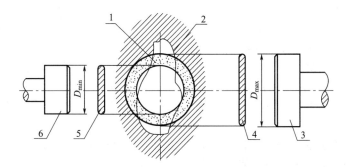

图 2-13　量规形式对检验结果的影响
1—孔公差带；2—工件实际轮廓；3—完全塞规的止规；4—不完全塞规的止规；
5—不完全塞规的通规；6—完全塞规的通规

但在实际生产中，为了使量规制造和使用方便，量规常常偏离泰勒原则。国家标准规定，允许在被检工件的形状误差不影响配合性质的条件下，使用偏离泰勒原则的量规。例如，为了量规的标准化，量规厂供应的标准通规的长度，常不等于工件的配合长度，对大尺寸的孔和轴通常使用不全形的塞规（或球端杆规）和卡规检验，以代替笨重的全形通规；检验小尺寸孔的止规为了加工方便，常做成全形止规；为了减少磨损，止规也可不是两点接触式的，可以做成小平面、圆柱面或球面，即采用线、面接触形式；检验轴的通规，由于环规不能检验曲轴并且使用不方便，通常使用卡规。当采用偏离泰勒原则的量规检验工件时，应从加工工艺上采取措施限制工件的形状误差，检验时应在工件的多个方位上加以检验，以防止误收。图 2-14 所示为常见量规的形式及应用范围，供设计时参考，或查阅国家标准 GB/T 10920—2008《螺纹量规和光滑极限量规 形式与尺寸》及有关资料，选择合适的量规形式。

图 2-14　国家标准推荐的量规形式及应用尺寸范围

③ 量规工作尺寸的计算　光滑极限量规工作尺寸的计算步骤如下：

a. 根据 GB/T 1800.1—2009《产品几何技术规范（GPS）极限与配合 第1部分：公差、偏差和配合的基础》，查出被测孔和轴的极限偏差。

b. 由表 2-5 查出工作量规的尺寸公差 T_1 和位置要素值 Z_1。

c. 确定工作量规的形状公差。

d. 确定轴用卡规的校对量规尺寸公差。

e. 计算各种量规的极限偏差和工作尺寸。

④ 光滑极限量规的技术要求　量规应用合金工具钢、渗碳钢、碳素工具钢及其他耐磨材料制造。钢制量规，测量面的硬度不应小于 700HV（或 60HRC）。

量规的测量面不应有锈蚀、毛刺、黑斑、划痕等明显影响外观使用质量的缺陷，其他表面也不应有锈蚀和裂纹。

塞规的测头与手柄的连接应牢固可靠，在使用过程中不应松动。

量规测量面的表面粗糙度 Ra 值不应大于表 2-6 的规定。

⑤ 工作量规设计举例

【例 2-2】　计算 $\phi 25H8/f7$ 配合的孔用与轴用量规的工作尺寸。

解： a. 由国家标准 GB/T 1800.1—2009 查出孔与轴的极限偏差分别为

$\phi 25H8$ 孔：$ES = +0.033mm$，$EI = 0$

$\phi 25f7$ 轴：$es = -0.020mm$，$ei = -0.041mm$

表 2-6　量规测量面的表面粗糙度（摘自 GB/T 1957—2006）

工作量规	工作量规的公称尺寸/mm		
	～120	>120～315	>315～500
	工作量规测量面的表面粗糙度 Ra 值/μm		
IT6 级孔用工作塞规	0.05	0.10	0.20
IT7～IT9 级孔用工作塞规	0.10	0.20	0.40
IT10～IT12 级孔用工作塞规	0.20	0.40	0.80
IT13～IT16 级孔用工作塞规	0.40	0.80	
IT6～IT9 级轴用工作环规	0.10	0.20	0.40
IT10～IT12 级轴用工作环规	0.20	0.40	0.80
IT13～IT16 级轴用工作环规	0.40	0.80	

b. 由表 2-5 查得工作量规的尺寸公差 T_1 和位置要素值 Z_1

塞规：尺寸公差 $T_1=0.0034$mm；位置要素 $Z_1=0.005$mm

卡规：尺寸公差 $T_1=0.0024$mm；位置要素 $Z_1=0.0034$mm

c. 确定工作量规的形状公差

塞规：形状公差 $T_1/2=0.0017$mm

卡规：形状公差 $T_1/2=0.0012$mm

d. 确定轴用卡规的校对量规尺寸公差 $T_p=T_1/2=0.0012$mm

e. 计算各种量规的极限偏差和工作尺寸

$\phi25$H8 孔用塞规的极限偏差和工作尺寸，见表 2-7。

表 2-7　$\phi25$H8 孔用塞规的极限偏差和工作尺寸

$\phi25$H8 孔用塞规		量规的极限偏差计算公式及数值/mm		量规工作尺寸/mm	通规的磨损极限尺寸/mm
通规（T）	上极限偏差	$EI+Z_1+T_1/2=0+0.005+0.0017$	+0.0067	$\phi25^{+0.0067}_{+0.0033}$	$D_M=\phi25$
	下极限偏差	$EI+Z_1-T_1/2=0+0.005-0.0017$	+0.0033		
止规（Z）	上极限偏差	$ES=+0.033$	+0.033	$\phi25^{+0.0330}_{+0.0296}$	—
	下极限偏差	$ES-T=0.033-0.0034$	+0.0296		

$\phi25$f7 轴用卡规的极限偏差和工作尺寸，见表 2-8。

表 2-8　$\phi25$f7 轴用卡规的极限偏差和工作尺寸

$\phi25$f7 轴用卡规		量规的极限偏差计算公式及数值/mm		量规工作尺寸/mm	通规的磨损极限/mm
通规（T）	上极限偏差	$es-Z_1+T_1/2=-0.02-0.0034+0.0012$	-0.0222	$\phi25^{-0.0222}_{-0.0246}$	$d_M=\phi24.980$
	下极限偏差	$es-Z_1-T_1/2=-0.02-0.0034-0.0012$	-0.0246		
止规（Z）	上极限偏差	$ei+T_1=-0.041+0.0024$	-0.0386	$\phi25^{-0.0386}_{-0.0410}$	—
	下极限偏差	ei	-0.041		

$\phi25$f7 轴用卡规的校对量规极限偏差和工作尺寸，见表 2-9。

$\phi25$H8/f7 孔用与轴用量规的公差带，如图 2-15 所示。

f. 工作量规工作尺寸的标注，如图 2-16 所示。

表 2-9 $\phi25f7$ 轴用卡规的校对量规极限偏差和工作尺寸

校对量规	量规的极限偏差计算公式及数值/mm		量规工作尺寸/mm
"校通—通" 量规（TT）	上极限偏差	$es-Z_1-T_1/2+T_p=-0.02-0.0034-0.0012+0.0012$ -0.0234	$TT=\phi25^{-0.0234}_{-0.0246}$
	下极限偏差	$es-Z_1-T_1/2=-0.02-0.0034-0.0012$ -0.0246	
"校通—损" 量规（TS）	上极限偏差	es -0.02	$TS=\phi25^{-0.0200}_{-0.0212}$
	下极限偏差	$es-T_p=-0.02-0.0012$ -0.0212	
"校止—通" 量规（ZT）	上极限偏差	$ei+T_p=-0.041+0.0012$ -0.0398	$ZT=\phi25^{-0.0398}_{-0.0410}$
	下极限偏差	ei -0.041	

图 2-15 $\phi25H8/f7$ 孔与轴用量规的公差带图

(a) 卡规   (b) 塞规

图 2-16 工作量规工作尺寸的标注

思考题与习题

2-1 测量的实质是什么？一个测量过程包括哪些要素？我国长度测量的基本单位及其定义如何？

2-2　量块的作用是什么？其结构上有何特点？量块的"等"和"级"有何区别？并说明按"等"和"级"使用时，各自的测量精度如何？

2-3　试说明分度值、刻度间距和灵敏度三者有何区别。

2-4　试举例说明测量范围与示值范围的区别。

2-5　试说明绝对测量方法与相对测量方法、绝对误差与相对误差的区别。

2-6　测量误差分哪几类？产生各类测量误差的主要因素有哪些？

2-7　试说明系统误差、随机误差和粗大误差的特性和不同点。

2-8　为什么要用多次重复测量的算术平均值表示测量结果？这样表示测量结果可减少哪一类测量误差对测量结果的影响？

2-9　在立式光学计上对一轴类零件进行比较测量，共重复测量 12 次，测得值如下（单位为 mm）：20.015，20.013，20.016，20.012，20.015，20.014，20.017，20.018，20.014，20.016，20.014，20.015。试求出该零件的测量结果。

2-10　误收和误废是怎样造成的？

2-11　光滑极限量规有何特点？如何用它检验工件是否合格？

2-12　量规分为几类？各有何用途？孔用工作量规为何没有校对量规？

2-13　确定 $\phi18H7/p6$ 孔用和轴用工作量规及校对量规的尺寸并画出量规的公差带图。

5. 电感测微仪在测量前为什么要调"零"?常用的"零"位标准有哪些?调"零"方法有何不同?

6. 常用的光学测量仪器有哪几种?各自的测量原理是什么?

7. 什么是投影法?影像法与轴切法在测量原理上有何区别?

8. 试说明大型工具显微镜的测量原理和主要结构组成。

9. 光切显微镜和干涉显微镜各有什么特点?各用于测量什么?

10. 测量误差按其特征可分为哪几类?各自的特点是什么?

11. 试说明什么是系统误差、随机误差和粗大误差?怎样消除或减少它们对测量结果的影响?

12. 用某量仪对一轴径进行了 15 次等精度测量,按测量顺序各测得值分别为 φ20.015mm、φ20.013mm、φ20.014mm、φ20.015mm、φ20.013mm、φ20.016mm、φ20.015mm、φ20.014mm、φ20.014mm、φ20.015mm、φ20.015mm、φ20.014mm、φ20.013mm、φ20.015mm、φ20.014mm,试求测量结果。

第3章 几何公差

3.1 概　述

3.1.1 几何误差产生的原因及对零件使用性能的影响

零件在加工过程中,由于机床、夹具、刀具和零件所组成的工艺系统本身具有一定的误差,以及由于受力变形、热变形、振动和磨损等各种因素的影响,使得加工后零件的各个几何要素不可避免地产生各种误差。这些误差使得零件的实际状态与理想状态之间总是存在着差异。另外,从零件的功能来看,并不希望将其做成理想状态,只需将各类误差控制在一定的范围内,便可满足互换性要求。在实际生产中就是通过图样上给定的公差值来控制加工时产生的各类误差。加工误差包括尺寸偏差、几何误差(形状、方向、位置和跳动误差)以及表面粗糙度等。本章仅介绍几何误差的内容。

几何误差对零件的使用性能有很大影响。如图 3-1 所示,台阶轴加工后的各实际(组成)要素的尺寸虽然都在尺寸公差范围内,但可能会出现鼓形、锥形、弯曲、正截面不圆等形状,这样,实际要素和理想要素之间就有一个变动量,即形状误差;轴加工后各段圆柱的轴线可能不在同一条轴线上,如图 3-2 所示,这样实际要素与理想要素在位置上也有一个变动量,即位置误差。

图 3-1　形状误差　　　　　　　　　　　　　　图 3-2　位置误差

几何误差对零件使用性能的影响可归纳为以下几点。

① 可装配性　如箱盖、法兰盘等零件上各螺栓孔的位置误差,将影响可装配性。

② 配合性质　如轴和孔配合面的形状误差,在间隙配合中会使间隙大小分布不均匀,如有相对运动会加速零件的局部磨损,使得运动不平稳;在过盈配合中则会使各处的过盈量分布不均匀,而影响连接强度。

③ 工作精度　如车床床身导轨的直线度误差,会影响床鞍的运动精度;车床主轴两支承轴颈的几何误差,将影响主轴的回转精度;齿轮箱上各轴承孔的位置误差,会影响齿轮齿面载荷分布的均匀性和齿侧间隙。

④ 其他功能 如液压系统中零件的形状误差会影响密封性；承受负荷零件结合面的形状误差会减小实际接触面积，从而降低接触刚度及承载能力。

实际上几何误差对零件的影响远不止这几点，它将直接影响到工夹量仪的工作精度，尤其是对于高温、高压、高速、重载等条件下工作的精密机器或仪器更为重要。因此，在设计零件时，为了减少或消除这些不利的影响，须对零件的几何误差予以合理的限制，给出一个经济、合理的误差许可变动范围，即对零件的几何要素规定必要的几何公差。

3.1.2 几何公差的有关术语

任何零件就其几何特征而言，都是由若干个点、线、面所构成，如图 3-3 所示。构成零件的几何特征点、线、面称为要素。

图 3-3 零件的要素　　　　　　　　图 3-4 被测和基准要素

根据要素存在的状态、位置、功能关系及结构特征的不同，要素可分类如下。

（1）尺寸要素

尺寸要素是指由一定大小的线性尺寸或角度尺寸确定的几何形状。

（2）理想和实际要素

① 理想要素 是指具有几何意义的要素。如按设计要求给定的理想形状的直线、平面、圆等。

② 实际要素 是指零件上实际存在的要素。即零件加工完后，测量时所得的要素，称为提取要素。由于存在着测量误差，提取要素并非是该要素的真实状况。

（3）被测和基准要素

① 被测要素 是指给出了几何公差的要素。被测要素是检测的对象。如图 3-4 中，对 $\phi 25_{-0.013}^{0}$ mm 轴的素线给出了直线度公差要求；对 $\phi 20_{-0.013}^{0}$ mm 轴的轴线提出了同轴度公差要求，所以素线和轴线是被测要素。

② 基准要素 是指用于确定被测要素的方向或位置的要素。理想的基准要素简称为基准。它是确定被测要素的理想方向或位置的依据。如图 3-4（b）中的 $\phi 20_{-0.013}^{0}$ mm 轴的轴线的理想位置应与 $\phi 30_{-0.013}^{0}$ mm 轴的轴线重合，所以 $\phi 30$ mm 轴的轴线是基准要素。

（4）单一和关联要素

① 单一要素 是指仅对其本身给出形状公差要求的要素。如图 3-4（a）中，对 $\phi 25_{-0.013}^{0}$ mm 轴的素线只提出了直线度要求，因而该素线为单一要素。

② 关联要素 是指对其他要素有方向或位置关系的要素，即要求被测要素对于基准要素保持一定的方向或位置。如图 3-4(b) 中 $\phi 20_{-0.013}^{0}$ mm 轴的轴线即为关联要素。

（5）组成和导出要素

① 组成要素 是指构成零件外形轮廓的面和面上的线。如平面、球面、圆柱面、圆锥面、素线等都属于组成要素。

② 导出要素 是指由一个或几个组成要素得到的中心点、中心线或中心面，即构成零件轮廓的对称中心的点、线、面。如圆心、球心、曲面体的轴线、两平行平面的对称中心平面等。导出要素是随着组成要素的存在而存在的。

3.1.3 几何公差的几何特征及符号

国家标准 GB/T 1182—2008 中规定了多项几何公差，几何公差包括形状公差、方向公差、位置公差和跳动公差。各几何公差的几何特征及符号见表 3-1，由表可见，形状公差无基准要求；方向和位置公差有基准要求；而在几何特征是线、面轮廓度中，无基准要求为形状公差，有基准要求为方向或位置公差。

需要说明的是：特征符号的线宽为 $h/10$（h 为图样中所注尺寸数字的高度），符号的高度一般为 h，圆柱度、平行度和跳动公差的符号倾斜约 75°。

表 3-2 为国家标准 GB/T 1182—2008 几何公差的几何特征及附加符号，仅供参考。

表 3-1 几何公差的几何特征及符号（摘自 GB/T 1182—2008）

公差类型	几何特征	符 号	有或无基准	公差类型	几何特征	符 号	有或无基准
形状公差	直线度	—	无	位置公差	位置度	⊕	有或无
	平面度	▱	无		同心度（用于中心点）	◎	有
	圆度	○	无		同轴度（用于轴线）	◎	有
	圆柱度	⌀	无				
形状公差或位置公差	线轮廓度	⌒	有或无		对称度	═	有
	面轮廓度	⌓	有或无	跳动公差	圆跳动	↗	有
方向公差	平行度	//	有		全跳动	⌰	有
	垂直度	⊥	有				
	倾斜度	∠	有				

表 3-2 几何公差的几何特征附加符号（摘自 GB/T 1182—2008）

名 称	符 号	名 称	符 号
基准目标	⌀2/A1	包容要求	Ⓔ
理论正确尺寸	50	可逆要求	Ⓡ
延伸公差带	Ⓟ	不凸起	NC
最大实体要求	Ⓜ	公共公差带	CZ
最小实体要求	Ⓛ	线素	LE
全周（轮廓）	�	任意横截面	ACS

3.1.4 几何公差代号和基准符号

几何公差应采用代号标注，如图 3-5 所示。

几何公差代号是由几何特征的符号、框格、指引线、公差数值和基准代号的字母等组成，如图 3-5(a) 所示。公差框格和指引线均用细实线画出，指引线箭头与尺寸线箭头

图 3-5　几何公差标注代号

画法相同，箭头应指向公差带的宽度或直径方向。框格应水平或垂直画出，自左到右顺序是，第一格填写几何公差的几何特征符号；第二格填写几何公差数值和有关符号，如果公差带为圆形或圆柱形，公差值前应加注符号"ϕ"，如果公差带为圆球形，公差值前应加注符号"$S\phi$"；第三格和以后各格填写基准代号的字母和有关符号：以单个要素为基准时，即一个字母表示的单个基准，如图 3-5（b）所示；或以两个或三个基准建立的基准体系，如图 3-5（c）所示；表示基准的大写字母按基准的优先顺序自左而右填写或以两个要素建立公共基准时，用中间加连字符的两个大写字母来表示，如图 3-5（d）所示。

　　基准符号如图 3-5（e）所示，大写的基准字母写在基准方格内，方格的边长为 $2h$，用细实线与一个涂黑的或空白的等腰三角形相连。涂黑或空白的三角形具有相同的含义。

　　另外，GB/T 1182—1996 中的基准符号和代号，如图 3-5（f）所示，仅供参考。

3.2　几何公差的标注

　　在技术图样中，几何公差采用代号标注，当无法采用代号时，允许在技术要求中用文字说明。

3.2.1　被测要素的标注

　　用带箭头的指引线将被测要素与公差框格相连。指引线引自公差框格的任意一侧。

　　① 当被测要素为零件的轮廓线或表面时，将指引线的箭头指向该要素的轮廓线及其延长线上（但必须与尺寸线明显地错开），如图 3-6 所示。

　　② 当被测要素为零件的表面时，指向被测要素的指引线箭头可以直接指在引出线的水平线上。引出线可由被测量面中引出，其引出线的端部应画一圆黑点，如图 3-7 所示。

图 3-6　被测要素的标注（一）

图 3-7　被测要素的标注（二）

③ 当被测要素为要素的局部时，可用粗点画线限定其范围，并加注尺寸，如图 3-8 左半部分的标注和图 3-9 所示。

图 3-8　被测要素的标注（三）

图 3-9　被测要素的标注（四）

④ 当被测要素为零件上某一段形体的轴线、中心平面或中心点时，则指引线的箭头应与该尺寸线的箭头对齐或重合，如图 3-10 所示。

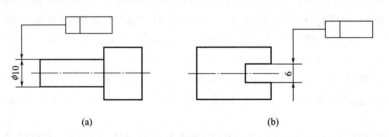

（a）　　　　　　　　　　　　　　　（b）

图 3-10　被测要素的标注（五）

⑤ 当几个被测要素具有相同的几何公差要求时，可共用一个公差框格，从框格一端引出多个指引线的箭头指向被测要素，如图 3-11（a）所示；当这几个被测要素位于同一高度，且具有单一公差带时，可以在公差框格内公差值的后面加注公共公差带的符号 CZ，如图 3-11（b）所示。

（a）　　　　　　　　　　　　　　　（b）

图 3-11　被测要素的标注（六）

当同一被测要素具有多项几何公差要求时，几何公差框格可并列，共用一个指引线箭头（参见图 3-17）。

⑥ 用全周符号（在指引线的弯折处所画出的小圆）表示该视图的轮廓周边或周面均受此框格内公差带的控制，如图 3-12 所示。

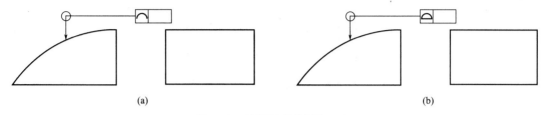

图 3-12　被测要素的标注（七）

3.2.2　基准要素的标注

① 当基准要素为零件的轮廓线或表面时，则基准符号中三角形放置在要素的轮廓线或其延长线上，与尺寸线明显地错开，如图 3-13 所示。

图 3-13　基准要素的标注（一）

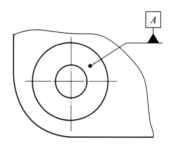

图 3-14　基准要素的标注（二）

② 当基准要素为零件的表面时，基准符号中的三角形也可放置在该轮廓面引出线的水平线上，其引出线的端部应画一圆黑点，如图 3-14 所示。

③ 当基准要素为零件上尺寸要素确定的某一段轴线、中心平面或中心点时，则基准符号中的三角形应放置在与该尺寸线在同一直线上，如图 3-15（a）所示。如果尺寸界线内安排不下两个箭头时，则另一箭头可用三角形代替，如图 3-15（b）所示。

图 3-15　基准要素的标注（三）

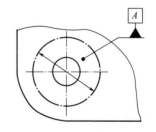

图 3-16　基准要素的标注（四）

④ 当基准要素为要素的局部时，可用粗点画线限定范围，并加注尺寸，如图 3-8 右半部分的标注和图 3-16 所示。

3.2.3　几何公差标注示例

几何公差在图样上的标注示例，如图 3-17 和图 3-18 所示。

① 图 3-17 机件上所标注的几何公差，其含义如下：

a. ϕ80h6 圆柱面对 ϕ35H7 孔轴线的圆跳动公差为 0.015mm。

图 3-17　几何公差标注示例（一）

图 3-18　几何公差标注示例（二）

b. $\phi 80h6$ 圆柱面的圆度公差为 0.005mm。

c. $26_{-0.035}^{\ 0}$ 的右端面对左端面的平行度公差为 0.01mm。

② 图 3-18 所示的气门阀杆，其上所标注几何公差的含义如下：

a. $SR150$ 的球面对 $\phi 16_{-0.034}^{-0.016}$ 圆柱轴线的圆跳动公差为 0.003mm。

b. $\phi 16_{-0.034}^{-0.016}$ 圆柱面的圆柱度公差为 0.005mm。

c. $M8 \times 1$ 螺纹孔的轴线对 $\phi 16_{-0.034}^{-0.016}$ 圆柱轴线的同轴度公差为 $\phi 0.1$mm。

d. 阀杆的右端面对 $\phi 16_{-0.034}^{-0.016}$ 圆柱轴线的垂直度公差为 0.01mm。

3.3　几何公差的公差带

3.3.1　形状公差及公差带

（1）形状公差

形状公差是指单一实际要素的形状所允许的变动全量，所谓全量是指被测要素的整个长度。

形状公差包括直线度、平面度、圆度、圆柱度、线轮廓度和面轮廓度。其中直线度公差用于限制给定平面内或空间直线（如圆柱面和圆锥面上的素线或轴线）的形状误差；平面度公差用于限制平面的形状误差；圆度公差用于限制曲面体表面正截面内轮廓的形状误差；圆柱度公差用于限制圆柱面整体的形状误差；线轮廓度公差用于限制平面曲线或曲面的截面轮廓线的形状误差，而面轮廓度公差则用于限制空间曲面的形状误差。

（2）形状公差带

形状公差用形状公差带来表示，其公差带是限制实际要素变动的区域，零件的实际要素在该区域内为合格。形状公差带包括公差带的形状、大小、位置和方向 4 个要素，其形状随要素的几何特征及功能要求而定。由于形状公差都是对单一要素本身提出的要求，因此形状公差都不涉及基准，故公差带也没有方向和位置的约束，可随被测实际要素的有关尺寸、形状、方向和位置的改变而浮动，公差带的大小由公差值确定。

表 3-3 给出了形状公差带的定义、标注示例及解释，仅供参考。

表 3-3　形状公差带的定义、标注示例及解释（摘自 GB/T 1182—2008）

几何特征及符号	公差带的定义	标注示例及解释
直线度 —	公差带为给定平面内和给定方向上，间距等于公差值 t 的两平行直线所限定的区域，见图 1 图 1　a 任一距离	在任一平行于图示投影面的平面内，被测上平面的提取（实际）线应限定在间距等于 0.1 的两平行直线之间，见图 2 — 0.1 图 2
	公差带为间距等于公差值 t 的两平行平面所限定的区域，见图 3 图 3	被测提取（实际）的棱边应限定在间距等于 0.1 的两平行平面之间，见图 4 — 0.1 图 4
	公差带为直径等于公差值 ϕt 的圆柱面所限定的区域，见图 5 注意：公差值前加注符号 ϕ 图 5	外圆柱面的提取（实际）中心线应限定在直径等于 $\phi 0.08$ 的圆柱面内，见图 6 — $\phi 0.08$ 图 6
平面度 ▱	公差带为间距等于公差值 t 的两平行平面所限定的区域，见图 7 图 7	提取（实际）表面应限定在间距等于 0.08 的两平行平面之间，见图 8 ▱ 0.08 图 8

几何特征及符号	公差带的定义	标注示例及解释
圆度 ○	公差带为在给定横截面内、半径差等于公差值 t 的两同心圆所限定的区域,见图 9 a 任一横截面 图 9	在圆柱面的任意横截面内,提取(实际)圆周应限定在半径差等于 0.03 的两同心圆之间,见图 10 图 10 在圆锥面的任意横截面内,提取(实际)圆周应限定在半径差等于 0.1 的两同心圆之间,见图 11 图 11
圆柱度	公差带为半径差等于公差值 t 的两同轴圆柱面所限定的区域,见图 12 图 12	提取(实际)圆柱面应限定在半径差等于 0.1 的两同轴圆柱面之间,见图 13 图 13
线轮廓度	公差带为直径等于公差值 t、圆心位于具有理论正确几何形状上的一系列圆的两包络线所限定的区域,见图 14 a 任一距离 b 垂直于视图所在平面 图 14	在任一平行于图示投影面的截面内,提取(实际)轮廓线应限定在直径等于 0.04、圆心位于被测要素理论正确几何形状上的一系列圆的两等距包络线之间,见图 15 图 15
面轮廓度	公差带为直径等于公差值 t、球心位于被测要素理论正确几何形状上的一系列圆球的两包络面所限定的区域,见图 16 图 16	提取(实际)轮廓面应限定在直径等于 0.02、球心位于被测要素理论正确几何形状上的一系列圆球的两等距包络面之间,见图 17 图 17

3.3.2　方向公差及公差带

方向公差是指关联实际要素对基准在方向上允许的变动全量。方向公差带的方向是固定的，由基准来确定，而其位置则可在尺寸公差带内浮动，包括平行度、垂直度和倾斜度三种。

被测要素有直线和平面，基准要素也有直线和平面，因此被测要素相对于基准要素的方向公差可分为线对基准体系、线对基准线、线对基准面、面对线和面对面五种情况。

方向公差的公差带在控制被测要素相对于基准方向误差的同时，能自然地控制被测要素的形状误差，因此，通常对同一被测要素给出方向公差后，不再对该要素提出形状公差要求。如果确实需要对它的形状精度提出更高要求时，可以在给出方向公差的同时，再给出形状公差，但形状公差值一定要小于方向公差值。

表 3-4 给出了方向公差带的定义、标注示例及解释，仅供参考。

表 3-4　方向公差带的定义、标注示例及解释（摘自 GB/T 1182—2008）

续表

几何特征及符号	公差带的定义	标注示例及解释
平行度 //	线对基准体系的平行度公差 公差带为间距等于公差值 t 的两平行直线所限定的区域,该两平行直线平行于基准平面 a 且处于平行于基准平面 b 的平面内,见图7 a基准平面 b基准平面 图7	提取(实际)线应限定在间距等于 0.02 的两平行直线之间,该两平行直线平行于基准平面 A 且处于平行于基准平面 B 的平面内,见图8 // | 0.02 | A | B LE B ◢ ◢ A 图8
	线对线的平行度公差 公差带为平行于基准轴线、直径等于公差值 ϕt 的圆柱所限定的区域,见图9 注意:公差值前加注符号 ϕ ϕt a a基准轴线 图9	提取(实际)中心线应限定在平行于基准轴线 A、直径等于 $\phi 0.03$ 的圆柱面内,见图10 // | $\phi 0.03$ | A A 图10
	线对基准面的平行度公差 公差带是平行于基准平面、距离为公差值 t 的两平行平面所限定的区域,见图11 a a基准平面 图11	提取(实际)中心线应限定在平行于基准平面 B、间距等于 0.01 的两平行平面之间,见图12 // | 0.01 | B B 图12
	面对基准线的平行度公差 公差带为间距等于公差值 t、平行于基准轴线的两平行平面所限定的区域,见图13 t a a基准轴线 图13	提取(实际)表面应限定在间距等于 0.1、平行于基准轴线 C 的两平行平面之间,见图14 // | 0.1 | C C 图14

几何特征及符号	公差带的定义	标注示例及解释
平行度 //	**面对基准面的平行度公差** 公差带为间距等于公差值 t、平行于基准平面的两平行平面所限定的区域，见图 15 图 15	提取（实际）表面应限定在间距等于 0.01、平行于基准平面 D 的两平行平面之间，见图 16 图 16
垂直度 ⊥	**线对基准体系的垂直度公差** 公差带为间距等于公差值 t 的两平行平面所限定的区域，该两平行平面垂直于基准平面 a，且平行于基准平面 b，见图 17 a基准平面 b基准平面 图 17	圆柱面的提取（实际）中心线应限定在间距等于 0.1 的两平行平面之间，该两平行平面垂直于基准平面 A，且平行于基准平面 B，见图 18 图 18
	公差带为间距等于公差值 t_1 和 t_2，且相互垂直的两组平行平面所限定的区域，该两组平行平面都垂直于基准平面 a，其中一组平行平面垂直于基准平面 b，见图 19；而另一组平行平面平行于基准平面 b，见图 20 a基准平面 b基准平面 图 19 a基准平面 b基准平面 图 20	圆柱面的提取（实际）中心线应限定在间距等于 0.1 和 0.2，且相互垂直的两组平行平面内，该两组平行平面垂直于基准平面 A，且垂直或平行于基准平面 B，见图 21 图 21

几何特征及符号	公差带的定义	标注示例及解释
垂直度 ⊥ 线对基准线的垂直度公差	公差带为间距等于公差值 t、垂直于基准轴线的两平行平面所限定的区域,见图 22 a基准线 图 22	提取(实际)中心线应限定在间距等于 0.6、垂直于基准轴线 A 的两平行平面之间,见图 23 图 23
线对基准面的垂直度公差	公差带为直径等于公差值 ϕt、轴线垂直于基准平面的圆柱面所限定的区域,见图 24 注意:公差值前加注符号 ϕ a基准平面 图 24	圆柱面的提取(实际)中心线应限定在直径等于 $\phi 0.01$、垂直于基准平面 A 的圆柱面内,见图 25 图 25
面对基准线的垂直度公差	公差带为间距等于公差值 t、且垂直于基准轴线的两平行平面所限定的区域,见图 26 a基准轴线 图 26	提取(实际)表面应限定在间距等于 0.08 的两平行平面之间,该两平行平面垂直于基准轴线 A,见图 27 图 27
面对基准面的垂直度公差	公差带为间距等于公差值 t、垂直于基准平面的两平行平面所限定的区域,见图 28 a基准平面 图 28	提取(实际)表面应限定在间距等于 0.08、垂直于基准轴线 A 的两平行平面之间,见图 29 图 29

几何特征及符号	公差带的定义	标注示例及解释
倾斜度 ∠	**线对基准线的倾斜度公差** 被测线与基准线在同一平面上 公差带为间距等于公差值 t 两平行平面所限定的区域,该两平行平面按给定角度倾斜于基准轴线,见图30 a 基准轴线 图 30 被测线与基准线不在同一平面内 公差带为间距等于公差值 t 的两平行平面所限定的区域,该两平行平面按给定角度倾斜于基准轴线,见图32 a 基准轴线 图 32	提取(实际)中心线应限定在间距等于 0.08 的两平行平面之间,这两平行平面按理论正确角度60°倾斜于公共基准轴线 $A—B$,见图31 图 31 提取(实际)中心线应限定在间距等于 0.08 的两平行平面之间,这两平行平面按理论正确角度60°倾斜于公共基准轴线 $A—B$,见图33 图 33
	线对基准面的倾斜度公差 公差带为间距等于公差值 t 的两平行平面所限定的区域,该两平行平面按给定角度倾斜于基准平面,见图34 a 基准平面 图 34 公差带为直径等于公差值 ϕt 圆柱面所限定的区域,该圆柱面公差带的轴线按给定角度倾斜于基准平面 a 且平行于基准平面 b,见图36 注意:公差值前加注符号 ϕ a 基准平面 b 基准平面 图 36	提取(实际)中心线应限定在间距等于 0.08 的两平行平面之间,这两平行平面按理论正确角度60°倾斜于公共基准平面 A,见图35 图 35 提取(实际)中心线应限定在直径等于 $\phi 0.1$ 的圆柱面内,该圆柱面的中心线按理论正确角度60°倾斜于公共基准平面 A 且平行于基准平面 B,见图37 图 37

几何特征及符号	公差带的定义	标注示例及解释
倾斜度 ∠ 面对基准线的倾斜度公差	公差带为间距等于公差值 t 两平行平面所限定的区域，该两平行平面按给定角度倾斜于基准轴线，见图38 图38	提取(实际)表面应限定在间距等于0.1的两平行平面之间，该两平行平面按理论正确角度75°倾斜于基准轴线 A，见图39 图39
面对基准面的倾斜度公差	公差带为间距等于公差值 t 的两平行平面所限定的区域，该两平行平面按给定角度倾斜于基准平面，见图40 图40	提取(实际)表面应限定在间距等于0.08的两平行平面之间，该两平行平面按理论正确角度40°倾斜于公共基准平面 A，见图41 图41
线轮廓度 ⌒ 相对于基准体系的线轮廓度公差	公差带为直径等于公差值 φt、圆心位于由基准平面 a 和基准平面 b 确定的被测要素理论正确几何形状上一系列圆球的两包络线所限定的区域，见图42 a基准平面 b基准平面 c平行于基准a的平面 图42	在任一平行于图示投影面的截面内，提取(实际)轮廓线应限定在直径等于0.04、圆心位于由基准平面 A 和基准平面 B 确定的被测要素理论正确几何形状上的一系列圆的两等距离包络线之间，见图43 图43
面轮廓度 ⌓ 相对于基准的面轮廓度公差	公差带为直径等于公差值 Sφt、球心位于由基准平面 a 确定的被测要素理论正确几何形状上的一系列圆球的两包络面所限定的区域，见图44 a基准平面 图44	提取(实际)轮廓面应限定在直径等于0.1、球心位于由基准平面 A 确定的被测要素理论正确几何形状上的一系列圆球的两等距包络面之间，见图45 图45

3.3.3　位置公差及公差带

位置公差是指关联实际要素对基准在位置上允许的变动全量。

位置公差包括位置度、同轴（同心）度和对称度三种，其中位置度公差用于控制点、线、面的实际位置对其理想基准位置的误差；同轴（同心）度公差用于被测轴线（圆心）对基准轴线（圆心）的误差；而对称度公差用于被测中心面对基准中心平面的误差。

位置公差带具有以下两个特点：相对于基准位置是固定的，不能浮动，其位置是由理论正确尺寸相对于基准所确定；位置公差带既能控制被测要素的位置误差，又能控制其方向和形状误差。因此，当给出位置公差要求的被测要素，一般不再提出方向和形状公差的要求。只有对被测要素的方向和形状精度有更高要求时，才另行给出形状和方向公差要求，且应满足 $t_{位置} > t_{方向} > t_{形状}$。

表 3-5 给出了位置公差带的定义、标注示例及解释，仅供参考。

表 3-5　位置公差带的定义、标注示例及解释（摘自 GB/T 1182—2008）

几何特征及符号	公差带的定义	标注示例及解释
位置度 ⊕	**点的位置度公差**　公差带为直径等于公差值 $S\phi t$ 的圆球面所限定的区域,该圆球面中心的理论正确位置由基准平面 a、b、c 和理论正确尺寸确定,见图 1　注意:公差值前加注符号 $S\phi$　a 基准平面　b 基准平面　c 基准平面　图 1	提取(实际)球心应限定在直径等于 $S\phi0.3$ 的圆球内、该圆球的中心由基准平面 A、基准平面 B、基准平面 C 和理论正确尺寸 30、25 确定,见图 2　图 2
	线的位置度公差　当给定一个方向的公差时,公差带为间距等于公差值 t,对称于线的理论正确位置的两平行平面所限定的区域,线的理论正确位置由基准平面 a、b 和理论正确尺寸确定,见图 3　a 基准平面　b 基准平面　图 3	各条刻线的提出(实际)中心线应限定在间距等于 0.1,对称于基准平面 A、B 和理论正确尺寸 25、10 确定的理论正确位置的两平行平面之间,见图 4　图 4

几何特征及符号	公差带的定义	标注示例及解释
位置度 位置度符号	线的位置度公差	当给定两个方向的公差时，公差带为间距等于公差值 t_1 和 t_2、对称于线的理论正确位置的两对相互垂直的平行平面所限定的区域，线的理论正确位置由基准平面 c、a 和 b 及理论正确尺寸确定，见图 5 和图 6	各孔的提出（实际）中心线在给定方向上应各自限定在间距等于 0.05 和 0.2，且相互垂直的两对平行平面内。每对平行平面对称于由基准平面 C、A、B 和理论正确尺寸 20、15、30 确定的各孔轴线的理论正确位置，见图 7

图 5

图 6

图 7

公差带为直径等于公差值 ϕt 的圆柱面所限定的区域，该圆柱面轴线的位置由基准平面 a、b、c 和理论正确尺寸确定，见图 8

注意：公差值前加注符号 ϕ

图 8

提取（实际）中心线应限定在直径等于 $\phi 0.08$ 的圆柱面内，该圆柱面轴线的位置应处于由基准平面 A、B、C 和理论正确尺寸 100、68 确定的理论正确位置上，见图 9

图 9

各提取（实际）中心线应各自限定在直径等于 $\phi 0.1$ 的圆柱面内。该圆柱面的轴线应处于由基准平面 C、A、B 和理论正确尺寸 20、15、30 确定的各孔轴线的理论正确位置上，见图 10

图 10

几何特征及符号	公差带的定义	标注示例及解释
位置度 ⊕	轮廓平面或中心平面的位置度公差 公差带为间距等于公差值 t、且对称于被测面的理论正确位置的两平行平面所限定的区域,面的理论正确位置由基准平面 a、基准轴线 b 和理论正确尺寸确定,见图 11 a 基准平面 b 基准轴线 图 11	提取(实际)表面应限定在间距等于 0.05、且对称于被测面的理论正确位置的两平行平面之间,该两平行平面对称于由基准平面 A、基准轴线 B 和理论正确尺寸 15、105°确定的被测面的理论正确位置,见图 12 图 12 提取(实际)中心面应限定在间距等于 0.05 的两平行平面之间,该两平行平面对称于由基准平面 A 和理论正确角度 45°确定的被测面的理论正确位置,见图 13 图 13
同轴度和同心度 ◎	点的同心度公差 公差带为直径等于公差值 ϕt 的圆周所限定的区域,该圆周的圆心与基准点重合,见图 14 注意:公差值前加注符号 ϕ a 基准点 图 14	在任意横截面内,内圆的提取(实际)中心应限定在直径等于 $\phi 0.1$,以基准点 A 为圆心的圆周内,见图 15 ACS 图 15
	轴线的同轴度公差	大圆柱面的提取(实际)中心线应限定在直径等于 $\phi 0.08$,以公共基准轴线 $A—B$ 为轴线的圆柱面内,见图 17 图 17

几何特征及符号		公差带的定义	标注示例及解释
同轴度和同心度 ◎	轴线的同轴度公差	公差带为直径等于公差值 ϕt 的圆柱面所限定的区域,该圆柱面的轴线与基准轴线重合,见图 16 注意:公差值前加注符号 ϕ 图 16	大圆柱面的提取(实际)中心线应限定在直径等于 $\phi 0.1$、以基准轴线 A 为轴线的圆柱面内,见图 18 图 18 大圆柱面的提取(实际)中心线应限定在直径等于 $\phi 0.1$、以垂直于基准平面 A 的基准轴线 B 为轴线的圆柱面内,见图 19 图 19
对称度 ≡	中心面的对称度公差	公差带为间距等于公差值 t,对称于基准中心平面的两平行平面所限定的区域,见图 20 a 基准中心平面 图 20	提取(实际)中心面应限定在间距等于 0.08、对称于基准中心平面 A 的两平行平面之间,见图 21 图 21 提取(实际)中心面应限定在间距等于 0.08、对称于公共基准中心平面 $A—B$ 的两平行平面之间,见图 22 图 22

3.3.4　跳动公差及公差带

　　跳动公差是指关联实际要素绕基准回转一周或连续回转时所允许的最大跳动量。

　　跳动公差包括圆跳动和全跳动两种,其中圆跳动又分为径向、轴向和斜向圆跳动三种,全跳动又分为径向和轴向全跳动两种。

　　表 3-6 给出了跳动公差带的定义、标注示例及解释,仅供参考。

表 3-6　跳动公差带的定义、标注示例及解释（摘自 GB/T 1182—2008）

几何特征及符号		公差带的定义	标注示例及解释
圆跳动	径向圆跳动公差	公差带为在任一垂直于基准轴线的横截面内、半径差等于公差值 t、圆心在基准轴线上的两同心圆所限定的区域,见图 1 a 基准轴线 b 横截面 图 1	在任一垂直于基准轴线 A 的横截面内,提取(实际)圆面应限定在半径差等于 0.1,圆心在基准轴线 A 上的两同心圆之间,见图 2 图 2
			在任一平行于基准平面 B、垂直于基准轴线 A 的横截面内,提取(实际)圆面应限定在半径差等于 0.1,圆心在基准轴线 A 上的两同心圆之间,图 3 图 3
			在任一垂直于公共基准 $A—B$ 的横截面内,提取(实际)圆面应限定在半径差等于 0.1,圆心在基准轴线 $A—B$ 上的两同心圆之间,见图 4 图 4
		圆跳动通常适用于整个要素,但也可规定只适用于局部要素的某一指定部分,见图 5	 图 5 在任一垂直于基准轴线 A 的横截面内,提取(实际)圆弧应限定在半径差等于 0.2,圆心在基准轴线 A 上的两同心圆弧之间,见图 6 图 6

几何特征及符号	公差带的定义	标注示例及解释
圆跳动 ↗	**轴向圆跳动公差** 公差带为与基准轴线同轴的任一半径的圆柱截面上,轴向距离等于公差值 t 的两圆所限定的圆柱面区域,见图 7 a 基准轴线 b 公差带 c 任意直径 图 7	在与基准轴线 D 同轴的任一圆柱形截面上,提取(实际)圆应限定在轴向距离等于 0.1 的两个等圆之间,见图 8 图 8
	斜向圆跳动公差 公差带为与基准轴线同轴的某一圆锥截面上,间距等于公差值 t 的两圆所限定的圆柱面区域,见图 9 除非另有规定,测量方向应沿被测表面的法向 a 基准轴线 b 公差带 图 9	在与基准轴线 C 同轴的任一圆锥截面上,提取(实际)线应限定在素线方向间距等于 0.1 的两个不等圆之间,见图 10 图 10 当标注公差的素线不是直线时,圆锥截面的锥角要随所测圆的实际位置而改变,见图 9 右图及图 11 图 11
	给定方向的斜向圆跳动公差 公差带为与基准轴线同轴的、具有给定锥角的任一圆锥截面上,间距等于公差值 t 的两个不等圆所限定的圆柱面区域,见图 12 a 基准轴线 b 公差带 图 12	在与基准轴线 C 同轴的、且具有给定角度 60°的任一圆锥截面上,提取(实际)圆应限定在素线方向间距等于 0.1 的两个不等圆之间,见图 13 图 13

续表

几何特征及符号	公差带的定义	标注示例及解释
全跳动 〵	径向的全跳动公差 公差带为半径等于公差值 t，与基准轴线同轴的两圆柱面所限定的区域，见图 14 a 基准轴线 图 14	提取（实际）表面应限定在直径等于 0.1 与公共基准轴线 $A-B$ 同轴的两圆柱面之间，见图 15 图 15
	轴向的全跳动公差 公差带为间距等于公差值 t，且垂直于基准轴线的两平行平面所限定的区域，见图 16 a 基准轴线 b 提取表面 图 16	提取（实际）表面应限定在间距等于 0.1，且垂直于基准轴线 D 的两平行平面之间，见图 17 图 17

3.4　公差原则

在设计零件时，对同一要素常常需要既规定尺寸公差，又规定几何公差。因此，必须知道尺寸公差与几何公差的关系。确定尺寸公差与几何公差之间相互关系的原则，称为公差原则。为了正确地理解和应用公差原则，首先介绍相关的术语及定义。

3.4.1　有关术语及定义

（1）提取组成要素的局部实际尺寸

提取组成要素的局部实际尺寸，见 1.1.1 中的图 1-2 所示。

（2）作用尺寸

① 体外作用尺寸　在被测要素的给定长度上，与实际内表面孔的体外相接的最大理想面的尺寸或与实际外表面轴的体外相接的最小理想面的尺寸。对于单一要素的体外作用尺寸，如图 3-19（a）所示；而对于关联要素的体外作用尺寸，此时该理想面的轴线或中心平面必须与基准保持图样上给定的几何关系，如图 3-19（b）所示。内、外表面的体外作用尺寸分别用 D_{fe} 和 d_{fe} 表示。

② 体内作用尺寸　在被测要素的给定长度上，与实际内表面孔的体内相接的最小理想面的尺寸或与实际外表面轴的体内相接的最大理想面的尺寸。对于单一要素的体内作用尺

寸，如图 3-20（a）所示；而对于关联要素的体内作用尺寸，此时该理想面的轴线或中心平面必须与基准保持图样上给定的几何关系，如图 3-20（b）所示。内、外表面的体内作用尺寸分别用 D_{fi} 和 d_{fi} 表示。

图 3-19　体外作用尺寸　　　　　　　　图 3-20　体内作用尺寸

任何零件加工后所产生的尺寸、几何误差都会综合影响零件的功能。在装配时，提取组成要素的局部实际尺寸和几何误差综合起作用的尺寸称为作用尺寸。同一批零件加工后由于实际（组成）要素各不相同，其几何误差的大小也不同，所以作用尺寸也各不相同。但对某一零件而言，其作用尺寸是确定的。由于孔的体外作用尺寸比实际（组成）要素的尺寸小，体内作用尺寸比实际（组成）要素的尺寸大；而轴的体外作用尺寸比实际（组成）要素的尺寸大，体内作用尺寸比实际（组成）要素的尺寸小。因此，作用尺寸将影响孔和轴装配后的松紧程度，也就是影响配合性质。故对有配合要求的孔和轴，不仅应控制其实际（组成）要素的尺寸，还应控制其作用尺寸。

（3）最大实体状态（MMC）和最大实体尺寸（MMS）

最大实体状态是指提出组成要素的局部尺寸处处位于极限尺寸，且使其具有实体最大时的状态。该状态下的极限尺寸，称为最大实体尺寸。外表面轴的最大实体尺寸（用 d_M 表示）是外尺寸要素的上极限尺寸 d_{max}，而内表面孔的最大实体尺寸（用 D_M 表示）是内尺寸要素的下极限尺寸 D_{min}，即：

$$d_M = d_{max} \qquad\qquad D_M = D_{min} \qquad\qquad (3-1)$$

（4）最小实体状态（LMC）和最小实体尺寸（LMS）

最小实体状态是指提取组成要素的局部尺寸处处位于极限尺寸，且使其具有实体最小时的状态。该状态下的极限尺寸，称为最小实体尺寸。外表面轴的最小实体尺寸（用 d_L 表示）是外尺寸要素的下极限尺寸 d_{min}，而内表面孔的最小实体尺寸（用 D_L 表示）是内尺寸要素的上极限尺寸 D_{max}，即：

$$d_L = d_{min} \qquad\qquad D_L = D_{max} \qquad\qquad (3-2)$$

（5）最大实体实效状态（MMVC）和最大实体实效尺寸（MMVS）

最大实体实效状态是指尺寸要素的最大实体尺寸与导出要素的几何公差（形状、方向、位置和跳动）共同作用产生的状态。也就是实际（组成）要素的尺寸正好等于最大实体尺寸，产生的几何误差也正好等于图样上规定的几何公差值（常在几何公差值后面加注符号 Ⓜ）时的状态，此状态下所具有的尺寸，称为最大实体实效尺寸，用 d_{MV} 和 D_{MV} 分别表示轴和孔的最大实体实效尺寸。对于轴，它等于最大实体尺寸加上给定的几何公差值；而对于孔，它等于最大实体尺寸减去给定的几何公差值，即：

$$d_{MV} = d_M + t_Ⓜ \qquad\qquad (3-3)$$
$$D_{MV} = D_M - t_Ⓜ \qquad\qquad (3-4)$$

（6）最小实体实效状态（LMVC）和最小实体实效尺寸（LMVS）

最小实体实效状态是指尺寸要素的最小实体尺寸与导出要素的几何公差（形状、方向、位置和跳动）共同作用产生的状态。也就是实际（组成）要素的尺寸正好等于最小实体尺寸，产生的几何误差也正好等于图样上规定的几何公差值（常在几何公差值后面加注符号 Ⓛ）时的状态，此状态下所具有的尺寸，称为最小实体实效尺寸，用 d_{LV} 和 D_{LV} 分别表示轴和孔的最小实体实效尺寸。对于轴，它等于最小实体尺寸减去给定的几何公差值；而对于孔，它等于最小实体尺寸加上给定的几何公差值，即：

$$d_{LV} = d_L - t_{Ⓛ} \tag{3-5}$$
$$D_{LV} = D_L + t_{Ⓛ} \tag{3-6}$$

如图 3-21(a) 所示的轴，当轴分别处于最大实体状态［如图 3-21(b) 所示］和最小实体状态［如图 3-21(c) 所示］，且其中心线的直线度误差正好等于给出的直线度公差 $\phi 0.012$mm 时，此时轴分别处于最大、最小实体实效状态。轴的最大实体实效尺寸 $d_{MV} = d_M + t = 20 + 0.012 = 20.012$（mm）；最小实体实效尺寸 $d_{LV} = d_L - t = 19.967 - 0.012 = 19.955$（mm）。

图 3-21　单一要素的实效状态

再如图 3-22(a) 所示的孔，当孔分别处于最大实体状态［如图 3-22(b) 所示］和最小实体状态［如图 3-22(c) 所示］，且其中心线对基准平面 A 的垂直度误差正好等于给出的垂直度公差 $\phi 0.02$mm 时，此时孔分别处于最大、最小实体实效状态。孔的关联最大实体实效尺寸 $D_{MV} = D_M - t = 15 - 0.02 = 14.98$（mm）；关联最小实体实效尺寸 $D_{LV} = D_L + t = 15.05 + 0.02 = 15.07$（mm）。

图 3-22　关联要素的实效状态

（7）边界

边界是指设计给定的具有理想形状的极限包容面（圆柱面或两平行平面）。该包容面的直径或距离称为边界尺寸。

由于零件的实际要素总存在尺寸和几何误差，故其功能将取决于二者的综合效果。边界的作用是综合控制要素的尺寸和几何误差。根据要素的功能和经济性要求，可定义以下几种不同的边界。

① 最大实体边界（MMB）　最大实体边界是指最大实体状态的理想形状的极限包容面。也即边界尺寸为最大实体尺寸，且具有正确几何形状理想边界，称为最大实体边界。对于关联要素的关联最大实体边界，此时该极限包容面必须与基准保持图样上给定的几何关系。

　　如图 3-23 所示，分别示出了孔和轴的最大实体边界和关联最大实体边界（图中任意曲线 S 为被测要素的实际轮廓，双点画线为最大实体边界）。

　　② 最小实体边界（LMB）　最小实体边界是指最小实体状态的理想形状的极限包容面。也即边界尺寸为最小实体尺寸，且具有正确几何形状理想边界，称为最小实体边界。对于关联要素的关联最小实体边界，此时该极限包容面必须与基准保持图样上给定的几何关系。

图 3-23　最大实体边界　　　　　　图 3-24　最小实体边界

　　如图 3-24 所示，分别示出了孔和轴的最小实体边界和关联最小实体边界（图中任意曲线 S 为被测要素的实际轮廓，双点画线为最小实体边界）。

　　③ 最大实体实效边界（MMVB）　最大实体实效边界是指边界尺寸为最大实体实效尺寸，且具有正确几何形状的理想包容面。对于关联要素的最大实体实效边界，此时该极限的理想包容面必须与基准保持图样上给定的几何关系。

　　如图 3-21（b）和图 3-22（b）所示，分别示出了轴的最大实体实效边界和孔的关联最大实体实效边界。

　　④ 最小实体实效边界（LMVB）　最小实体实效边界是指边界尺寸为最小实体实效尺寸，且具有正确几何形状的理想包容面。对于关联要素的最小实体实效边界，此时该极限的理想包容面必须与基准保持图样上给定的几何关系。

　　如图 3-21（c）和图 3-22（c）所示，分别示出了轴的最小实体实效边界和孔的关联最小实体实效边界。

3.4.2　公差原则的相关内容

　　公差原则分为独立原则和相关要求，而相关要求又分为包容要求、最大实体要求、最小实体要求和可逆要求。

3.4.2.1　独立原则

　　独立原则是指图样上给定的每一个尺寸和几何（形状、方向、位置和跳动）要求均是独立的，并应分别满足要求。也就是当遵守独立原则时，图样上给出的尺寸公差仅控制提取组成要素的局部尺寸的变动量，而不控制要素的几何误差；而当图样上给出几何公差时，只控制被测要素的几何误差，与实际（组成）要素的尺寸无关。

　　如图 3-25 所示的零件是单一要素遵守独立原则，该轴在加工完后的提取组成要素的局部尺寸必须在 $49.950 \sim 49.975\text{mm}$ 之间，并且无论轴的提取组成要素的局部尺寸是多少，中心线的直线度误差都不得大于 $\phi 0.012\text{mm}$。只有同时满足上述两个条件，轴才合格。图 3-26 所示的零件是关联要素遵守独立原则，该零件加工完后的实际（组成）要素的尺寸必须在 $9.972 \sim 9.987\text{mm}$ 之间，中心线对基准平面 A 的垂直度误差不得大于 $\phi 0.01\text{mm}$。只有同时满足上述两个条件，零件才合格。

图 3-25　单一要素遵守独立原则

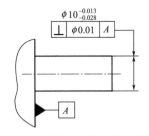

图 3-26　关联要素遵守独立原则

独立原则主要应用于要求严格控制要素的几何误差的场合。例如，齿轮箱轴承孔的同轴度公差和孔径的尺寸公差必须按独立原则给出，否则将会影响齿轮的啮合质量；轧机的轧辊对它的直径无严格精度要求，但对它的形状精度要求较高，从而保证轧制品的质量，所以其形状公差应按独立原则给出；要求密封性良好的零件，常对其形状精度提出较严格的要求，其尺寸公差和几何公差都应采用独立原则。由于尺寸公差和几何公差采用独立原则，可以满足被测要素的功能要求，所以独立原则应用非常广泛。只有当采用相关要求有明显的优越性，才不采用独立原则给出尺寸公差和几何公差。

3.4.2.2　相关要求

相关要求是指在图样上给定的尺寸公差和几何公差相互有关的公差要求。含包容要求、最大实体要求和最小实体要求，以及附加于最大、最小实体要求的可逆要求。

（1）包容要求

包容要求是指提取的组成要素不得超越其最大实体边界，其局部尺寸不得超出最小实体尺寸。包容要求适用于圆柱表面或两平行对应面。当尺寸要素采用包容要求时，应在其尺寸极限偏差或公差带代号之后加注符号Ⓔ，如图 3-27（a）所示。该零件提取的圆柱面应在最大实体边界之内，该边界的尺寸为最大实体尺寸 $\phi150\text{mm}$，其局部尺寸不得小于 $\phi149.96\text{mm}$，见图 3-27（b）～（e）所示。

包容要求的实质是当要素的实际（组成）要素的尺寸偏离最大实体尺寸时，允许其形状误差增大。它反映了尺寸公差与形状公差之间的补偿关系。采用包容要求，尺寸公差不仅限制了实际（组成）要素的尺寸，还控制了要素的形状误差。

包容要求主要应用于形状公差，保证配合性质，特别是配合公差较小的精密配合，用最大实体边界来保证所要求的最小间隙或最大过盈，用最小实体尺寸来防止间隙过大或过盈过小。

（2）最大实体要求（MMR）

最大实体要求是指零件尺寸要素的非理想要素（即实际被测要素）不得违反其最大实体实效状态的一种尺寸要素要求，也即尺寸要素的非理想要素不得超越其最大实体实效边界的一种尺寸要素要求。

在应用最大实体要求时，要求被测要素的实际轮廓处处不得超越该边界，当其实际（组成）要素的尺寸偏离最大实体尺寸时，允许其几何误差值超出图样上给定的公差值，而提取组成要素的局部尺寸应在最大实体尺寸和最小实体尺寸之间。

最大实体要求既可用于被测要素，又可用于基准要素。

① 最大实体要求应用于被测要素　最大实体要求应用于被测要素时，应在公差框格内的几何公差值后加注符号Ⓜ。

如图 3-28（a）所示的零件，表示该零件的要求是：轴的实际轮廓必须位于尺寸为 $\phi20.1\text{mm}$（d_{MV}）的最大实体实效边界内，轴的提取组成要素的局部尺寸必须在 $\phi20\text{mm}$

图 3-27　采用包容要求

图 3-28　最大实体要求应用于被测要素

（d_M）与 $\phi19.8$mm（d_L）之间，图样上给定的中心线的直线度公差 $\phi0.1$mm 是被测轴处于最大实体状态时给定的，当实际轴偏离该状态时，其直线度公差可以得到补偿。也即当实际轴为 d_L 尺寸时，最大补偿量为尺寸的公差 0.2mm，允许的最大直线度误差为图样上给定的几何公差值和尺寸公差值之和，即 $\phi0.3$mm。

　　② 最大实体要求应用于基准要素　最大实体要求应用于基准要素时，应在公差框格内的基准字母后加注符号Ⓜ。基准要素应遵守相应的边界。若基准要素的实际轮廓偏离其相应的边界，即其体外作用尺寸偏离其相应的边界尺寸，则允许基准要素在一定的范围内浮动，其浮动范围等于基准要素的体外作用尺寸与其相应的边界尺寸之差。

　　基准要素的边界与其本身是否采用最大实体要求有关。当基准要素本身采用最大实体要求时，则其相应的边界为最大实体实效边界，即被测要素的几何公差是在基准要素处于最大实体实效状态时给定的；当基准要素本身不采用最大实体要求，而采用包容要求时，其边界为最大实体边界。

　　如图 3-29(a) 所示的零件，表示该零件的要求是：当被测要素处于最大实体状态时，其中心线对基准轴线的同轴度公差为 $\phi0.04$mm，如图 3-29(b) 所示，被测轴应用最大实体实效边界，其最大实体实效尺寸 $d_{MV}=d_M+t=(12+0.04)$mm$=\phi12.04$mm，而基准轴自身采用独立原则，故基准轴遵守最大实体边界，其体外作用尺寸等于最大实体尺寸 $d_M=\phi25$mm；当基准轴为 d_M，而被测要素为 d_{1L} 时，此时被测轴的实际（组成）要素的尺寸偏离 d_{1M}，其偏离量为 $\phi12-\phi11.95=\phi0.05$mm，该偏离量可以补偿同轴度，此时的同轴度允许误差可达 $(\phi0.04+\phi0.05)$mm$=\phi0.09$mm，如图 3-29(c) 所示；当被测轴和基准轴都为 d_L 时，由于基准实际尺寸偏离了 d_M，因而基准轴的轴线可有一个浮动量，即基准轴线可以在 $(\phi25-\phi24.97)$mm$=\phi0.03$mm 范围内浮动，如图 3-29(d) 所示。

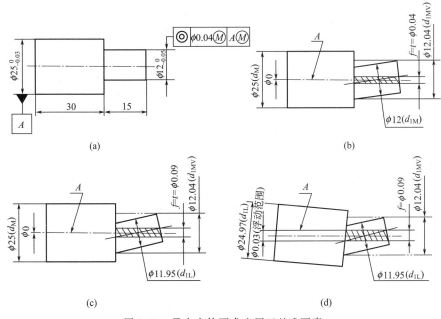

图 3-29　最大实体要求应用于基准要素

　　③ 最大实体要求的应用　　由于最大实体要求在尺寸公差和几何公差之间建立了联系，因此，只有被测要素或基准要素为导出要素时，才能应用最大实体要求。这样可以充分利用尺寸公差来补偿几何公差，提高零件的合格率，保证零件的可装配性，从而获得显著的经济效益。

　　最大实体要求与包容要求相比，由于实际要素的几何公差可以不分割尺寸公差值，因而在相同尺寸公差的前提下，采用最大实体要求的实际（组成）要素的几何精度更低些，比采用包容要求可以得到较大的几何制造公差，并且具有良好的工艺性和经济性。最大实体要求主要用于保证装配互换性场合，如零件尺寸精度和几何精度较低、配合性质要求不严的情况；也可用于保证零件自由装配的情况。

　　如图 3-30 所示为减速器的轴承盖，用四个螺钉把它紧固在箱体上，轴承盖上四个通孔的位置只要求满足可装配性，因此位置公差采用了最大实体要求。另外，基准 B 虽然起到一定的定位作用，但在保证轴承盖端面（基准 A）与箱体孔端面紧密贴合的前提下，基准 B 的位置略有变动并不会影响轴承盖的可装配性，故基准 B 也采用了最大实体要求。而基准轴线 B 对基准平面 A 的垂直度公差值为零，这是为了保证轴承盖的凸台与箱体孔的配合性质，同时又使基准 B 对基准 A 保持一定的位置关系，以保证基准 B 能够起到应有的定位作用。

图 3-30　最大实体要求应用示例

（3）最小实体要求（LMR）

最小实体要求是指零件尺寸要素的非理想要素不得违反其最小实体实效状态的一种尺寸要素要求，也即尺寸要素的非理想要素不得超越其最小实体实效边界的一种尺寸要素要求。

在应用最小实体要求时，要求被测要素的实际轮廓处处不得超越该边界，当其实际（组成）要素的尺寸偏离最小实体尺寸时，允许其几何误差值超出图样上给定的公差值，而要素的局部实际（组成）要素的尺寸应在最大实体尺寸和最小实体尺寸之间。

最小实体要求既可用于被测要素，又可用于基准要素。

① 最小实体要求应用于被测要素　最小实体要求应用于被测要素时，应在公差框格内的几何公差值后加注符号$Ⓛ$。

如图 3-31（a）所示的零件，为了保证零件上侧面与孔外缘之间的最小壁厚，孔 $\phi 8^{+0.25}_{0}$ mm 中心线对侧面的位置度公差采用了最小实体要求。当孔处于最小实体状态，其最小实体尺寸 $D_L = \phi 8.25$mm 时，允许的位置度误差为给定值 $\phi 0.4$mm，其为最小实体实效边界，孔的最小实体实效尺寸为 $D_{LV} = D_L + t = (\phi 8.25 + \phi 0.4)$mm $= \phi 8.65$mm 的理想圆，如图 3-31（b）所示；当实际孔径偏离 D_L 时，孔的实际轮廓与最小实体实效边界之间会产生一定的间隙量，从而允许位置度公差增大；当实际孔径为最大实体状态，其最大实体尺寸为 $D_M = \phi 8$mm 时，位置度公差可达到最大值，即等于图样上给出的位置度公差值 $\phi 0.4$mm 与孔尺寸公差值 0.25mm 之和，即 $\phi 0.65$mm，如图 3-31（c）所示。

（a）　　　　　　　　　　（b）　　　　　　　　　　（c）

图 3-31　最小实体要求应用于被测要素

② 最小实体要求应用于基准要素　最小实体要求应用于基准要素时，应在公差框格内的基准字母后加注符号$Ⓛ$。基准要素应遵守相应的边界。若基准要素的实际轮廓偏离其相应的边界，即其体内作用尺寸偏离其相应的边界尺寸，则允许基准要素在一定的范围内浮动，其浮动范围等于基准要素的体内作用尺寸与其相应的边界尺寸之差。

基准要素的边界与其本身是否采用最小实体要求有关。当基准要素本身采用最小实体要求时，则其相应的边界为最小实体实效边界；当不采用最小实体要求时，则相应的边界为最小实体边界。由此可见，当基准要素本身采用最小实体要求时，基准要素的最大浮动范围为其尺寸公差和几何公差之和；否则，其最大浮动范围仅为自身的尺寸公差。

③ 最小实体要求的应用　最小实体要求仅用于导出要素，控制要素的体内作用尺寸：

对于孔类零件，体内作用尺寸将孔件的壁厚减薄，见图 3-20(a)；而对于轴类零件，体内作用尺寸将使轴的直径变小，见图 3-20(b)。因此，最小实体要求可用于保证孔件的最小壁厚和轴件的最小设计强度。在零件设计中，对薄壁结构和强度要求高的轴件，应考虑合理地应用最小实体要求以保证产品质量。

（4）可逆要求（RPR）

可逆要求是最大或最小实体要求的附加要求，表示尺寸公差可以在实际几何误差小于给出的几何公差之间的差值范围内增大。也就是导出要素的几何误差小于给出的几何公差时，允许在满足零件功能要求的前提下扩大尺寸公差。可逆要求总是与最大或最小实体要求一起使用，且可达到与零件几何公差相同的设计意图，它不可以单独使用。可逆要求主要应用于对尺寸公差及配合无严格要求、且仅要求保证装配互换的场合。

① 可逆要求应用于最大实体要求　可逆要求应用于最大实体要求时，应在公差框格内公差值后的符号Ⓜ后面加注符号Ⓡ。此时被测要素的实际轮廓应遵守最大实体实效边界，当其实际（组成）要素的尺寸偏离最大实体尺寸时，允许其几何误差值超出在最大实体状态下给出的几何公差值；当几何公差值小于给出的几何公差值时，也允许其实际（组成）要素的尺寸超出最大实体尺寸。

如图 3-32(a) 所示的零件，其中心线对平面 D 的垂直度采用最大实体要求及可逆要求。此时被测轴不得超出最大实体实效边界，即其体外作用尺寸不得超出最大实际实效尺寸 $d_{MV}=d_M+t=20+0.2=\phi20.2$（mm）、并与基准平面 D 垂直的理想孔。当被测轴为 $d_M=\phi20$mm 时，其垂直度公差为给定值 $\phi0.2$mm，如图 3-32(b) 所示；当实际尺寸偏离 d_M 时，允许其垂直度误差增大；当被测轴为 $d_L=\phi19.9$mm，垂直度允许误差可达 $0.2+0.1=\phi0.3$（mm），如图 3-32(c) 所示；当几何误差小于给定值时，也允许轴的实际（组成）要素的尺寸超出 d_M；当垂直度误差为零时，实际（组成）要素的尺寸可达 $d_{MV}=\phi20.2$mm，如图3-32(d)所示。

② 可逆要求应用于最小实体要求　可逆要求应用于最小实体要求时，应在公差框格内公差值后的符号Ⓛ后面加注符号Ⓡ。此时被测要素的实际轮廓应遵守最小实体实效边界，当其实际尺寸偏离最小实体尺寸时，允许其几何误差值超出在最小实体状态下给出的几何公差值；当几何公差值小于给出的几何公差值时，也允许其实际组成要素的尺寸超出最小实体

图 3-32　可逆要求应用于最大实体要求

尺寸。

例如，对图 3-32 所示的零件采用可逆要求，此时被测孔不得超出其最小实体实效边界，即其关联的体内作用尺寸不超出最小实体实效尺寸 $D_{LV} = D_L + t = \phi 8.25 + \phi 0.4 = \phi 8.65$（mm）。所有的提取组成要素的局部尺寸应在 $\phi 8 \sim 8.65$mm 之间，其中心线的几何误差可根据提取组成要素的局部尺寸的不同在 $\phi 0 \sim 0.65$mm 之间变化。如果孔中心线的几何误差为零，则提取组成要素的局部尺寸可为 $D_{LV} = \phi 8.65$mm，超出了最小实体尺寸。

3.5　几何公差的选择及未注几何公差的规定

正确地选用几何公差对提高产品质量和降低制造成本，具有十分重要的意义。几何公差的选择主要包括几何特征、基准、公差原则和公差等级的选择。

3.5.1　几何特征的选择

在选择几何特征时，应考虑以下几个方面。

（1）零件的结构特征

分析加工后的零件可能存在的各种几何误差。如圆柱形零件会有圆柱度误差；圆锥形零件会有圆度和素线直线度误差；阶梯轴、孔类零件会有同轴度误差；孔、槽类零件会有位置度误差或对称度误差等。

（2）零件的功能要求

分析影响零件功能要求的主要几何误差的特征。例如，影响车床主轴工作精度的主要误差是前后轴颈的圆柱度误差和同轴度误差；影响溜板箱运动精度的是车床导轨的直线度误差；与滚动轴承内圈配合的轴颈的圆柱度误差和轴肩的轴向圆跳动误差，会影响轴颈与轴承内圈的配合性质，以及轴承的工作性能与使用寿命。又如，圆柱形零件，仅需要顺利装配或保证能减少孔和轴之间的相对运动时，可选用中心线的直线度；当孔和轴之间既有相对运动，又要求密封性能好，且要保证在整个配合的表面有均匀的小间隙，则需要给出圆柱度以综合控制圆柱面的圆度、素线和中心线的直线度。再如，减速器箱体上各轴承孔的中心线之间的平行度误差，会影响减速器中齿轮的接触精度和齿侧间隙的均匀性，为了保证齿轮的正确啮合，需给出各轴承孔之间的平行度公差。

另外，当用尺寸公差控制几何误差能满足精度要求，且又经济时，则可只给出尺寸公差，而不再另给出几何公差。这时的被测要素应采用包容要求。如果尺寸精度要求低而几何精度要求高，则不应由尺寸公差控制几何误差，而应按独立原则给出几何公差，否则会影响经济效益。

（3）各个几何公差的特点

在几何公差中，单项控制的几何特征有直线度、平面度、圆度等；综合控制的几何特征有圆柱度和各种位置、跳动公差。选择时应充分发挥综合控制几何特征的功能，这样可减少图样上给出的几何特征项目，从而减少需检测的几何误差数。

（4）检测条件的方便性

确定几何特征项目，必须与检测条件相结合，考虑现有条件的可能性与经济性。检测条件包括有无相应的检测设备、检测的难易程度、检测效率是否与生产批量相适应等。在满足功能要求的前提下，应选用测量简便的几何特征来代替测量较难的几何特征。常对轴类零件提出跳动公差来代替圆度、圆柱度、同轴度等，这是因为跳动公差检测方便，且具有综合控制功能。例如，同轴度公差常用径向圆跳动或径向全跳动公差来代替；端面对轴线的垂直度公差可用轴向圆跳动或轴向全跳动公差来代替。这样会给测量带来方便。但必须注意，径向全跳动误差是同轴度误差与圆柱度误差的综合结果，故用径向全跳动代替同轴度时，给出的径向全跳动公差值应略大于同轴度公差值，否则会要求过严。用轴向圆跳动代替端面对轴线的垂直度，不是十分可靠；而轴向全跳动公差带与端面对轴线的垂直度公差带相同，故可以等价代替。

3.5.2　基准的选择

选择基准时，主要应根据零件的功能和设计要求，并兼顾到基准统一原则和零件结构特征等方面来考虑。

（1）遵守基准统一原则

所谓基准统一原则是指零件的设计基准、定位基准和装配基准是零件上的同一要素。这样既可减少因基准不重合而产生的误差，又可简化工夹量具的设计、制造和检测过程。

① 根据要素的功能及几何形状来选择基准。如轴类零件，通常是以两个轴承支承运转的，其运转轴线是安装轴承的两段轴颈的公共轴线。因此，从功能要求和控制其他要素的位置精度来看，应选用安装时支承该轴的两段轴颈的公共轴线作为基准。

② 根据装配关系，应选择零件上精度要求较高的表面。如零件在机器中的定位面，相互配合、相互接触的结合面等作为各自的基准，以保证装配要求。

③ 从加工和检验的角度考虑，应选择在夹具、检具中定位的相应要素为基准。这样能使所选基准与定位基准、检测基准、装配基准重合，以消除由于基准不重合引起的误差。

④ 基准应具有足够刚度和尺寸，以保证定位稳定性与可靠性。

（2）选用多基准

选用多基准时，应遵循以下原则：

① 选择对被测要素的功能要求影响最大或定位最稳的平面（可以三点定位）作为第一基准；

② 选择对被测要素的功能要求影响次之或窄而长的平面（可以两点定位）作为第二基准；

③ 选择对被测要素的功能要求影响较小或短小的平面（一点定位）作为第三基准。

3.5.3　公差原则的选择

选择公差原则时，应根据被测要素的功能要求，并考虑采用公差原则的可行性与经济性。

（1）独立原则

选择独立原则应考虑以下几点问题：

① 当零件上的尺寸精度与几何精度需要分别满足要求时采用。如齿轮箱体孔的尺寸精度与两孔中心线的平行度；连杆活塞销孔的尺寸精度与圆柱度；滚动轴承内、外圈滚道的尺寸精度与形状精度。

② 当零件上的尺寸精度与几何精度要求相差较大时采用。如滚筒类零件的尺寸精度要求较低，形状精度要求较高；平板的形状精度要求较高，尺寸精度无要求；冲模架的下模座无尺寸精度要求，平行度要求较高；通油孔的尺寸精度有一定的要求，形状精度无要求。

③ 当零件上的尺寸精度与几何精度无联系时采用。如滚子链条的套筒或滚子内、外圆柱面的中心线的同轴度与尺寸精度；齿轮箱体孔的尺寸精度与两孔中心线间的位置精度；发动机连杆上孔的尺寸精度与孔中心线间的位置精度。

④ 保证零件的运动精度时采用。如导轨的形状精度要求严格，尺寸精度要求次之。

⑤ 保证零件的密封性时采用。如汽缸套的形状精度要求严格，尺寸精度要求次之。

⑥ 零件上未注公差的要素采用。凡未注尺寸公差和未注几何公差的要素，都采用独立原则，如退刀槽、倒角、倒圆等非功能要素。

（2）包容要求

选择包容要求应考虑以下两点问题：

① 应保证国家标准规定的极限与配合的配合性质。如 $\phi20$H7 Ⓔ孔和 $\phi20$h6 Ⓔ轴的配

合，可以保证最小间隙等于零。

②尺寸公差与几何公差无严格比例关系要求的场合。如一般的孔与轴配合，只要求作用尺寸不超越最大实体尺寸，实际（组成）要素的尺寸不超越最小实体尺寸。

（3）最大实体要求

①在零件上保证关联作用尺寸不超越最大实体尺寸时采用。如关联要素的孔与轴有配合性质要求，标注Ⓜ。

②用于被测导出要素，来保证自由装配。如轴承盖、法兰盘上的螺栓安装孔等。

③用于基准导出要素，此时基准轴线或中心平面相对于理想边界的中心允许偏离。

（4）最小实体要求

①用于被测导出要素，来保证孔件最小壁厚及轴件的最小强度。

②用于基准导出要素，此时基准轴线或中心平面相对于理想边界的中心允许偏离。

（5）可逆要求

用于零件上具有最大实体要求与最小实体要求的场合。来保证零件的实际轮廓在某一控制边界内，而不严格区分其尺寸公差和几何公差是否在允许的范围内。

3.5.4 几何公差的公差等级的选择

在几何公差国家标准中，将几何公差分为注出公差和未注公差两种。一般情况下对几何精度要求较高时，在图样上注出几何公差；否则不需注出，而用未注公差来控制。如用一般机床加工能够保证精度的，就不需注出几何公差。

3.5.4.1 几何公差等级和公差值

零、部件的几何误差对机器或仪器的正常工作有很大影响，因此，合理、正确地选择几何公差值，对保证机器或仪器的功能要求、提高经济效益是十分重要的。

国家标准《形状和位置公差 未注公差值》GB/T 1184—1996中规定了各种几何公差等级和公差值（除了线、面轮廓度未规定之外），其中圆度和圆柱度公差为13个等级，即0级、1级、2级、…、12级；其余各类几何公差分为12级，即1级、2级、…、12级。各个等级依次降低，各几何公差等级的公差值见表3-7～表3-10。而位置度公差只规定了数系，如表3-11所示。

表 3-7 直线度、平面度（摘自 GB/T 1184—1996）

主参数 L/mm	公 差 等 级											
	1	2	3	4	5	6	7	8	9	10	11	12
	公差值/μm											
≤10	0.2	0.4	0.8	1.2	2	3	5	8	12	20	30	60
>10～16	0.25	0.5	1	1.5	2.5	4	6	10	15	25	40	80
>16～25	0.3	0.6	1.2	2	3	5	8	12	20	30	50	100
>25～40	0.4	0.8	1.5	2.5	4	6	10	15	25	40	60	120
>40～63	0.5	1	2	3	5	8	12	20	30	50	80	150
>63～100	0.6	1.2	2.5	4	6	10	15	25	40	60	100	200
>100～160	0.8	1.5	3	5	8	12	20	30	50	80	120	250
>160～250	1	2	4	6	10	15	25	40	60	100	150	300
>250～400	1.2	2.5	5	8	12	20	30	50	80	120	200	400
>400～630	1.5	3	6	10	15	25	40	60	100	150	250	500
>630～1000	2	4	8	12	20	30	50	80	120	200	300	600

主参数 L 图例

表 3-8　圆度、圆柱度（摘自 GB/T 1184—1996）

主参数 d(D)/mm	公差等级												
	0	1	2	3	4	5	6	7	8	9	10	11	12
	公差值/μm												
≤3	0.1	0.2	0.3	0.5	0.8	1.2	2	3	4	6	10	14	25
>3~6	0.1	0.2	0.4	0.6	1	1.5	2.5	4	5	8	12	18	30
>6~10	0.12	0.25	0.4	0.6	1	1.5	2.5	4	6	9	15	22	36
>10~18	0.15	0.25	0.5	0.8	1.2	2	3	5	8	11	18	27	43
>18~30	0.2	0.3	0.6	1	1.5	2.5	4	6	9	13	21	33	52
>30~50	0.25	0.4	0.6	1	1.5	2.5	4	7	11	16	25	39	62
>50~80	0.3	0.5	0.8	1.2	2	3	5	8	13	19	30	46	74
>80~120	0.4	0.6	1	1.5	2.5	4	6	10	15	22	35	54	87
>120~180	0.6	1	1.2	2	3.5	5	8	12	18	25	40	63	100

主参数 d(D)图例

表 3-9　平行度、垂直度、倾斜度（摘自 GB/T 1184—1996）

主参数 L,d(D)/mm	公差等级											
	1	2	3	4	5	6	7	8	9	10	11	12
	公差值/μm											
≤10	0.4	0.8	1.5	3	5	8	12	20	30	50	80	120
>10~16	0.5	1	2	4	6	10	15	25	40	60	100	150
>16~25	0.6	1.2	2.5	5	8	12	20	30	50	80	120	200
>25~40	0.8	1.5	3	6	10	15	25	40	60	100	150	250
>40~63	1	2	4	8	12	20	30	50	80	120	200	300
>63~100	1.2	2.5	5	10	15	25	40	60	100	150	250	400
>100~160	1.5	3	6	12	20	30	50	80	120	200	300	500
>160~250	2	4	8	15	25	40	60	100	150	250	400	600
>250~400	2.5	5	10	20	30	50	80	120	200	300	500	800
>400~630	3	6	12	25	40	60	100	150	250	400	600	1000
>630~1000	4	8	15	30	50	80	120	200	300	500	800	1200

主参数 L,d(D)图例

表 3-10　同轴度、对称度、圆跳动和全跳动（摘自 GB/T 1184—1996）

主参数 $d(D)$、B、L /mm	公差等级											
	1	2	3	4	5	6	7	8	9	10	11	12
	公差值/μm											
≤1	0.4	0.6	1.0	1.5	2.5	4	6	10	15	25	40	60
>1~3	0.4	0.6	1.0	1.5	2.5	4	6	10	20	40	60	120
>3~6	0.5	0.8	1.2	2	3	5	8	12	25	50	80	150
>6~10	0.6	1	1.5	2.5	4	6	10	15	30	60	100	200
>10~18	0.8	1.2	2	3	5	8	12	20	40	80	120	250
>18~30	1	1.5	2.5	4	6	10	15	25	50	100	150	300
>30~50	1.2	2	3	5	8	12	20	30	60	120	200	400
>50~120	1.5	2.5	4	6	10	15	25	40	80	150	250	500
>120~250	2	3	5	8	12	20	30	50	100	200	300	600
>250~500	2.5	4	6	10	15	25	40	60	120	250	400	800

主参数 $d(D)$、B、L 图例 [当被测要素为圆锥面时，取 $d=(d_1+d_2)/2$]

表 3-11　位置度公差值数系（摘自 GB/T 1184—1996）

1	1.2	1.5	2	2.5	3	4	5	6	8
1×10^n	1.2×10^n	1.5×10^n	2×10^n	2.5×10^n	3×10^n	4×10^n	5×10^n	6×10^n	8×10^n

注：n 为正整数。

3.5.4.2　几何公差等级或公差值的选择

几何公差等级的选择以满足零件功能要求为前提，并考虑加工成本的经济性和零件的结构特点，尽量选取较低的公差等级。

确定几何公差等级的方法有两种：计算法和类比法。通常多采用类比法。所谓类比法是根据零、部件的结构特点和功能要求，参考现有的手册、资料和经过实际生产验证的同类零、部件的几何公差要求，通过对比分析后确定较为合理的公差值的方法。使用类比法确定几何公差值时，应注意考虑以下几点。

① 各类公差之间关系应协调，遵循的一般原则是：

形状公差<方向公差<位置公差<跳动公差<尺寸公差。

但必须指出，细长轴中心线的直线度公差远大于尺寸公差；位置度和对称度公差往往与尺寸公差相当；当几何公差与尺寸公差相等时，对同一被测要素按包容要求处理。

a. 同一要素上给出的形状公差值应小于其方向公差值。如相互平行的两个平面，在其中一个表面上提出平面度和平行度公差时，则平面度公差值应小于平行度公差值。

 b. 圆柱形零件的形状公差值（中心线的直线度除外）一般应小于其尺寸公差值。

 c. 平行度公差值应小于其相应的距离尺寸的尺寸公差值。

 ② 位置公差应大于方向公差。这是因为，一般情况下位置公差可包含方向公差要求。

 ③ 综合公差应大于单项公差。如圆柱度公差大于圆度公差、素线和中心线的直线度公差。

 ④ 形状公差与表面粗糙度之间的关系也应协调。一般来说，中等尺寸和中等精度要求的零件，其表面粗糙度参数（见第 4 章）Ra 值可占形状公差值的 $20\%\sim25\%$，即 $Ra=(0.2\sim0.25)t_形$。

 ⑤ 考虑零件的结构特点选择。对于下列情况应较正常情况选择降低 1~2 级几何公差等级：

 a. 对于刚性较差的零件，如细长的轴或孔；

 b. 跨距较大的轴或孔；

 c. 宽度较大（大于 1/2 长度）的零件表面。

 这是因为加工以上几种情况的零件时易产生较大的形状误差。

 另外，孔件相对于轴件也应低些。

 ⑥ 位置度公差值需由计算来确定。位置度公差常用于控制螺栓或螺钉连接中，孔的中心距的位置精度要求，螺栓或螺钉与光孔之间的间隙大小取决于其位置度公差值。其位置度公差值的计算公式如下。

 螺栓连接：$$t\leqslant kX_{\min}=k(D_{\min}-d_{\max}) \tag{3-7}$$

 螺钉连接：$$t\leqslant 0.5kX_{\min}=k(D_{\min}-d_{\max}) \tag{3-8}$$

 式中，k 为间隙利用系数。考虑到装配调整对间隙的需要，一般取 $k=0.6\sim0.8$；如果不需调整，取 $k=1$。

 按公式(3-7) 和公式(3-8) 计算出公差值，经圆整后按表 3-11 选择位置度公差值。

 表 3-12～表 3-15 列出了一些几何公差等级适用的场合，仅供读者参考。

表 3-12 直线度、平面度几何公差等级的应用

公差等级	应 用 举 例
5	1 级平板,2 级宽平尺,平面磨床的纵导轨、垂直导轨、立柱导轨以及工作台,液压龙门刨床和六角车床床身导轨,柴油机进气、排气阀门导杆
6	普通机床导轨面,如普通车床、龙门刨床、滚齿机、自动车床等的床身导轨、立柱导轨、柴油机壳体
7	2 级平板,机床主轴箱、摇臂钻床底座和工作台,镗床工作台,液压泵盖,减速器壳体结合面
8	机床传动箱体,交换齿轮箱体,车床溜板箱体,柴油机汽缸体,连杆分离面,缸盖结合面,汽车发动机缸盖、曲轴箱结合面,液压管件和法兰连接面
9	3 级平板,自动车床床身底面,摩托车曲轴箱体,汽车变速箱壳体,手动机械的支承面

表 3-13 圆度、圆柱度几何公差等级的应用

公差等级	应 用 举 例
5	一般计量仪器主轴、测杆外圆柱面,陀螺仪轴颈,一般机床主轴轴颈及主轴轴承孔,柴油机、汽油机活塞、活塞销,与 6 级滚动轴承配合的轴颈
6	仪表端盖外圆柱面,一般机床主轴及前轴承孔,泵、压缩机的活塞、汽缸,汽油发动机凸轮轴,纺机锭子,减速器转轴轴颈,高速船用柴油机,拖拉机曲轴主轴颈,与 6 级滚动轴承配合的外壳孔,与 0 级滚动轴承配合的轴颈
7	大功率低速柴油机曲轴轴颈、活塞、活塞销、连杆、汽缸,高速柴油机箱体轴承孔,千斤顶或压力油缸活塞,机床传动轴,水泵及通用减速器转轴轴颈,与 0 级滚动轴承配合的外壳孔
8	大功率低速发动机曲柄轴颈,压气机连杆盖、连杆体,拖拉机汽缸、活塞,炼胶机冷铸轴辊,印刷机传墨辊,内燃机曲轴轴颈,柴油机凸轮轴承孔、凸轮轴,拖拉机,小型船用柴油机汽缸套
9	空气压缩机缸体,液压传动筒,通用机械杠杆与连杆用套筒销子,拖拉机活塞环、套筒孔

表 3-14 平行度、垂直度、倾斜度和轴向跳动几何公差等级的应用

公差等级	应 用 举 例
4,5	普通车床导轨、重要支承面，机床主轴孔对基准的平行度，精密机床重要零件，计量仪器、量具、模具的基准面和工作面，机床床头箱体重要孔，通用减速器壳体孔，齿轮泵的油孔端面，发动机轴和离合器的凸缘，汽缸支承端面，安装精密滚动轴承的壳体孔的凸肩
6,7,8	一般机床的基准面和工作面，压力机和锻锤的工作面，中等精度钻模的工作面，机床一般轴承孔对基准的平行度，变速器的壳体孔，主轴花键对定心直径部位轴线的平行度，重型机械滚动轴承端盖，卷扬机、手动传动装置中的传动轴，一般导轨，主轴箱孔，刀架、砂轮架、汽缸配合面对基准轴线以及活塞销孔对活塞轴线的垂直度，滚动轴承内、外圈端面对轴线的垂直度
9,10	低精度零件，重型机械滚动轴承端盖，柴油机、煤气发动机箱体曲轴孔、曲轴轴颈，花键轴和轴肩端面，带式运输机法兰盘等端面对轴线的垂直度，手动卷扬机及传动装置中轴承孔的端面，减速器的壳体平面

表 3-15 同轴度、对称度、径向跳动几何公差等级的应用

公差等级	应 用 举 例
5,6,7	应用范围广。用于形位精度要求较高、尺寸公差等级为 IT8 及高于 IT8 的零件。5 级常用于机床主轴轴颈，计量仪器的测量杆，汽轮机主轴，柱塞油泵转子，高精度滚动轴承外圈，一般精度滚动轴承内圈。7 级用于内燃机曲轴、凸轮轴、齿轮轴、水泵轴、汽车后轮的输出轴，电机转子、印刷机传墨辊的轴颈，键槽
8,9	常用于形位精度要求一般，尺寸公差等级 IT9 至 IT11 的零件。8 级用于拖拉机发动机分配轴的轴颈，与 9 级精度以下齿轮相配的轴，水泵叶轮，离心泵体，棉花精梳机前后滚子，键槽等。9 级用于内燃机汽缸套的配合面，自行车的中轴

3.5.4.3 未注几何公差的规定

图样上没有具体注明几何公差值的要素，其几何精度由未注几何公差来控制。国家标准将未注几何公差分为三个公差等级，即 H、K、L 级，依次降低。表 3-16～表 3-19 列出了未注几何公差值，仅供读者参考。

表 3-16 直线度、平面度未注几何公差值（摘自 GB/T 1184—1996） mm

公差等级	基本长度范围					
	≤10	>10～30	>30～100	>100～300	>300～1000	>1000～3000
H	0.02	0.05	0.1	0.2	0.3	0.4
K	0.05	0.1	0.2	0.4	0.6	0.6
L	0.1	0.2	0.4	0.8	1.2	1.6

表 3-17 垂直度未注几何公差值（摘自 GB/T 1184—1996） mm

公差等级	基本长度范围			
	≤100	>100～300	>300～1000	>1000～3000
H	0.2	0.3	0.4	0.5
K	0.4	0.6	0.8	1
L	0.6	1	1.5	2

表 3-18 对称度未注几何公差值（摘自 GB/T 1184—1996） mm

公差等级	基本长度范围			
	≤100	>100～300	>300～1000	>1000～3000
H	0.5			
K	0.6		0.8	1
L	0.6	1	1.5	2

表 3-19　圆跳动未注几何公差值（摘自 GB/T 1184—1996）　　　　　　　mm

公　差　等　级	公　差　值
H	0.1
K	0.2
L	0.5

3.5.5　几何公差的选择方法与举例

3.5.5.1　选择方法

① 根据功能要求确定几何公差特征。

② 参考几何公差与尺寸公差、表面粗糙度、加工方法的关系，再结合实际情况，修正后确定出公差等级，并查表得出公差值。

③ 选择基准要素。

④ 选择标注方法。

3.5.5.2　举例

【例 3-1】　试确定图 3-33 所示的齿轮油泵中齿轮轴两端轴颈 ϕ15f6 的几何公差，并选择合适的标注方法。

解：（1）齿轮轴两端轴颈 ϕ15f6 几何公差的确定

由于齿轮轴处于较高转速下工作，两端轴颈与两端端盖轴承孔为间隙配合时，为了保证沿轴截面与正截面内各处的间隙均匀，防止磨损不一致，以及避免跳动过大，应严格控制其形状误差。因此，选择圆度和圆柱度几何特征。

① 确定公差等级　参考表 3-13 可选用 6 级。由于圆柱度为综合公差，故可选用 6 级，而圆度公差选用 5 级。查表 3-8 可知圆度公差值为 $t=2\mu m$，圆柱度公差值为 $t=3\mu m$。

② 选择公差原则　考虑到既要保证可装配性，又要保证对中精度与运转精度和齿轮接触良好等要求，可采用单一要素的包容要求。

（2）齿轮轴两轴颈 ϕ15f6 位置公差的确定

为了可装配性和运动精度，应控制两轴颈的同轴度误差，但考虑到两轴颈的同轴度在生产中不便于检测，可用径向圆跳动公差来控制同轴度误差。

参考表 3-15 推荐同轴度公差等级可取 5～7 级，综合考虑取为 6 级较合适。

查表 3-10 可知，圆跳动公差值 $t=8\mu m$。

（3）基准的确定

从加工和检验的角度考虑，选择在夹具、检具中定位的相应要素为基准，以消除由于基

图 3-33　齿轮轴轴颈的几何公差

准不重合引起的误差。故选择两端定位中心孔的公共轴线为基准。

（4）齿轮轴几何公差的标注

齿轮轴的几何公差的标注如图 3-33 所示。

思考题与习题

3-1 思考题。

（1）几何公差研究的对象是什么？

（2）几何公差分几大类？每类中含有哪些几何特征？各个几何特征的符号怎样？

（3）什么是几何公差带？其形状如何确定？

（4）比较下列几何公差带有何异同：

① 圆柱面素线的直线度与给定一个方向的直线度的公差带；

② 同一表面的平面度和平行度的公差带；

③ 圆度和圆柱度的公差带；

④ 圆度和径向圆跳动的公差带；

⑤ 端面对轴线的垂直度和轴向全跳动的公差带；

⑥ 圆柱度和径向全跳动的公差带。

（5）确定几何公差值时，同一被测要素的形状公差值与其他几何公差值之间的关系如何处理？

（6）被测要素的几何公差值前加字母 ϕ 的依据是什么？

（7）什么是理论正确尺寸？在图样上如何表示？其功用是什么？

（8）几何公差基准的含义是什么？在图样上怎样标注？在公差框格中如何表示？

（9）说明独立原则、包容要求、最大实体要求、最小实体要求和可逆要求的含义。在图样上如何表示这些原则？设计时它们各适用于什么场合？

（10）实际（组成）要素的尺寸、作用尺寸、最大和最小实体尺寸等尺寸之间有何区别与联系？

（11）几何公差的选择包括哪些方面的内容？各方面内容选择的依据是什么？

（12）图样上未注几何公差的要素应如何理解？例如端面对轴线的垂直度公差未注出，如何理解？

3-2 将下列各项几何公差要求标注在题图 3-1 中。

（1）$\phi100h8$ 圆柱面对 $\phi40H7$ 孔轴线的径向圆跳动公差为 0.018mm。

（2）$\phi40H7$ 孔遵守包容要求，其圆柱度公差为 0.007mm。

（3）左、右两凸台端面对 $\phi40H7$ 孔的轴线的轴向圆跳动公差均为 0.012mm。

（4）轮毂键槽对称中心面对 $\phi40H7$ 孔的轴线的对称度公差为 0.002mm。

题图 3-1　　　　　　　　　　　　　题图 3-2

3-3 将下列各项几何公差要求标注在题图 3-2 中。

（1）$2\times\phi d$ 孔的轴线对其公共轴线的同轴度公差为 0.02mm。

（2）ϕD 孔的轴线对 $2\times\phi d$ 孔公共轴线的垂直度公差为 100：0.01mm。

（3）ϕD 孔的轴线对 $2\times\phi d$ 孔公共轴线的对称度公差为 0.02mm。

3-4　将下列各项几何公差要求标注在题图 3-3 中。

(1) $\phi 32_{-0.030}^{0}$ 的圆柱面对 $\phi 20_{-0.021}^{0}$ 两段轴颈的公共轴线的径向圆跳动公差为 0.015mm。

(2) $\phi 20_{-0.021}^{0}$ 两段轴颈的圆柱度公差为 0.01mm。

(3) $\phi 32_{-0.030}^{0}$ 的左、右两轴肩对 $\phi 20_{-0.021}^{0}$ 的两段轴颈公共轴线的轴向圆跳动公差为 0.02mm。

(4) 键槽 $10_{-0.036}^{0}$ 的对称中心面对 $\phi 32_{-0.030}^{0}$ 圆柱轴线的对称度公差为 0.015mm。

3-5　将下列各项几何公差要求标注在题图 3-4 中。

(1) 左端面的平面度公差为 0.01mm。

(2) 右端面对左端面的平行度公差为 0.04mm。

(3) $\phi 70$ 孔按 H7 遵守包容要求，$\phi 210$ 外圆柱按 h7 遵守独立原则。

(4) $\phi 70$ 孔的轴线对左端面任意方向的垂直度公差为 0.02mm。

(5) $\phi 210$ 外圆柱的轴线对 $\phi 70$ 孔轴线的同轴度公差为 0.03mm。

(6) $4 \times \phi 20H8$ 孔轴线对左端面（第一基准）及 $\phi 70$ 孔的轴线给定方向的位置度公差为 0.15mm（要求均匀分布），被测轴线位置度公差与 $\phi 20H8$ 孔尺寸公差的关系采用最大实体要求。

题图 3-3

题图 3-4

3-6　将下列各项几何公差要求标注在题图 3-5 中。

(1) $\phi 55k6$、$\phi 60r6$、$\phi 65k6$ 和 $\phi 75k6$ 圆柱都采用包容要求。

(2) 轴段上键槽的对称中心面对 $\phi 55k6$ 圆柱轴线的对称度公差为 0.04mm。

(3) $\phi 60r6$ 圆柱面和 $\phi 80G7$ 孔对 $\phi 65k6$ 和 $\phi 75k6$ 圆柱的公共轴线的径向圆跳动公差为 0.025mm。

(4) F 端面的平面度公差为 0.02mm。

(5) $10 \times \phi 20P8$ 孔对 F 端面及 $\phi 65k6$ 和 $\phi 75k6$ 圆柱的公共轴线的位置度公差为 0.05mm，被测要素的尺寸公差与位置公差的关系采用最大实体要求。

题图 3-5

3-7　将题图 3-6 中的各项几何公差作出解释。

3-8　改正题图 3-7 图样上的几何公差标注的错误。

3-9　题图 3-8 所示（a）、（b）、（c）和（d）、（e）、（f）两组图样的三种标注方法，试分析说明它们所表示的要求有何不同？按题表 3-1 的栏目分别填写。

题图 3-6

题图 3-7

题图 3-8

题表　3-1

图样序号	采用的公差原则	理想边界名称及边界尺寸/mm	最大实体状态下允许的最大几何误差值/mm	最小实体状态下允许的最大几何误差值/mm	实际(组成)要素的尺寸合格范围/mm
(a)					
(b)					
(c)					
(d)					
(e)					
(f)					

第4章 表面粗糙度

4.1 概 述

4.1.1 表面粗糙度的概念

零件表面经过加工后，看起来很光滑，经放大观察却凹凸不平，如图4-1所示。这是因为零件在机械制造过程中，由于刀具或砂轮切削后遗留的刀痕、切屑分离时的材料的塑性变形，以及机床的振动等原因，会使被加工的零件表面产生微小的峰谷。这种加工后的零件表面上，具有的较小间距和微小峰谷所组成的微观几何形状特征称为表面粗糙度，也称为微观不平度。表面粗糙度不同于表面形状误差（主要由机床几何精度方面的误差引起的表面宏观几何形状误差），也不同于表面波纹度（在加工过程中主要由机床-刀具-工件系统的振动、发热、回转体不平衡等因素引起的介于宏观和微观几何形状误差之间的误差）。通常可按波距 λ（波形起伏间距）来区分，波距小于1mm的属于表面粗糙度，波距在 $1\sim10\text{mm}$ 的属于表面波纹度，波距大于10mm的属于形状误差，如图4-2所示。

图 4-1 零件的表面

4.1.2 表面粗糙度对机械零件使用性能的影响

表面粗糙度会影响机械零件的使用性能和寿命，特别是对在高温、高压和高速条件下工作的机械零件影响尤为严重，其影响主要有以下几个方面。

（1）对摩擦和磨损的影响

当两个零件的表面相接触且具有相对运动时，由于峰顶之间的接触作用会产生摩擦阻力，而使零件磨损。因此，零件的表面越粗糙，摩擦阻力就越大，两个相对运动的表面间有效接触面积就越少，导致单位面积压力增大，零件运动的表面磨损就越快。

必须注意，并不是零件表面越光滑磨损量就一定越小。这是因为零件的耐磨性不仅受表面粗糙度的影响，还与磨损下来的金属微粒的润滑以及分子间的吸附作用等因素有关。当零件的表面过于光滑时，不利于在该表面上储存润滑油，易使相互运动的表面间形成半干摩擦

图 4-2　零件表面的几何形状误差

或干摩擦。所以，特别光滑的表面有时反而会加剧磨损。实践证明，磨损量与评定参数 Ra 之间的关系，如图 4-3 所示。

（2）对配合性能的影响

表面粗糙度会影响配合性质的稳定性，进而影响机器或仪器的工作精度和可靠性。对于有相对运动的间隙配合，因粗糙表面轮廓的峰尖在运转时会很快磨损，使得间隙增大；对于过盈配合，粗糙表面轮廓的峰尖在装配时被挤平，使得实际有效过盈量减少，从而降低了连接强度。

（3）对疲劳强度的影响

零件的表面越粗糙，其表面的凹谷越深，波谷的曲率也就越小，应力集中就会越严重。当零件在承受交变载荷时，由于应力集中的影响，使疲劳强度降低，零件疲劳损坏的可能性较大，久而久之会导致零件表面产生裂纹而损坏。

（4）对接触刚度的影响

零件表面越粗糙，两个零件表面间的实际接触面积也就越小，单位面积受力也就越大，这就会使峰尖处的局部塑性变形加剧，接触刚度降低，影响机器的工作精度和抗振性。

图 4-3　磨损量与 Ra 的关系

图 4-4　表面粗糙度对耐蚀性的影响

（5）对耐蚀性的影响

零件表面越粗糙，表面积越大，凹谷越深，即粗糙的表面易使腐蚀性物质附着于表面的凹谷处，并渗入金属内层，造成表面锈蚀加大（腐蚀加剧），如图 4-4 所示。

另外，表面粗糙度对零件结合面的密封性能、流体流动的阻力、机器和仪器外观质量以及表面涂层的质量等都有很大影响。因此，在零件进行几何精度设计时，提出表面粗糙度要求是非常必要的。

4.2　表面粗糙度的评定

4.2.1　有关基本术语（GB/T 3505—2009）

（1）轮廓滤波器

轮廓滤波器是确定粗糙度与波纹度成分之间相交界限的滤波器，是除去某些波长成分而保留所需表面成分的处理方法。当测量信号通过轮廓滤波器后将抑制波纹度的影响。

（2）粗糙度轮廓

粗糙度轮廓是对原始轮廓采用轮廓滤波器抑制长波成分以后形成的轮廓。

（3）粗糙度轮廓中线

用标称形式的线，穿过原始轮廓，按最小二乘法拟合所确定的中线，即轮廓上各点到该线的距离 $Z(x)$ 的平方和为最小的线，称为原始轮廓中线。用轮廓滤波器抑制的长波轮廓成分相对应的中线，称为粗糙度轮廓中线，如图 4-5 所示，即为了定量地评定粗糙度轮廓而确定的一条基准线。

图 4-5　粗糙度轮廓中线

（4）取样长度 lr

在 X 轴方向上用于判别被评定轮廓不规则特征的长度称为取样长度。评定粗糙度的取样长度 lr 在数值上与轮廓滤波器的标志波长相等。规定取样长度的目的在于限制和减弱其他形状误差，特别是表面波纹度轮廓对测量结果的影响。取样长度太长，有可能将表面波纹度的成分引入表面粗糙度结果中；太短，不能反映待测量表面的粗糙度情况。

（5）评定长度 ln

用于判别被评定轮廓的 X 轴方向上的长度称为评定长度。评定长度 ln 包含一个或几个取样长度。这是因为由于零件表面各部分的粗糙度不一定很均匀，在一个取样长度内往往不能合理地反映这些表面的粗糙度特征，故应在其连续几个取样长度内分别测量，取其平均值作为测量结果。常用的取样长度和评定长度与粗糙度高度参数数值的关系，如表 4-1 所示。

表 4-1　取样长度和评定长度与粗糙度高度参数数值的关系

参数及数值/μm		lr/mm	$ln(ln=5lr)$
Ra	Rz		
≥0.008～0.02	≥0.025～0.10	0.08	0.4
>0.02～0.1	>0.10～0.50	0.25	1.25
>0.1～2.0	>0.50～10.0	0.8	4.0
>2.0～10.0	>10.0～50.0	2.5	12.5
>10.0～80.0	>50.0～320	8.0	40.0

4.2.2　表面粗糙度的评定参数

国家标准规定表面粗糙度的参数有两个高度参数（轮廓的算术平均偏差和轮廓的最大高度）和两个附加参数（轮廓单元的平均宽度和轮廓的支承长度率）。

（1）轮廓的算术平均偏差 Ra

Ra 是在一个取样长度 lr 内，轮廓的纵坐标值 $Z(x)$ 绝对值的算术平均值，如图 4-6 所示。

图 4-6　轮廓的算术平均偏差

$$Ra = \frac{1}{lr}\int_1^{lr} |Z(x)| \, \mathrm{d}x \tag{4-1}$$

或

$$Ra = \frac{1}{n}\sum_{i=1}^{n} |Z_i| \tag{4-2}$$

（2）轮廓的最大高度 Rz

Rz 是在一个取样长度 lr 内，最大轮廓峰高 R_p 和最大轮廓谷深 R_v 之和，如图 4-7 所示。

图 4-7　轮廓最大高度

图 4-8　粗糙度的疏密度

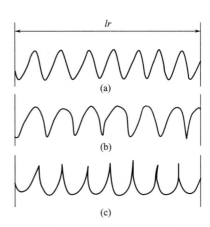

图 4-9　粗糙度的轮廓形状

高度参数是表面粗糙度的基本参数，但仅有高度参数还不能完全反映出零件表面粗糙度的特性。图 4-8 所示为粗糙度的疏密度，图 4-9 所示为粗糙度的轮廓形状。在图 4-8 中，图（a）和图（b）的高度参数值大致相同，但波纹的疏密度不同，因此，其表面特性（如密封性）也不相同。而图 4-9 中的 3 个图形的高度参数也大致相同，但其耐磨性、耐蚀性也不同。所以，当高度参数不能满足零件表面粗糙度要求时，可根据需要选择附加参数。

（3）轮廓单元的平均宽度 Rsm

含有一个轮廓峰高和相邻轮廓谷深的一段中线长度 X_{si}，称为轮廓单元的平均宽度，如图 4-7 所示。在一个取样长度内轮廓单元宽度 X_s 的平均值，就是轮廓单元的平均宽度，即

$$Rsm = \frac{1}{m}\sum_{i=1}^{m}X_{si} \tag{4-3}$$

（4）轮廓的支承长度率 $Rmr（c）$

平行于中线且与轮廓峰顶线相距为 c 的一条直线与轮廓峰相截所得到的各段截线 b_i（图 4-7）之和，称为轮廓的材料实际长度 $Ml(c)$。轮廓材料实际长度 $Ml(c)$ 与评定长度 ln 之比，称为轮廓的支承长度率。即

$$Rmr(c) = \frac{Ml(c)}{ln}\times 100\% = \frac{1}{ln}\sum_{i=1}^{n}b_i \times 100\% \tag{4-4}$$

必须指出，$Rmr(c)$ 的值应对应于不同的截面给出，水平截距 c 可用微米或 c 与 Rz 的比值的百分数表示。另外，轮廓的支承长度率与表面粗糙度的形状有关，它影响表面的耐磨程度。

4.2.3　表面粗糙度的数值规定

国家标准中规定各个评定参数的数值如表 4-2～表 4-6 所示。表 4-2 列出了轮廓的算术平均偏差 Ra 的数值，它是由数系 R10/3（0.012～100μm）所组成。表 4-3 列出了轮廓的最大高度 Rz 的数值，它是由数系 R10/3（0.025～1600μm）所组成。表 4-4 列出了轮廓微观不平度的平均间距，即轮廓单元的平均宽度 Rsm 的数值，它是由数系 R10/3（0.006～12.5mm）所组成。表 4-5 列出了轮廓支承长度率 $Rmr(c)$ 的数值。另外，国家标准对 Ra、Rz 和 Rsm 还规定有补充系列，这里不再阐述。

表 4-2　轮廓的算术平均偏差 Ra 的数值　　　　　μm

Ra	0.012	0.2	3.2	50
	0.0025	0.4	6.3	100
	0.05	0.8	12.5	
	0.1	1.6	25	

表 4-3　轮廓的最大高度 Rz 的数值　　　　　μm

Rz	0.025	0.4	6.3	100	1600
	0.05	0.8	12.5	200	
	0.1	1.6	25	400	
	0.2	3.2	50	800	

表 4-4　轮廓单元的平均宽度 Rsm 的数值　　　　　mm

Rsm	0.006	0.1	1.6
	0.0125	0.2	3.2
	0.025	0.4	6.3
	0.050	0.8	12.5

表 4-5　轮廓的支承长度率 $Rmr（c）$ 的数值　　　　　%

$Rmr(c)$	10	15	20	25	30	40	50	60	70	80	90

4.3　表面粗糙度的选择和标注

4.3.1　表面粗糙度评定参数及数值的选择

（1）评定参数的选择

零件的表面粗糙度对其使用性能的影响是多方面的。因此，在选择表面粗糙度评定参数时，应能充分合理地反映表面微观几何形状的真实情况，对大多数表面来讲，一般只给出高度特征参数即可反映被测表面粗糙的特征。即表面粗糙度参数应从高度参数 Ra、Rz 中选出。只有在高度参数不能满足表面功能要求时，才选用附加间距参数和综合参数，一般不作为独立参数选用。如对于密封性、光滑度有要求的表面，应选用间距参数 Rsm；而对于耐磨性有特殊要求的表面，应选用轮廓的支承长度率 $Rmr(c)$。

一般应优先选用高度参数之一——轮廓的算术平均偏差 Ra。这是因为 Ra 能较客观地反映表面粗糙度特征，而且 Ra 所用的测量仪器（触针式轮廓仪）测量方法简单，测量效率高。因此，在常用的参数值范围内（$Ra=0.025\sim6.3\mu m$，$Rz=0.1\sim25\mu m$），国家标准推荐优先选用 Ra。Rz 常用双管显微镜和干涉显微镜测量。由于 Rz 仅反映峰顶和峰谷两个点，反映出的信息不如 Ra 全面，且测量效率低，因此不常用。采用 Rz 作为评定参数的原因是：一方面，由于触针式轮廓仪功能的限制，不宜对过于粗糙或太光滑的表面进行测量；另一方面，对于测量部位小、峰谷少或有疲劳强度要求的零件表面，选用轮廓的最大高度参数 Rz 来测量，会更方便可靠。

（2）参数值的选择

表面粗糙度的评定参数值国家标准都已标准化，见表 4-2～表 4-5。一般来说，所选的表面粗糙度参数值越小，零件的使用性能越好。但选择的数值越小，其加工工序就多，加工成本就高，经济性能不好。因此，选用参数值的原则是：在满足使用性能要求的前提下，应尽可能选用较大的参数值［轮廓的支承长度率 $Rmr(c)$ 除外］。

在实际工作中，由于表面粗糙度和零件的功能关系非常复杂，根据零件表面的功能要求很难准确地选取粗糙度参数值，因此具体设计时可参照一些已验证的实例，多采用类比法来确定。应考虑以下几点要求。

① 同一零件上，工作表面应比非工作表面的粗糙度参数值小。

② 摩擦表面应比非摩擦表面的粗糙度参数值小；滚动摩擦表面应比滑动摩擦表面的粗糙度参数值小；运动速度高、单位面积压力大的表面，以及受交变应力作用零件的圆角、沟槽的表面粗糙度参数值要小。

③ 配合性质要求越稳定（要求高的结合面、配合间隙小的配合表面以及过盈配合的表面），其配合表面的粗糙度参数值应越小；配合性质相同的零件尺寸越小，其表面粗糙度参数值应越小；同一公差等级的小尺寸比大尺寸、轴比孔的表面粗糙度参数值要小。

④ 表面粗糙度参数值应与尺寸公差及几何公差协调一致。尺寸公差和几何公差小的表面，其表面粗糙度参数值也应小。

⑤ 对密封性、耐蚀性要求高，以及外表要求美观的表面，其表面粗糙度参数值应小。

表 4-6 列出了表面粗糙度的表面特征、经济加工方法和应用实例，表 4-7 列出了轴和孔的表面粗糙度参数推荐值，仅供读者参考。

表 4-6　表面粗糙度的表面特征、经济加工方法及应用实例

表面微观特性		$Ra/\mu m$	$Rz/\mu m$	加工方法	应用举例
粗糙表面	可见刀痕	≤20	≤80	粗车、粗刨、粗铣、钻、毛锉、锯断	半成品粗加工的表面，非配合的加工表面，如轴的端面、倒角、钻孔、齿轮带轮的侧面、键槽底面、垫圈接触面等
半光滑表面	微见刀痕	≤10	≤40	车、铣、刨、镗、钻、粗铰	轴上不安装轴承、齿轮处的非配合面，紧固件的自由装配面，轴和孔的退刀槽
半光滑表面	微见刀痕	≤5	≤20	车、刨、铣、镗、磨、拉、粗刮、液压	半精加工表面，箱体、支架、端盖、套筒等和其他零件结合而无配合要求的表面等
半光滑表面	看不见刀痕	≤2.5	≤10	车、铣、刨、磨、镗、拉、刮、压、铣齿	接近于精加工表面，箱体上安装轴承的镗孔表面，齿轮的工作面
光滑表面	可辨加工痕迹方向	≤1.25	≤6.3	车、镗、磨、拉、刮、精铰、磨齿、滚压	圆柱销、圆锥销、与滚动轴承配合的表面，普通车床导轨面，内、外花键的定心表面
光滑表面	微辨加工痕迹方向	≤0.63	≤3.2	精铰、精镗、磨、刮、滚压	要求配合性质稳定的表面，工作时受交变应力的重要零件的表面，较高精度车床的导轨面
光滑表面	不可辨加工痕迹方向	≤0.32	≤1.6	精磨、珩磨、研磨、超精加工	精密机床主轴锥孔，顶尖圆锥面，发动机曲轴、凸轮轴工作表面，高精度齿轮的齿面
极光滑表面	暗光泽面	≤0.16	≤0.8	精磨、研磨、普通抛光	精密机床主轴轴颈表面，一般量具的工作表面，汽缸套内表面，活塞销表面
极光滑表面	亮光泽面	≤0.08	≤0.4	超精磨、精抛光、镜面磨削	精密机床主轴轴颈表面，滚动轴承的滚珠、高压油泵中柱塞和柱塞套配合的表面
极光滑表面	镜状光泽面	≤0.04	≤0.2	超精磨、精抛光、镜面磨削	精密机床主轴轴颈表面，滚动轴承的滚珠、高压油泵中柱塞和柱塞套配合的表面
极光滑表面	镜面	≤0.01	≤0.05	镜面磨削、超精研	高精度量仪、量块的工作表面，光学仪器中的金属镜面

表 4-7　轴和孔的表面粗糙度参数推荐值

表面特征			$Ra/\mu m$		
	公差等级	表面	公称尺寸		
			≤50mm	>50～500mm	
轻度装卸零件的配合表面，如挂轮、滚刀等	5	轴	0.2	0.4	
		孔	0.4	0.8	
	6	轴	0.4	0.8	
		孔	0.4～0.8	0.8～1.6	
	7	轴	0.4～0.8	0.8～1.6	
		孔	0.8	1.6	
	8	轴	1.6		
		孔	0.8～1.6	1.6～3.2	
	公差等级	表面	公称尺寸		
			≤50mm	>50～120mm	>120～500mm
过盈配合的配合表面 ①装配按机械压入法 ②装配按热处理法	5	轴	0.1～0.2	0.4	0.4
		孔	0.2～0.4	0.8	0.8
	6,7	轴	0.4	0.8	1.6
		孔	0.8	1.6	1.6
	8	轴	0.8	0.8～1.6	1.6～3.2
		孔	1.6	1.6～3.2	1.6～3.2
	—	轴	1.6		
		孔	1.6～3.2		

续表

表面特征		$Ra/\mu m$					
精密定心用配合的零件表面		径 向 跳 动 公 差$/\mu m$					
	表面	2.5	4	6	10	16	25
		$Ra/\mu m$　不大于					
	轴	0.05	0.1	0.1	0.2	0.4	0.8
	孔	0.1	0.2	0.2	0.4	0.8	1.6
滑动轴承的配合表面		公 差 等 级				液体湿摩擦条件	
	表面	6～9		10～12			
		$Ra/\mu m$　不大于					
	轴	0.4～0.8		0.8～3.2		0.1～0.4	
	孔	0.8～1.6		1.6～3.2		0.2～0.8	

4.3.2　表面结构要求在图样上的标注

国家标准 GB/T 131—2006《产品几何技术规范（GPS）技术产品文件中表面结构的表示法》中规定，表面结构是表面粗糙度、表面波纹度、表面缺陷和表面纹理等的总称。表面结构完整图形符号的组成，除了标注出表面结构参数和数值外，必要时需注出补充要求，如取样长度、加工工艺、表面纹理及方向、加工余量等。

（1）表面结构要求的注写位置和图形符号、代号及画法

零件图上要标注表面结构图形符号，用以说明该表面完工后须达到的表面特征。表面结构图形符号及意义，如表 4-8 所示。

表 4-8　表面结构图形符号及意义

图形符号	意义及说明
	基本图形符号：表示表面可用任何方法获得。当不加注粗糙度参数值或有关的说明（例如，表面处理、局部热处理状况等）时，仅适用于简化代号标注
	扩展图形符号：在基本图形符号上加一短横，表示指定表面是用去除材料的方法获得的，例如，车、铣、钻、磨、剪切、抛光、腐蚀、电火花加工、气割等
	扩展图形符号：在基本图形符号上加一个圆圈，表示指定表面是用不去除材料的方法获得的，例如，铸、锻、冲压变形、热轧、冷轧、粉末冶金等。也可用于保持上道工序形成的表面，不管这种状况是通过去除材料或不去除材料形成的
	完整图形符号：在上述三种符号的长边上均可加一横线，用于标注有关参数和说明
	当在图样的某个视图上构成封闭轮廓的各表面有相同的表面结构要求时，在上述三种符号上均可加一个小圆圈，标注在图样中零件的封闭轮廓线上（参见图 4-12）。但如果标注会引起歧义，各表面还是应分别标注

① 表面结构图形符号的画法　如图 4-10 所示，图形符号和附加标注尺寸如表 4-9 所示。

表 4-9　表面结构图形符号和附加标注尺寸　　mm

数字和字母高度 h（见 GB/T 14690）	2.5	3.5	5	7	10	14	20
符号线宽 d' 和字母线宽 d	0.25	0.35	0.5	0.7	1	1.4	2
高度 H_1	3.5	5	7	10	14	20	28
高度 H_2（最小值）①	7.5	10.5	15	21	30	42	60

① H_2 取决于标注内容。

图 4-10　表面结构图形符号的画法　　　　　图 4-11　表面结构图形符号的位置

② 表面结构图形代号中参数代号、有关规定在图形符号中注写的位置　如图 4-11 所示。分别介绍如下。

a. 位置 a：注写表面结构的单一要求，其形式是：传输带或取样长度值/表面结构参数代号 评定长度　极限值。

必须注意以下几点。

ⅰ. 粗糙度轮廓的传输带是由短波轮廓滤波器和中波轮廓滤波器来限定的。传输带的标注为轮廓滤波器的截止波长（mm）范围，短波滤波器（λs）截止波长在前，中波滤波器（λc）截止波长在后，并用连字号"—"隔开。如，$0.008-2.5/Rz$　6.3。国家标准 GB/T 18778.1 中规定，默认传输带的定义是截止波长值 $\lambda c=0.8$mm（中波滤波器）和 $\lambda s=0.0025$mm（短波滤波器），可以省略不标注；标准还指出，中波滤波器的截止波长同时也是取样长度值。传输带波长应标注在参数代号的前面，并用"/"隔开。如，$-0.8/Rz$ 6.3，其中 0.8 既是中波滤波器的截止波长又是取样长度值，单位为 mm。

ⅱ. 当评定长度为默认值（5 个取样长度）时，不需标注评定长度；否则，应在参数代号后面标注其取样长度的个数。如，$Ra3$　3.2，其中要求评定长度为 3 个取样长度。

ⅲ. 为了避免评定长度与极限值引起误解，在参数代号或评定长度等和极限值之间应插入空格。

ⅳ. 当表面结构应用最大规则（GB/T 10610—2009）时，应在参数代号之后标注"max"。如，Ramax　0.8 和 $Rz1$max　3.2。否则，应用 16% 规则（是指所有表面结构要求的默认规则，见 GB/T 1061—2009）。如，Ra　0.8 和 $Rz1$　3.2。

ⅴ. 当表面结构参数只标注参数代号、参数值和传输带时，它们应默认为参数的单向上极限值（16% 规则或最大规则的极限值）；当只标注参数代号、参数值和传输带作为参数的单向下极限值（16% 规则或最大规则的极限值）时，参数代号前应加注"L"。如，L Ra　3.2。

ⅵ. 当在完整符号中表示表面结构参数的双向极限时，应标注极限代号。上极限值注写在上方用"U"表示，下极限值注写在下方用"L"表示，上、下极限值为 16% 规则或最大规则。如果同一参数具有双向极限要求时，在不引起误解的情况下，可以不注写"U"和"L"。

b. 位置 a 和 b：注写两个或多个表面结构要求。当注写多个表面结构要求时，图形符号应在垂直方向上扩大，以空出足够的空间进行标注。

c. 位置 c：注写加工方法、表面处理、涂层或其他加工工艺要求等，如车、磨、镀等加工表面。

d. 位置 d：注写表面加工纹理和方向的符号，如"="表示纹理平行于视图所在的投影面，"⊥"表示纹理垂直于视图所在的投影面，"×"表示纹理呈两斜向交叉且与视图所在的投影面相交，"M"表示纹理呈多方向，"C"表示纹理呈近似同心圆且与表面中心相关，"R"表示纹理呈近似放射状且与表面圆心相关，"P"表示纹理无方向。各种符号的纹理图见国家标准 GB/T 131—2006。

e. 位置 e：注写加工余量（单位为 mm）。

③ 完整图形符号的应用如图 4-12 所示。应注意：图中的表面结构图形符号是指对图形中封闭轮廓的所有表面，即 1～6 个面有共同要求（不包括前后面）。

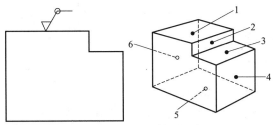

图 4-12　完整图形符号的应用

（2）表面结构代号的含义及解释

一些常见的表面结构参数代号及其含义，如表 4-10 所示。

表 4-10　常见的表面结构参数代号及其含义

符　号	含义及解释
$Rz\ 0.4$	表示表面不允许去除材料，单向上极限值，默认传输带，表面粗糙度轮廓的最大高度为 0.4μm，评定长度为默认的 5 个取样长度，默认的 16％规则
$Rz\ max\ 0.2$	表示表面去除材料，单向上极限值，默认传输带，表面粗糙度轮廓的最大高度为 0.2μm，评定长度为默认的 5 个取样长度，最大规则
$0.008-0.8/Ra\ 6.3$	表示表面去除材料，单向上极限值，传输带为 0.008－0.8mm，表面粗糙度轮廓的算术平均偏差值为 6.3μm，评定长度为默认的 5 个取样长度，默认的 16％规则
$-0.8/Ra3\ 6.3$	表示表面去除材料，单向上极限值，传输带的中波长即取样长度值为 0.8mm（默认 λs 为 0.0025mm），表面粗糙度轮廓的算术平均偏差值为 6.3μm，评定长度为（3×0.8＝2.4mm）3 个取样长度，默认的 16％规则
U $Ra\ max\ 3.2$ L $Ra\ 0.8$	表示表面不允许去除材料，双向极限值，两极限值均使用默认传输带。表面粗糙度轮廓的算术平均偏差：上极限值为 3.2μm，评定长度为默认的 5 个取样长度，最大规则；下极限值为 0.8μm，评定长度为默认的 5 个取样长度，默认的 16％规则

（3）表面结构要求在图样上的标注

国家标准 GB/T 131 中规定的表面结构要求很多，这里仅介绍表面结构中轮廓参数（Ra 和 Rz）在图样上的标注。

当给出表面结构要求时，应标注其参数代号和相应数值。表面结构要求对每一个表面一般只注写一次，并尽可能地注写在相应的尺寸及其公差的同一视图上。所标注的表面结构要求是对完工零件表面的要求。

① 表面结构符号、代号的标注位置与方向。总的原则是使表面结构的注写和读取方向与尺寸的注写和读取方向一致，如图 4-13 所示。代号的注写方向有两种，即水平注写和垂直注写（倒角、倒圆和中心孔等结构除外）。垂直注写是在水平注写的基础上逆时针旋转 90°；对于零件的右侧面、下底面和倾斜表面的轮廓线，必须采用带箭头指引线引出水平折线的注写方式。

图 4-13 表面结构要求的注写方向

图 4-14 在轮廓线上标注的表面结构要求

② 表面结构要求在零件图上的标注。

a. 在轮廓线上或指引线上的标注。表面结构要求可直接标注在轮廓线上，其符号的尖端应从材料外指向零件的表面，并与零件的表面接触。必要时表面结构符号也可用带箭头或黑点的指引线引出水平折线标注，对于零件的轮廓线采用端部为箭头形式的指引线，若是零件的表面则用端部为黑点形式的指引线，如图 4-14 和图 4-15 所示。

图 4-15 用指引线引出标注的表面结构要求

b. 在特征尺寸的尺寸线上的标注。在不致引起误解时，表面结构要求可以标注在给定的尺寸线（常用于小尺寸）上，如图 4-16 所示的键槽两侧面的表面结构要求，图 4-19 所示的倒圆的表面结构要求。

图 4-16 在尺寸线上标注表面结构要求

图 4-17 在几何公差框格上方标注表面结构要求（一）

图 4-18 在几何公差框格上方标注
表面结构要求（二）

图 4-19 在圆柱特征的延长线上标注
表面结构要求（一）

　　c. 在几何公差的框格上的标注。表面结构要求可以标注在几何公差框格的上方，如图 4-17 和图 4-18 所示。

　　d. 在延长线上的标注。表面结构要求可以直接标注在零件几何特征的延长线或尺寸界线上，也可用带箭头的指引线引出水平折线标注，如图 4-14、图 4-19 和图 4-20 所示。

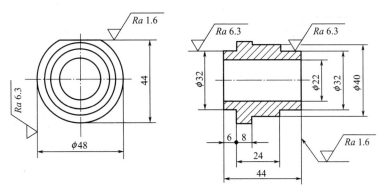

图 4-20　在圆柱特征的延长线上标注表面结构要求（二）

　　e. 在圆柱或棱柱表面上的标注。圆柱和棱柱表面的表面结构要求只注写一次，如果每个棱柱表面有不同的表面结构要求时，则应分别单独注出，如图 4-21 所示。

图 4-21　在圆柱和棱柱表面上标注表面结构要求

图 4-22　全部表面有相同表面结构要求的标注

　　必须指出：对于棱柱棱面的表面结构要求一样只注一次，是指注在棱面具有封闭轮廓的某个视图中，见图 4-12。

　　③ 表面结构要求的简化标注。

　　a. 所有表面有相同表面结构要求的简化标注。当零件全部表面有相同的表面结构要求，其相同的表面结构要求可统一标注在图样的标题栏附近或图形的右下方，与文字说明的技术要求注写位置相同，如图 4-22 所示。

　　b. 多数表面有相同要求的简化标注。当零件的多数表面有相同的表面结构要求，把不同的表面结构要求直接标注在图形中，其相同的表面结构要求可统一标注在图样的标题栏附近或图形的右下方。同时，表面结构要求的符号后面应有下面两种形式之一：在圆括号内给出无任何其他标注的基本图形符号，如图 4-23 所示；或者在圆括号内给出不同的表面结构要求，如图 4-24 所示。

图 4-23　多数表面有相同表面
结构要求的简化标注（一）

图 4-24　多数表面有相同表面结构要求的简化标注（二）

c. 用带字母的完整符号的简化标注。当多数表面有相同的表面结构要求或图纸空间有限时，对有相同的表面结构要求的表面，可用带字母的完整符号，并以等式的形式注在图形或标题栏附近，如图 4-25 所示。

图 4-25　图纸空间有限时的简化标注

d. 只用表面结构符号的简化标注。可用基本图形符号或扩展图形符号，以等式的形式给出对多个表面相同的表面结构要求，如图 4-26 所示。

$$\sqrt{} = \sqrt{Ra\,3.2} \qquad \sqrt{} = \sqrt{Ra\,3.2} \qquad \sqrt{} = \sqrt{Ra\,3.2}$$

(a) 未指定工艺方法　　　　(b) 要求去除材料　　　　(c) 不允许去除材料

图 4-26　只用表面结构符号的简化标注

④ 两种或多种工艺获得的同一表面的注法。由几种不同的工艺方法获得的同一表面，当需要明确每种工艺方法的表面结构要求时，可注在其表示线（粗虚线或粗点画线）上，如图 4-27 和图 4-28 所示。

图 4-27　同时给出镀覆前后表面
结构要求的标注

图 4-28　同一表面多道工序（图中三道）表面
结构要求的标注

⑤ 同一表面上有不同的表面结构要求时，需用细实线画出其分界线，并注出相应的表面结构代号和尺寸范围，如图 4-28 和图 4-29 所示。

图 4-29　同一表面有不同表面结构要求的标注　　　　图 4-30　连续表面的表面结构要求的标注

⑥ 零件上连续表面（如手轮）或重复要素（如孔、槽、齿等）的表面，只标注一个代号，如图 4-30 和图 4-31 所示；不连续的同一表面用细实线连接，只标注一个代号，如图 4-32 所示支座的下底面。

图 4-31　重复表面的表面结构要求的标注　　　　　图 4-32　不连续的同一表面结构要求的标注

注意：齿轮齿面的表面结构代号须注写在分度线上，见图 4-31。

⑦ 沉孔的表面结构要求标注，可以采用图 4-32 所示的形式。

⑧ 螺纹的表面结构要求，可以直接标注在螺纹的尺寸线上，如图 4-33 所示。

图 4-33　螺纹表面的表面结构要求的标注

4.4　表面粗糙度的测量简介

表面粗糙度的测量方法主要有：比较法、光切法、干涉法和针描法四种。

4.4.1　比较法

比较法是将被测要素表面与表面粗糙度样板（图 4-34）直接进行比较，两者的加工方法和材料应尽可能相同，从而用视觉或触觉来直接判断被加工表面的粗糙度。这种方法简单，适用于现场车间使用。但评定的可靠性很大程度上取决于检测人员的经验，仅适用于评定表面粗糙度要求不高的零件。

图 4-34　表面粗糙度样板

4.4.2　光切法

光切法是利用光切原理来测量表面粗糙度的 Rz 值。常用的仪器是光切显微镜（又称双管显微镜），图 4-35 所示为双管显微镜外形图。它可用于测量车、铣、刨及其他类似方法加工的零件表面，也可用于观察木材、纸张、塑料、电镀层等表面的粗糙度。对于大型零件的内表面，可以采用印模法（即用石蜡、塑料或低熔点合金，将被测表面印模下来）印制表面模型，再用光切显微镜对其表面模型进行测量。

图 4-35　双管显微镜外形图　　　　　　　图 4-36　6JA 型干涉显微镜外形图

4.4.3　干涉法

干涉法是利用光波干涉的原理测量表面粗糙度的一种方法。被测表面直接参与光路，用它与标准反射镜比较，以光波波长来度量干涉条纹弯曲程度，从而测得该表面的粗糙度。该方法常用于测量表面粗糙度的 Rz 值，其测量范围是 $0.025 \sim 0.8 \mu m$。常用的仪器是干涉显微镜，图 4-36 所示为 6JA 型干涉显微镜外形图。

4.4.4　针描法

针描法是利用触针直接在被测量零件表面上轻轻划过，从而测量出零件表面粗糙度的一种方法。最常用的仪器是电动轮廓仪，图 4-37 所示为 BCJ-2 型电动轮廓仪的外形图。其原理是将被测量零件放在工作台的 V 形块上，调整零件或驱动箱的倾斜角度，使零件被测表面平行于传感器的滑行方向。调整传感器及触针（材料为金刚石）的高度，使触针与被测零件表面适当接触，利用驱动器以一定的速度带动传感器，此时触针在零件被测表面上滑行，使触针在滑行的同时还沿着轮廓的垂直方向上下运动，触针的运动情况反映了被测零件表面轮廓的情况。这时触针运动的微小变化通过传感器转换成电信号，并经计算和放大处理后由指示表直接显示出表面粗糙度 Ra 值的大小。

图 4-37　BCJ-2 型电动轮廓仪的外形图

　　针描法测量表面粗糙度的最大优点是可以直接读取 Ra 值，测量效率高。此外，它还能完成平面、内（外）圆柱面、圆锥面、球面、任意曲面以及小孔、槽等形状的零件表面的测量。但由于触针与被测零件表面接触应可靠，故需要适当的测量力，这对材料较软或粗糙度 Ra 值很小的零件表面容易产生划痕，且过于光滑的被测表面，由于表面凹谷细小，针尖难以触及凹谷底部，而测量不出轮廓的真实情况。另外，由于触针的针尖圆弧半径的限制，测量过于粗糙的零件表面，则会损伤触针。所以针描法测量零件表面粗糙度 Ra 值的范围一般在 $0.02 \sim 5 \mu m$。

思考题与习题

4-1　表面粗糙度的含义是什么？它与几何形状误差和表面波纹度有何区别？

4-2　表面粗糙度对零件的功能有何影响？

4-3　为什么要规定取样长度和评定长度？二者有何关系？

4-4　国家标准对表面粗糙度规定了哪些参数？它们各有什么特点？

4-5　测量表面粗糙度常用的方法有哪几种？各种测量方法都适用于哪些参数？大致的测量范围是多少？

4-6　选择表面粗糙度参数值是否越小越好，为什么？选择时应考虑哪些问题？

4-7　根据题图 4-1 给出的尺寸公差，确定该零件表面的表面粗糙度参数值，并将其表面粗糙度的代号标注

题图 4-1

在图上。

4-8 解释题图 4-2 所标注的表面结构代号的含义。

题图 4-2

第5章 常用标准件的互换性

5.1 滚动轴承与孔轴结合的互换性

5.1.1 滚动轴承的组成和形式

滚动轴承作为标准件在现代机器中广泛应用，它是依靠主要元件间的滚动接触来支承转动零件的。滚动轴承具有摩擦力小、消耗功率低、启动容易以及更换简便等优点。

滚动轴承一般由内圈、外圈（或上圈、下圈）、滚动体和保持架组成，如图 5-1 所示。内圈与轴颈装配，外圈与外壳孔装配。滚动体是承载并使轴承形成滚动摩擦的元件，它们的尺寸、形状和数量由承载能力和负荷方向等因素决定。保持架的作用是将轴承内滚动体均匀地分开，使每个滚动体轮流承受相等的载荷，并使滚动体在轴承内、外圈滚道间正常滚动。

(a) 向心轴承　(b) 圆锥滚子轴承　(c) 角接触球轴承　(d) 推力轴承

图 5-1　滚动轴承

滚动轴承的形式很多。按滚动体的形状不同，可分为球轴承和滚子轴承；按承受负荷的方向不同，可分为向心轴承和推力轴承。

滚动轴承是具有两种互换性的标准件。滚动轴承内圈与轴颈的配合及滚动轴承外圈与外壳孔的配合应为完全互换，以便于在机器上安装或更换新轴承。考虑到降低加工成本，对滚动轴承内部四个组成部分之间的配合采用不完全互换。

滚动轴承的工作性能和使用寿命，不仅取决于滚动轴承本身的制造精度，还取决于滚动轴承与轴颈和外壳孔的配合性质，以及轴颈和外壳孔的尺寸精度、几何公差、表面粗糙度等因素。

5.1.2 滚动轴承的精度等级及应用

根据 GB/T 307.3—2005《滚动轴承 通用技术规则》按其公称尺寸精度和旋转精度，向心轴承分为 0、6、5、4、2 五个公差等级，依次由低到高，0 级精度最低，2 级精度最高；圆锥滚子轴承分为 0、6x、5、4 四个公差等级；推力轴承分为 0、6、5、4 四个公差等级。

滚动轴承的公称尺寸精度是指轴承内径 d、外径 D、宽度 B 等的制造精度；旋转精度是指轴承内、外圈的径向跳动和轴向跳动，内圈基准端面对内孔的跳动等。

滚动轴承各级公差应用情况如下。

0级通常称为普通级，在机械工程中应用最广。它应用于旋转精度要求不高、中等负荷、中等转速的一般机构中，如普通电动机、水泵、压缩机、减速器的旋转机构，普通机床、汽车、拖拉机的变速机构等。

6级轴承应用于旋转精度和转速较高的旋转机构中，如普通机床的主轴轴承，精密机床传动轴使用的轴承等。

5、4级轴承应用于旋转精度高、转速高的旋转机构中，如精密机床、精密丝杠车床的主轴轴承，精密仪器和机械使用的轴承等。

2级轴承应用于旋转精度和转速很高的旋转机构中，如精密坐标镗床和高精度齿轮磨床的主轴轴承等。

5.1.3　滚动轴承与轴颈、外壳孔的配合特点及选择

（1）滚动轴承内、外径的公差带及其特点

① 滚动轴承配合的基准制　由于滚动轴承是标准件，为了便于互换，国家标准规定：滚动轴承的内圈与轴颈采用基孔制配合，滚动轴承的外圈与外壳孔采用基轴制配合。

② 滚动轴承内径的公差带及其特点　滚动轴承内圈通常与轴一起旋转。为防止内圈和轴颈之间的配合产生相对滑动而导致结合面磨损，影响轴承的工作性能，因此要求两者的配合具有一定的过盈量，但由于内圈是薄壁零件，容易弹性变形胀大，且一定时间后又要拆换，故过盈量不能太大。

如果采用基孔制的过盈配合，过盈量太大；而采用过渡配合，又可能出现间隙，不能保证具有一定的过盈量，因而不能满足轴承的工作需要；若采用非标准配合，则又违反了标准化和互换性原则。因此，GB/T 307.1—2005《滚动轴承　向心轴承　公差》规定：滚动轴承内圈公差带位于零线以下，即上极限偏差为零，下极限偏差为负值，如图5-2所示。这样，轴承内圈与一般过渡配合的轴相配时，不但能保证获得不大的过盈量，而且还不会出现间隙，从而满足了轴承内圈与轴的配合要求，同时又可按标准偏差来加工轴。

图5-2　滚动轴承内、外径公差带

③ 滚动轴承外径的公差带及其特点　滚动轴承的外圈与外壳孔的配合采用基轴制，即以轴承的外径尺寸为基准。因轴承外圈安装在外壳孔中，通常不旋转，但考虑到工作时温度升高会使轴热膨胀而产生轴向延伸，因此两端轴承中应有一端采用游动支承，可使轴承外圈与外壳孔的配合稍微松一点，使之能补偿轴的热胀伸长量；否则，轴会产生弯曲，致使内部卡死，影响正常运转。滚动轴承的外圈与外壳孔两者之间的配合不要求太紧，公差带仍遵循一般基准轴的规定，分布在零线下方，即上极限偏差为零，下极限偏差为负值，它与基本偏差为h的公差带相类似，但由于轴承精度要求较高，其外径尺寸的公差值比基准轴的尺寸公差值相对略小一些，如图5-2所示。

（2）轴颈和外壳孔的公差带

由于轴承内径和外径本身的公差带在轴承制造时已确定，因此轴承内圈和轴颈、外圈和外壳孔的配合性质，要由轴颈和外壳孔的公差带决定，即轴承配合的选择实际上是确定轴颈和外壳孔的公差带。GB/T 275《滚动轴承与轴和外壳的配合》对与 0 级和 6(6x) 级轴承配合的轴颈规定了 17 种公差带，对外壳孔规定了 16 种公差带，如图 5-3 所示。与各级精度滚动轴承相配合的轴颈和外壳孔的公差带，见表 5-1。

图 5-3　与滚动轴承配合的轴颈和外壳孔的常用公差带

表 5-1　与各级精度滚动轴承相配合的轴颈和外壳孔的公差带

公差等级	轴颈公差带		外壳孔的公差带		
	过渡配合	过盈配合	间隙配合	过渡配合	过盈配合
0	h9 h8 g6、h6、j6、js6 g5、h5、j5	r7 k6、m6、n6、p6、r6 k5、m5	H8 G7、H7 H6	J7、JS7、K7、M7、N7 J6、JS6、K6、M6、N6	P7 P6
6	g6、h6、j6、js6 g5、h5、js5	r7 k6、m6、n6、p6、r6 k5、m5	H8 G7、H7 H6	J7、JS7、K7、M7、N7 J6、JS6、K6、M6、N6	P7 P6
5	h5、j5、js5	k6、m6 k5、m5	G6、H6	JS6、K6、M6 JS5、K5、M5	
4	h5、js5 h4、js4	k5、m5 k4	H5	K6 JS5、K5、M5	
2	h3、js3		H4 H3	JS4、K4 JS3	

注：1. 孔 N6 与 0 级轴承（外径 D<150mm）和 6 级轴承（外径 D<315mm）的配合为过盈配合。

2. 轴 r6 用于内径 120mm<d≤500mm；轴 r7 用于内径 180mm<d≤500mm。

　　由图 5-3 可以看出，轴承内圈与轴颈的配合比《极限与配合》国家标准中基孔制同名配合偏紧一些，轴承外圈与外壳孔的配合与国家标准中的基轴制同名配合相比，配合性质没有改变，但也不完全相同。

　　（3）滚动轴承配合的选择

　　正确地选择滚动轴承的配合，对保证机器正常运转、提高轴承的使用寿命、充分发挥其承载能力影响很大。选择轴承配合时，应综合考虑轴承负荷的类型和大小、温度条件、轴承尺寸的大小、轴承游隙、轴承安装和拆卸等影响因素。

　　① 轴承套圈承受的负荷类型　　根据作用于轴承的合成径向负荷对套圈（内圈和外圈）的相对运动情况不同，将负荷分为固定负荷、旋转负荷和摆动负荷三种类型，如图 5-4 所示。

(a) 内圈承受旋转负荷，　　(b) 内圈承受固定负荷，　　(c) 内圈承受旋转负荷，　　(d) 内圈承受摆动负荷，
　　外圈承受固定负荷　　　　外圈承受旋转负荷　　　　外圈承受摆动负荷　　　　外圈承受旋转负荷

图 5-4　轴承套圈承受的负荷类型

　　a. 固定负荷。作用于轴承上的合成径向负荷与套圈相对静止，即负荷方向始终不变地作用在套圈滚道的局部区域上，这种负荷称为固定负荷。如图 5-4(a) 所示的不旋转的外圈和图 5-4(b) 所示的不旋转的内圈，它们均受到固定的径向负荷 F_r 的作用。如减速器转轴两端的滚动轴承的外圈，汽车、拖拉机车轮轮毂中滚动轴承的内圈，都是承受固定负荷的典型实例。

　　固定负荷的受力特点是负荷作用集中，套圈滚道局部区域容易产生磨损。为了保证套圈滚道的磨损均匀，当套圈承受固定负荷时，该套圈与轴颈或外壳孔的配合应稍松些，可选较松的过渡配合或间隙较小的间隙配合，以便在摩擦力矩的带动下，它们之间可以做非常缓慢的相对滑动，从而避免套圈滚道局部磨损，延长轴承的使用寿命。

　　b. 旋转负荷。作用于轴承上的合成径向负荷与套圈相对旋转，即合成负荷依次作用在套圈滚道的整个圆周上，这种负荷称为旋转负荷。如图 5-4(a) 所示的旋转的内圈和图 5-4(b) 所示的旋转的外圈，都承受旋转负荷。如减速器转轴两端滚动轴承的内圈，汽车、拖拉机车轮轮毂中滚动轴承的外圈，都是承受旋转负荷的典型实例。

　　旋转负荷的受力特点是负荷连续作用，套圈滚道产生均匀磨损。因此，承受旋转负荷的套圈与轴颈或外壳孔的配合应稍紧一些，可选过盈配合或较紧的过渡配合，保证它们能固定成一体，以避免它们之间产生相对滑动，使配合面发热加快磨损。其过盈量的大小，以不使套圈与轴颈或外壳孔的配合表面间产生"爬行现象"为原则。

　　c. 摆动负荷。作用于轴承上的合成径向负荷与套圈在一定区域内相对摆动，即合成径向负荷按一定规律变化，往复作用在套圈滚道的局部圆周上，这种负荷称为摆动负荷。如图 5-4(c) 和图 5-4(d) 所示，轴承套圈受到一个大小和方向均固定的径向负荷 F_r 和一个旋转的径向负荷 F_c 的作用，两者合成的径向负荷大小将由小到大，再由大到小，周期性地变化。由图 5-5 可知，当 $F_r > F_c$ 时，合成负荷就在 AB 区域内摆动，不旋转的套圈就相对于合成负荷方向摆动，而旋转的套圈就相对于合成负荷方向旋转；当 $F_r < F_c$ 时，合成负荷沿整个圆周变动，因此不旋转的套圈就承受旋转负荷，而旋转的套圈承受摆动负荷。

　　承受摆动负荷的套圈配合的松紧度应介于固定负荷和旋转负荷之间。

② 负荷的大小　滚动轴承套圈与轴颈和外壳孔的配合，与轴承套圈所承受的负荷大小有关。国家标准 GB/T 275 中规定，根据轴承径向当量动负荷 P_r 与径向额定动负荷 C_r 的关系，将径向当量动负荷 P_r 分为轻负荷、正常负荷和重负荷三种类型。当 $P_r \leqslant 0.07C_r$ 时，称为轻负荷；当 $0.07C_r < P_r \leqslant 0.15C_r$ 时，称为正常负荷；当 $P_r > 0.15C_r$ 时，称为重负荷。

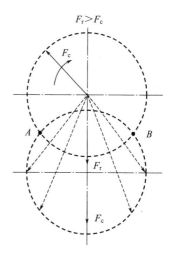

图 5-5　摆动负荷

轴承在重负荷和冲击负荷的作用下，套圈容易产生变形，使配合面受力不均匀，引起配合松动，影响轴承的工作性能。因此，负荷越大，过盈量应越大，且承受变化负荷的配合应比承受平稳负荷的配合紧一些。

③ 工作温度的影响　轴承工作时，因摩擦发热及其他热源的影响，套圈的温度会高于相配件的温度，内圈的热膨胀使之与轴颈的配合变松，而外圈的热膨胀则使之与外壳孔的配合变紧。因此，当轴承工作温度高于 100℃ 时，应对所选的配合进行适当的修正，以保证轴承的正常运转。

④ 轴承工作时的微量轴向移动　轴承组件在运转过程中易受热而使轴产生微量伸长。为了避免安装着不可分离型轴承的轴因受热伸长而产生弯曲，轴承外圈与外壳孔的配合应松一些，使轴受热后能够自由地轴向移动。并且，在轴承外圈端面与端盖端面之间留有适当的轴向间隙，以允许轴带动轴承一起做微量的轴向移动。

⑤ 轴承径向游隙的大小　GB/T 4604.1—2012《滚动轴承　游隙　第 1 部分：向心轴承的径向游隙》规定，轴承的径向游隙分为五组：2 组、0 组、3 组、4 组和 5 组，游隙依次由小到大。

在轴承设计时，应选用合适的游隙大小。如果游隙过大，会使轴发生径向与轴向跳动，还会使轴承产生振动和噪声。反过来，如果游隙过小，会使轴承滚动体与套圈产生较大的接触应力，轴承摩擦生热，从而降低轴承的使用寿命。

对于一般的运转条件，常温状态及常用的过盈配合，一般选用 0 组径向游隙值。如果采用较紧配合，为了降低摩擦力矩、补偿变形而引起的游隙过小，需要选用大一些的游隙值，即采用 3 组、4 组或 5 组径向游隙值。

⑥ 其他因素的影响

a. 轴承尺寸的大小。随着轴承尺寸的增大，采用过盈配合时，过盈量应较大；采用间隙配合时，间隙量应较大。

b. 旋转精度及旋转速度的影响。对负荷较大且旋转精度要求较高的轴承，为消除弹性变形和振动的影响，旋转套圈应避免采用间隙配合，但也不宜过紧；当轴承的旋转速度较高，且又在冲击负荷下工作时，轴承与轴颈及外壳孔的配合最好都选用具有较小过盈的配合；轴承转速越高，配合应越紧。

c. 轴承的安装与拆卸。为了方便轴承的安装与拆卸，应考虑采用较松的配合。如要求装拆方便但又要有较紧的配合时，可采用分离式轴承，或内圈带锥孔、带紧定套或退卸套的轴承。

d. 公差等级的协调。当机器要求有较高的旋转精度时，要选择较高公差等级的轴承，与轴承配合的轴颈和外壳孔也要选择较高的公差等级。例如与 0 级轴承配合的轴颈一般选 IT6，外壳孔一般选 IT7；对旋转精度和运转平稳性有较高要求的场合（如电动机），使用 6 级轴承，则轴颈一般选 IT5，外壳孔一般选 IT6。

综上所述，影响滚动轴承配合的因素很多，通常难以用计算法确定，所以实际生产中可采用类比法选择轴承的配合。类比法确定轴颈和外壳孔的公差带时，可参照表 5-2～表 5-5 所列条件进行选择。

表 5-2　向心轴承和轴的配合及轴公差带代号（摘自 GB/T 275—1993）

圆柱孔轴承					
运转状态		负荷状态	深沟球轴承、调心轴承和角接触轴承	圆柱滚子轴承和圆锥滚子轴承	调心滚子轴承	公差带
说明	举例		轴承公称内径/mm			
旋转的内圈负荷及摆动负荷	一般通用机械、电动机、机床主轴、泵、内燃机、正齿轮传动装置、铁路机车车辆轴箱、破碎机等	轻负荷	≤18 >18~100 >100~200 —	— ≤40 >40~140 >140~200	— ≤40 >40~140 >140~200	h5 j6① k6① m6①
		正常负荷	≤18 >18~100 >100~140 >140~200 >200~280	— ≤40 >40~100 >100~140 >140~200 >200~400	— ≤40 >40~65 >65~100 >100~140 >140~280 >280~500	j5,js5 k5② m5② m6 n6 p6③ r6
		重负荷	>50~140 >140~200 >200 —	>50~100 >100~140 >140~200 >200		n6 p6 r6 r7
固定的内圈负荷	静止轴上的各种轮子、张紧轮、绳轮、振动筛、惯性振动器等	所有负荷	所有尺寸			f6 g6① h6 j6
仅有轴向负荷			所有尺寸			j6、js6
圆锥孔轴承					
所有负荷	铁路机车车辆轴箱等		装在退卸套上的所有尺寸			h8(IT6)④⑤
	一般机械传动		装在紧定套上的所有尺寸			h9(IT7)④⑤

① 对精度有较高要求的场合，应选用 j5、k5 等分别代替 j6、k6 等。
② 圆锥滚子轴承和单列角接触轴承配合对游隙影响不大，可用 k6、m6 分别代替 k5、m5。
③ 重负荷下轴承游隙应选大于 0 组。
④ 凡有较高精度或转速要求的场合，应选用 h7(IT5) 代替 h8(IT6)。
⑤ IT6、IT7 表示圆柱度公差数值。

表 5-3　向心轴承和外壳的配合及孔公差带代号（摘自 GB/T 275—1993）

运转状态		负荷状态	其他状态	公差带①	
说明	举例			球轴承	滚子轴承
固定的外圈负荷	一般机械、铁路机车车辆轴箱、电动机、泵、曲轴主轴承等	轻、正常、重	轴向易移动，可采用剖分式外壳	H7、G7②	
		冲击	轴向能移动，可采用整体或剖分式外壳	J7、JS7	
摆动负荷		轻、正常			
		正常、重		K7	
		冲击		M7	
旋转的外圈负荷	张紧滑轮、轮毂轴承等	轻	轴向不移动，采用整体式外壳	J7	K7
		正常		K7、M7	M7、N7
		重			N7、P7

① 并列公差带随尺寸的增大从左至右选择，对旋转精度要求较高时，可相应提高一个公差等级。
② 不适用于剖分式外壳。

表 5-4　推力轴承和轴的配合及轴公差带代号（摘自 GB/T 275—1993）

运转状态	负荷状态	推力球轴承和推力滚子轴承	推力调心滚子轴承[1]	公差带
		轴承公称内径/mm		
仅有轴向负荷		所有尺寸		j6,js6
固定的轴圈负荷	径向和轴向联合负荷	—	≤250	j6
		—	>250	js6
旋转的轴圈负荷或摆动负荷		—	≤200	k6[2]
		—	>200~400	m6
		—	>400	n6

① 包括推力圆锥滚子轴承、推力角接触球轴承。
② 要求较小过盈时，可用 j6、k6、m6 分别代替 k6、m6、n6。

表 5-5　推力轴承和外壳的配合及孔公差带代号（摘自 GB/T 275—1993）

运转状态	负荷状态	轴承类型	公差带	备　注
仅有轴向负荷		推力球轴承	H8	
		推力圆柱、圆锥滚子轴承	H7	
		推力调心滚子轴承	—	外壳孔与座圈间间隙为 0.001D（D 为轴承公称外径）
固定的座圈负荷	径向和轴向联合负荷	推力角接触球轴承、推力调心滚子轴承、推力圆锥滚子轴承	H7	
旋转的座圈负荷或摆动负荷			K7	普通使用条件
			M7	有较大径向负荷时

（4）配合面及端面的几何公差和表面粗糙度

　　轴颈和外壳孔的公差带确定以后，为了保证轴承的工作性能，还应对它们分别规定几何公差和表面粗糙度要求，具体数值可以参照表 5-6 和表 5-7 选取。

表 5-6　轴颈和外壳孔的几何公差（摘自 GB/T 275—1993）

公称尺寸/mm		圆柱度 t				轴向圆跳动 t_1			
		轴颈		外壳孔		轴颈		外壳孔	
		轴承公差等级							
		0	6(6x)	0	6(6x)	0	6(6x)	0	6(6x)
大于	至	公差值/μm							
	6	2.5	1.5	4	2.5	5	3	8	5
6	10	2.5	1.5	4	2.5	6	4	10	6
10	18	3.0	2.0	5	3.0	8	5	12	8
18	30	4.0	2.5	6	4.0	10	6	15	10
30	50	4.0	2.5	7	4.0	12	8	20	12
50	80	5.0	3.0	8	5.0	15	10	25	15
80	120	6.0	4.0	10	6.0	15	10	25	15
120	180	8.0	5.0	12	8.0	20	12	30	20
180	250	10.0	7.0	14	10.0	20	12	30	20
250	315	12.0	8.0	16	12.0	25	15	40	25
315	400	13.0	9.0	18	13.0	25	15	40	25
400	500	15.0	10.0	20	15.0	25	15	40	25

表 5-7　　配合面的表面粗糙度（摘自 GB/T 275—1993）　　　　　　μm

轴 或 轴承座 直径/mm		轴或外壳配合表面直径公差等级								
		IT7			IT6			IT5		
		表面粗糙度								
大于	至	Rz	Ra		Rz	Ra		Rz	Ra	
			磨	车		磨	车		磨	车
	80	10	1.6	3.2	6.3	0.8	1.6	4	0.4	0.8
80	500	16	1.6	3.2	10	1.6	3.2	6.3	0.8	1.6
端面		25	3.2	6.3	25	3.2	6.3	10	1.6	3.2

① 配合面及端面的几何公差　因轴承套圈为薄壁件，装配后靠轴颈和外壳孔来矫正。无论轴颈或外壳孔，若存在较大的形状误差，则轴承与它们安装后，套圈会因此而产生变形。为保证轴承正常工作，应对轴颈和外壳孔提出圆柱度公差要求。

轴肩和外壳孔肩的端面是安装轴承的轴向定位面，若它们存在较大的轴向跳动，轴承安装后会产生歪斜。因而导致滚动体与滚道接触不良，轴承旋转时引起噪声和振动，影响运动精度，造成局部磨损，所以应规定轴肩和外壳孔肩端面对基准轴线的轴向圆跳动公差。

② 配合面及端面的表面粗糙度　表面粗糙度的大小直接影响配合的性质和连接强度。因此，凡是与轴承内、外圈配合的表面通常都有较高的粗糙度要求。

【例 5-1】　如图 5-6 所示，有一 0 级 6211 深沟球轴承（内径 $\phi55$mm，外径 $\phi100$mm，径向额定动负荷 $C_r=19700$N）应用于闭式传动的减速器中。其工作情况为：外圈固定不动，内圈随轴旋转，承受的固定径向当量动负荷 $P_r=1200$N。试确定轴颈和外壳孔的公差带、几何公差、表面粗糙度，并在图样上标出。

解：① 因该减速器选用的是 0 级 6211 深沟球轴承，径向额定动负荷 $C_r=19700$N，径向当量动负荷 $P_r=1200$N$\leqslant0.07C_r=1379$N，所以轴承承受轻负荷。

由表 5-2、表 5-3 查得：轴颈公差带为 $\phi55$j6，外壳孔公差带为 $\phi100$H7，装配图上的标注如图 5-7 所示。

图 5-6　轴承装配图

图 5-7　轴承装配图上标注示例

② 查表 1-6 和表 1-7 得：轴颈为 $\phi55$j6 $\left(^{+0.012}_{-0.007}\right)$，外壳孔为 $\phi100$H7 $\left(^{+0.035}_{0}\right)$。

由表 5-6 查得：轴颈的圆柱度公差值为 0.005mm，轴肩的圆跳动公差为 0.015mm，外壳孔的圆柱度公差值为 0.010mm，孔肩的圆跳动公差为 0.025mm。

由表 5-7 查得：轴颈 $Ra\leqslant0.8\mu$m，外壳孔 $Ra\leqslant1.6\mu$m，轴肩端面 $Ra\leqslant3.2\mu$m，孔肩端面 $Ra\leqslant3.2\mu$m。

标注如图 5-8 和图 5-9 所示。

图 5-8　轴颈零件图标注示例

图 5-9　外壳零件图标注示例

5.2　螺纹连接的互换性

5.2.1　概述

（1）螺纹的分类及使用要求

螺纹连接在工业生产和日常生活中应用极为广泛，互换程度要求较高。螺纹按用途可分为如下三类。

① 紧固螺纹　主要用于连接和紧固各种机械零件，如米制普通螺纹、螺母等。其主要的使用要求是良好的旋合性和足够的连接强度。

② 传动螺纹　主要用于传递动力和位移，如机床传动丝杠、千斤顶的起重螺杆等。其主要的使用要求是传递动力可靠和传动比稳定。

③ 紧密螺纹　主要用于使两个零件紧密连接而无泄漏地结合，如管螺纹。其主要的使用要求是结合紧密和密封性好。

（2）螺纹的基本牙型及主要几何参数

按国家标准 GB/T 192—2003《普通螺纹　基本牙型》规定，米制普通螺纹的基本牙型，如图 5-10 所示（图中粗实线）。普通螺纹的基本牙型是在高为 H 的正三角形（即原始三角形）上截去顶部（$H/8$）和底部（$H/4$）而形成的。基本牙型是普通螺纹的理论牙型，该牙型的尺寸都是基本尺寸。

图 5-10　普通螺纹的基本牙型

普通螺纹的主要几何参数如下。

① 基本大径 D（d）　即公称直径，是指与外螺纹牙顶或内螺纹牙底相切假想圆柱的直径，内、外螺纹基本大径的尺寸分别用符号 D 和 d 表示。

② 基本小径 D_1（d_1）　是指与外螺纹牙底或内螺纹牙顶相切假想圆柱的直径。内、外螺纹基本小径的尺寸分别用 D_1 和 d_1 表示，外螺纹的基本大径和内螺纹的基本小径统称顶径，外螺纹的基本小径和内螺纹的基本大径统称底径。

③ 基本中径 D_2（d_2）　是在基本大径和基本小径之间的假想圆柱的直径，该圆柱的母线通过牙型上沟槽和凸起宽度相等的地方，如图 5-11 所示。该假想圆柱称为中径圆柱，内、外螺纹基本中径的尺寸分别用符号 D_2 和 d_2 表示，基本中径在螺纹公差中是一个重要的参数。

图 5-11　基本中径与单一中径
P—基本螺距；ΔP—螺距误差

④ 单一中径　也是一个假想圆柱的直径，该圆柱的母线通过牙型上沟槽的宽度等于 1/2 基本螺距的地方，如图 5-11 所示。

当螺距无误差时，基本中径等于单一中径；如螺距有误差，则二者不相等。通常把单一中径近似看做实际中径。

⑤ 作用中径　是指在规定的旋合长度内，恰好包容实际螺纹的一个假想理想螺纹的中径，这个假想螺纹具有基本牙型的螺距、半角以及牙型高度，并在牙顶和牙底留有间隙，以保证不与实际螺纹的大、小径发生干涉。外螺纹的作用中径，如图 5-12 所示。

图 5-12　外螺纹的作用中径

⑥ 螺距 P 和导程 Ph　螺距是指螺纹相邻两牙在中径线上对应两点间的轴向距离。导程是指同一条螺旋线上的相邻两牙在中径线上对应两点间的轴向距离。对单线螺纹，导程等于螺距，即 $Ph = P$；对多线螺纹，导程等于线数（代号为 n）乘以螺距，即 $Ph = nP$。

螺距的大小决定了螺纹牙侧的轴向位置，螺距误差直接影响螺纹的旋合性和传动精度，因此，螺距是螺纹公差的主要参数之一。

⑦ 牙型角 α 和牙型半角 $\alpha/2$　牙型角是指在螺纹牙型上，相邻两牙侧间的夹角。对于米制普通螺纹，牙型角 $\alpha = 60°$；牙型半角是指在螺纹牙型上，牙侧与螺纹轴线垂线间的夹角（图 5-10）。

在螺纹连接中，牙型半角误差会直接影响螺纹的旋合性和接触性，因此也是螺纹公差的主要参数之一。

⑧ 螺纹的旋合长度　是指两个相互旋合的内、外螺纹沿螺纹轴线方向相互旋合部分的长度。

⑨ 螺纹最大、最小实体牙型　螺纹最大实体牙型是由设计牙型和各直径的基本偏差、公差所决定的最大实体状态下的螺纹牙型。对于普通外螺纹，它是基本牙型的三个基本直径分别减去基本偏差（上极限偏差 es）后所形成的牙型。对于普通内螺纹，它是基本牙型的三个基本直径分别加上基本偏差（下极限偏差 EI）后所形成的牙型。

螺纹最小实体牙型是由设计牙型和各直径的基本偏差、公差所决定的最小实体状态下的螺纹牙型。对于普通外螺纹，它是在最大实体牙型的顶径和中径上分别减去它们的顶径公差和中径公差（底径未做规定）后所形成的牙型。对于普通内螺纹，它是在最大实体牙型的顶径和中径上分别加上它们的顶径公差和中径公差（底径未做规定）后所形成的牙型。

5.2.2　螺纹几何参数公差原则的选用

对于螺纹连接，其互换性要求是必须保证良好的旋合性和足够的连接强度。影响螺纹互换性的主要几何参数有中径偏差、螺距偏差和牙型半角误差，它们之间的关系可用公差原则来分别处理。

对精密螺纹，如丝杠、螺纹量规、测微螺纹等，为满足其功能要求，应对螺距、半角和中径分别规定较严的公差，即按独立原则对待。

对紧固连接用的普通螺纹，主要是要求保证可旋合性和一定的连接强度，故应采用公差原则中的包容原则来处理，即对这种用量极大的螺纹，国家标准中只规定中径公差，而螺距偏差和半角误差都由中径公差来综合控制。或者说，是用中径极限偏差构成的牙廓最大实体边界来限制以螺距偏差及半角误差形式出现的几何误差。检测时，应采用螺纹综合量规来体现最大实体边界，控制含有螺距偏差和半角误差的螺纹作用中径（$D_{2作用}$、$d_{2作用}$）。当有螺距偏差和半角误差时，内螺纹的作用中径小于实际中径，外螺纹的作用中径大于实际中径；当没有螺距偏差和半角误差时，实际中径就是作用中径，即

$$d_{2作用} = d_{2实际} + (f_P + f_{\alpha/2}) \tag{5-1}$$

$$D_{2作用} = D_{2实际} - (f_P + f_{\alpha/2}) \tag{5-2}$$

式中　f_P，$f_{\alpha/2}$——螺距偏差、半角误差在中径上造成的影响。

螺纹的基本大径和基本小径，主要是要求旋合时不发生干涉。国家标准对外螺纹基本大径 d 和内螺纹基本小径 D_1，规定了较大的公差值；对外螺纹基本小径 d_1 和内螺纹基本大径 D，没有规定公差值。这是由于底径在加工时和中径一起由刀具切出，其尺寸由刀具保证，在正常情况下，外螺纹基本小径 d_1 不会过小，内螺纹基本大径 D 不会过大。因此，国家标准没有对其规定具体公差等级，而只规定内、外螺纹牙底的实际轮廓不得超越按基本偏差所确定的最大实体牙型，即保证旋合时不会发生干涉。

5.2.3　普通螺纹的公差与配合

普通螺纹的配合由内、外螺纹公差带组合而成，国家标准 GB/T 197—2003《普通螺纹公差》规定了螺纹顶径和中径公差带，普通螺纹的公差带与尺寸公差带一样，其大小由公差等级决定，而位置由基本偏差决定。

（1）普通螺纹的公差带

① 螺纹的公差等级　如表 5-8 所示，其中 6 级是基本级，3 级公差值最小，精度最高，9 级精度最低，各级公差值见表 5-9 和表 5-10。在同一公差等级中，由于内螺纹的加工比较困难，内螺纹顶径公差比外螺纹顶径公差大 25％～32％，内螺纹中径公差比外螺纹中径公差大 32％左右，以满足工艺等价原则。

表 5-8　螺纹公差等级（摘自 GB/T 197—2003）

螺纹直径	公差等级	螺纹直径	公差等级
内螺纹基本小径 D_1	4,5,6,7,8	外螺纹基本中径 d_2	3,4,5,6,7,8,9
内螺纹基本中径 D_2	4,5,6,7,8	外螺纹基本大径 d	4,6,8

表 5-9　普通螺纹的顶径公差（摘自 GB/T 197—2003）　　　μm

螺距 P/mm	内螺纹小径公差 T_{D_1}					外螺纹大径公差 T_d		
	公差等级					公差等级		
	4	5	6	7	8	4	6	8
1	150	190	236	300	375	112	180	280
1.25	170	212	265	335	425	132	212	335
1.5	190	236	300	375	485	150	236	375
1.75	212	265	335	425	530	170	265	425
2	236	300	375	475	600	180	280	450
2.5	280	355	450	560	710	212	335	530
3	315	400	500	630	800	236	375	600
3.5	355	450	560	710	900	265	425	670
4	375	475	600	750	950	300	475	750

表 5-10　普通螺纹的中径公差（摘自 GB/T 197—2003）　　　μm

基本大径 D/mm		螺距 P/mm	内螺纹中径公差 T_{D_2}					外螺纹中径公差 T_{d_2}						
大于	小于等于		公差等级					公差等级						
			4	5	6	7	8	3	4	5	6	7	8	9
5.6	11.2	0.75	85	106	132	170	—	50	63	80	100	125	—	—
		1	95	118	150	190	236	56	71	90	112	140	180	224
		1.25	100	125	160	200	250	60	75	95	118	150	190	236
		1.5	112	140	180	224	280	67	85	106	132	170	212	295
11.2	22.4	1	100	125	160	200	250	60	75	95	118	150	190	236
		1.25	112	140	180	224	280	67	85	106	132	170	212	265
		1.5	118	150	190	236	300	71	90	112	140	180	224	280
		1.75	125	160	200	250	315	75	95	118	150	190	236	300
		2	132	170	212	265	335	80	100	125	160	200	250	315
		2.5	140	180	224	280	355	85	106	132	170	212	265	335
22.4	45	1	106	132	170	212	—	63	80	100	125	160	200	250
		1.5	125	160	200	250	315	75	95	118	150	190	236	300
		2	140	180	224	280	355	85	106	132	170	212	265	335
		3	170	212	265	335	425	100	125	160	200	250	315	400
		3.5	180	224	280	355	450	106	132	170	212	265	335	425
		4	190	236	300	375	475	112	140	180	224	280	355	450
		4.5	200	250	315	400	500	118	150	190	236	300	375	475

② 螺纹的基本偏差　是指靠近零线的那个极限偏差。GB/T 197—2003 对内螺纹规定了 G、H 两种基本偏差代号，其公差带在零线以上，基本偏差为下极限偏差 EI，如图 5-13 所示。国家标准对外螺纹规定了 e、f、g、h 四种基本偏差代号，其公差带在零线以下，基本偏差为上极限偏差 es，如图 5-14 所示。各基本偏差的数值如表 5-11 所示，其中，H 和 h 的基本偏差为零。

(a) 公差带位置为G　　　　　　　　　　(b) 公差带位置为H

图 5-13　内螺纹的公差带位置

(a) 公差带位置为e、f和g　　　　　　　　　(b) 公差带位置为h

图 5-14　外螺纹的公差带位置

表 5-11　普通螺纹的基本偏差（摘自 GB/T 197—2003）　　　　　μm

螺距 P/mm	内螺纹的基本偏差 EI		外螺纹的基本偏差 es			
	G	H	e	f	g	h
1	+26		−60	−40	−26	
1.25	+28		−63	−42	−28	
1.5	+32		−67	−45	−32	
1.75	+34		−71	−48	−34	
2	+38	0	−71	−52	−38	0
2.5	+42		−80	−58	−42	
3	+48		−85	−63	−48	
3.5	+53		−90	−70	−53	
4	+60		−95	−75	−60	

按螺纹的公差等级和基本偏差代号可以组成很多公差带，普通螺纹的公差带代号由表示公差等级代号和基本偏差代号组成，如 6h、5G 等。必须指出，螺纹的公差带代号与一般的尺寸公差带代号不同，其公差等级代号在前，基本偏差代号在后。

③ 螺纹公差带的选用　在生产中，为了减少刀具、量具的规格和种类，国家标准中规定了既能满足当前需要，而数量又有限的常用公差带，如表 5-12 和表 5-13 所示。同时国家标准规定优先选用顺序为：粗字体公差带、一般字体公差带、括号内公差带。带方框的公差带常用于大量生产的紧固件螺纹。除了特殊需要之外，一般不应该选择国家标准规定以外的公差带。

表 5-12　内螺纹的推荐公差带 （摘自 GB/T 197—2003）

公差精度	公差带位置 G			公差带位置 H		
	S	N	L	S	N	L
精密	—	—	—	4H	5H	6H
中等	(5G)	**6G**	(7G)	**5H**	6H	**7H**
粗糙	—	(7G)	(8G)	—	7H	8H

表 5-13　外螺纹的推荐公差带 （摘自 GB/T 197—2003）

公差精度	公差带位置 e			公差带位置 f			公差带位置 g			公差带位置 h		
	S	N	L	S	N	L	S	N	L	S	N	L
精密	—	—	—	—	—	—	—	(4g)	(5g4g)	(3h4h)	**4h**	(5h4h)
中等	—	**6e**	(7e6e)	—	**6f**	—	(5g6g)	6g	(7g6g)	(5h6h)	6h	(7h6h)
粗糙	—	(8e)	(9e8e)	—	—	—	—	8g	(9g8g)	—	—	—

如无其他特殊说明，推荐公差带适用于涂镀前的螺纹，且为薄涂镀层的螺纹，如电镀螺纹等。涂镀后，螺纹实际轮廓上的任何点不应超越按公差位置 H 或 h 所确定的最大实体牙型。

（2）螺纹公差带的组合及选用原则

① 螺纹精度的选用　螺纹精度是衡量螺纹加工质量的综合指标，它是由公差带和旋合长度两个因素共同决定的。GB/T 197—2003 规定，根据使用场合不同，螺纹的精度分精密级、中等级和粗糙级三个等级。精密级螺纹主要用于要求配合性能稳定的螺纹；中等级主要用于一般用途的螺纹；粗糙级主要用于不重要或难以制造的螺纹。一般以中等旋合长度下的 6 级公差等级为中等精度的基准。

② 螺纹旋合长度的确定　由于短件易加工和装配，而长件难加工和装配。因此，螺纹旋合长度影响螺纹连接件的配合精度和互换性。国家标准中对螺纹连接规定了短的、中等的和长的三种旋合长度，分别用 S、N、L 表示，如表 5-14 所示。一般优先选用中等旋合长度。从表 5-12 和表 5-13 可以看出，在同一精度等级中，对不同的旋合长度，其中径所采用的公差等级也不相同，这是考虑到不同旋合长度对螺纹的螺距累积误差有不同的影响。

③ 公差等级和基本偏差的确定　根据公差精度和旋合长度，由表 5-12 和表 5-13 选取公差等级和基本偏差代号，其中带两个等级的是：前者用于中径，后者用于顶径。公差等级确定以后，根据基本大径和螺距从表 5-9 和表 5-10 即可查得相应的公差值。根据基本偏差代号和螺距，从表 5-11 可查得相应的基本偏差值。

表 5-14　螺纹的旋合长度（摘自 GB/T 197—2003）　　　　　　　mm

基本大径 D、d		螺距 P	旋合长度			
			S	N		L
大于	小于等于		小于等于	大于	小于等于	大于
5.6	11.2	0.75	2.4	2.4	7.1	7.1
		1	3	3	9	9
		1.25	4	4	12	12
		1.5	5	5	15	15
11.2	22.4	1	3.8	3.8	11	11
		1.25	4.5	4.5	13	13
		1.5	5.6	5.6	16	16
		1.75	6	6	18	18
		2	8	8	24	24
		2.5	10	10	30	30

④ 配合的选用　内、外螺纹选用的公差带可以任意组合成多种配合，在实际应用中，主要根据使用要求选用螺纹的配合。例如，为了保证螺母、螺栓旋合后同轴度较好和具有足够的连接强度，可选用最小间隙为零的配合（H/h）；为了拆装方便和改善螺纹的疲劳强度，可选用小间隙配合（H/g 和 G/h）。需要涂镀保护层的螺纹，间隙大小取决于镀层厚度。例如，$5\mu m$ 则选用 6H/6g；$10\mu m$ 则选用 6H/6e；内、外均涂保护层，则选用 6G/6e。

（3）普通螺纹的标记　普通螺纹的完整标记由螺纹特征代号、尺寸代号、公差带代号、旋合长度代号及旋向代号五部分组成。其格式如下：

螺纹特征代号尺寸代号-公差带代号-旋合长度代号-旋向代号

① 螺纹特征代号　普通螺纹特征代号为 M。

② 普通螺纹尺寸代号　形式为：公称直径×Ph 导程 P 螺距

普通螺纹按螺距的大小又分为粗牙和细牙两种。

在标记时，螺纹标准 GB/T 197—2003 中有如下规定。

a. 粗牙普通螺纹其螺距不注出，细牙螺纹注写螺距。

b. 单线普通螺纹的尺寸代号为"公称直径×螺距"，此时无须注写"Ph"和"P"字样。而多线螺纹必须注出表示导程和螺距的字样。

例如，M24 表示公称直径为 24mm 的单线粗牙普通螺纹；M24×2 表示公称直径为 24mm，螺距为 2mm 的单线细牙普通螺纹；M16×Ph6P2 表示公称直径为 16mm，导程为 6mm，螺距为 2mm 的三线细牙普通螺纹。

在普通螺纹的标记中，若需要表明螺纹的线数时，应使用英语进行说明，注写"two starts"或"three starts"等来表明线数，如 M16×Ph6P3（two starts）。

③ 普通螺纹公差带代号　由中径及顶径的公差等级代号（数字）和基本偏差代号（字母）两部分组成，可查阅有关的国家标准。

在标记时，GB/T 197—2003 螺纹标准中有如下规定。

a. 如果中径和顶径的公差带代号相同时，可注写一个代号。

b. 公差带代号中的大写字母表示内螺纹，小写字母表示外螺纹。

c. 最常用的中等公差精度（公称直径≤1.4mm 的 5H、6h 和公称直径≥1.6mm 的 6H、6g）不标注公差带代号。

例如，M8×1-5g6g 表示公称直径为 8mm，螺距为 1mm，中径及顶径公差带代号分别为 5g、6g 的单线细牙普通外螺纹；M24×2 表示公称直径为 24mm，螺距为 2mm，中径及顶径公差带代号都为 6H 或 6g 的单线细牙普通内螺纹或外螺纹。

螺纹副（内、外螺纹旋合在一起）标记中的内、外螺纹公差带代号用斜分式表示，分子和分母分别表示内、外螺纹的中顶径公差带代号。例如，M20×2-6H/5g6g。

注意：普通螺纹的上述简化标记规定，同样适用于内外螺纹旋合（即螺纹副）的标记。例如，公称直径为 20mm 的粗牙普通螺纹，内螺纹的公差带代号为 6H，外螺纹的公差带代号为 6g，则其螺纹副的标记为 M20；当内、外螺纹的公差带代号并非同为中等公差精度时，则应同时注出公差带代号，并用斜线将两个代号隔开。

④ 旋合长度代号　分别用大写字母 S、N、L。相应的长度可根据螺纹公称直径及螺距从标准中查出，螺纹标准中规定当为中等旋合长度时，代号"N"不标注。

螺纹的公差带按短、中、长三组旋合长度，给出了精密级、中等级和粗糙级三种精度，可按国家标准 GB/T 197—2003 来选用，一般情况下多采用中等级。

⑤ 旋向代号　在标记时，螺纹标准中规定右旋螺纹其旋向不注出，左旋螺纹注写大写字母"LH"。

例如，M24×2-7H-S-LH 表示公称直径为 24mm，螺距为 2mm，中径及顶径公差带代号均为 7H 的单线细牙普通内螺纹，短的旋合长度，左旋。

5.2.4　普通螺纹的检测

普通螺纹有两类检测方法：综合检验和单项测量。应根据螺纹的不同使用场合及螺纹加工条件，由产品设计者自己决定采用何种螺纹检验手段。

（1）综合检验

普通螺纹的综合检验是指一次同时检验螺纹的几个参数，以几个参数的综合误差来判断螺纹的合格性。对螺纹进行综合检验时，使用光滑极限量规和螺纹量规，它们都是由通规（通端）和止规（止端）组成的。

光滑极限量规用于检验内螺纹和外螺纹实际顶径的合格性。

螺纹通规用于控制被测螺纹的作用中径不超出最大实体牙型的中径（d_{2max} 或 D_{2min}），同时控制外螺纹小径和内螺纹大径不超出其最大实体尺寸（d_{1max} 或 D_{1min}）。通规应具有完整的牙型，并且螺纹的长度要接近被测螺纹的旋合长度。

螺纹止规用于控制被测螺纹的单一中径不超出最小实体牙型的中径（d_{2min} 或 D_{2max}）。止规采用截短牙型，并且只有 2～3 个螺距的螺纹长度，以减少牙侧角误差和螺距偏差对检验结果的影响。

检验内螺纹用的螺纹量规称为螺纹塞规，检验外螺纹用的螺纹量规称为螺纹环规。图 5-15 所示为外螺纹的综合检验，图 5-16 为内螺纹的综合检验。

综合检验操作方便、检验效率高，适用于成批生产且精度要求不太高的螺纹件。

图 5-15　用螺纹塞规和光滑极限塞规检验外螺纹

图 5-16　用螺纹环规和光滑极限卡规检验内螺纹

（2）单项测量

普通螺纹的单项测量是指分别对螺纹的各个几何参数进行测量，即每次只测量螺纹的一项几何参数，以所得的实际值来判断螺纹的合格性。常用的螺纹单项测量方法有以下两种。

① 三针法　主要用于测量外螺纹的中径，是一种间接测量法。因其方法简便，测量准确度高，在生产中应用很广。

如图 5-17 所示，将三根直径相等的精密量针放在被测螺纹的沟槽中，然后用接触式量仪（如杠杆千分尺、测长仪等）测出针距 M 值，通过被测螺纹已知的螺距 P、牙型半角 $\alpha/2$ 和量针公称直径 d_0 等数值计算出被测螺纹的单一中径 d_2。计算公式为

$$d_2 = M - d_0\left(1 + \frac{1}{\sin\dfrac{\alpha}{2}}\right) + \frac{P}{2}\cos\frac{\alpha}{2} \qquad (5\text{-}3)$$

对普通米制螺纹，$\alpha = 60°$，则

$$d_2 = M - 3d_0 + 0.866P \qquad (5\text{-}4)$$

对梯形螺纹，$\alpha = 30°$，则

$$d_2 = M - 4.863d_0 + 1.866P \qquad (5\text{-}5)$$

图 5-17　三针法测量外螺纹单一中径

② 影像法　是指用工具显微镜将被测螺纹的牙型轮廓放大成像，按被测螺纹的影像来测量其螺距、牙侧角和中径，也可测量其基本大径和基本小径。

单项测量主要用于单件、小批量生产，尤其是在精密螺纹（如螺纹量规、螺纹刀具的测量等）和传动螺纹的生产中应用极为广泛。

5.3　平键和花键连接的互换性

5.3.1　概述

键连接和花键连接主要用于轴和轴上传动件（如齿轮、带轮、链轮、联轴器等）之间的可拆连接，可以传递转矩。当轴与传动件之间有轴向相对运动要求时，键可以起导向作用，因此在机械中应用十分广泛。

键连接可分为单键连接和花键连接两大类。

键按其结构形状不同分为：普通型平键、普通型半圆键、钩头型楔键等，如图 5-18 所示。其中平键和半圆键应用最广。

(a) 普通型平键及图例

(b) 普通型半圆键及图例

(c) 钩头型楔键及图例

图 5-18　常用的键及图例

花键分为内花键（又称花键轴）和外花键（又称花键孔）。按其键齿形状不同分为：矩形花键、渐开线花键和三角形花键，如图 5-19 所示。

(a) 矩形花键　　　　(b) 渐开线花键　　　　(c) 三角形花键

图 5-19　花键连接的形式

由于键连接需要在传动轴和轮毂上加工键槽，这样就降低了连接件的承载能力，尤其容易引起应力集中。因此，随着机械传动功率的提高、定心精度和结构要求的提要，键连接在很多场合下被花键连接代替。与键连接相比，花键连接有很多优点，主要优点如下。

① 键齿沿圆周均布在传动轴和轮毂上，连接受力均匀。

② 键齿与传动轴或轮毂制成一体，连接刚度好。

③ 因槽较浅，齿根处应力集中较小，轴与毂的强度削弱较少，强度高。

④ 键齿多，总承载面积大，耐磨损、耐剪切、可承受较大的载荷。

⑤ 定心精度高，导向性能好。

⑥ 使用寿命长，互换性好。

由于花键连接有上述优点，因此被广泛应用于机械传动中，如机床、汽车、拖拉机、工程机械、起重机械、机车车辆、兵器、航空航天等行业。

5.3.2　平键连接的互换性

（1）平键连接的公差与配合

① 平键连接的公差与配合种类　平键连接由键、轴槽和轮毂槽三部分组成，通过键的两个侧面与轴槽及轮毂槽的侧面相互接触来传递转矩，因此它们的宽度 b 是主要配合尺寸，其结构及尺寸参数如图 5-20 所示。

(a) 装配图　　　　　(b) 轮毂断面图　　　　　(c) 轴键槽断面图

图 5-20　平键连接方式及尺寸

键由型钢制成，是标准件，因此键与键槽的配合采用基轴制。国家标准 GB/T 1095—2003《平键　键槽的剖面尺寸》中，对平键键宽只规定一种公差带 h8，对轴槽和轮毂槽的宽度各规定三种公差带，构成了三种配合，以满足不同的使用要求。平键连接的三种配合及其应用如表 5-15 所示。

表 5-15　平键连接的三种配合及其应用

配合种类	尺寸的公差带			应用场合
	键	轴槽	轮毂槽	
松连接	h8	H9	D10	键在轴槽及轮毂槽中均能滑动，主要用于导向平键，轮毂可在轴上做轴向移动
正常连接		N9	JS9	键在轴槽及轮毂槽中均固定，用于载荷不大的场合
紧密连接		P9	P9	键在轴槽及轮毂槽中均牢固固定，用于重载、冲击载荷及双向转矩的场合

国家标准 GB/T 1095—2003，对普通型平键的槽宽 b 及非配合尺寸 t_1（轴槽深）、t_2（轮毂槽深）的尺寸与公差做了规定，如表 5-16 所示。

另外规定，导向型平键的轴槽与轮毂槽用松连接的公差；平键轴槽长的长度公差用 H14。

② 平键连接的几何公差及表面粗糙度　键与键槽配合的松紧程度不仅取决于它们的配合尺寸公差带，还与它们配合表面的几何公差有关。因此，应分别规定轴键槽及轮毂槽的宽度 b 对轴及轮毂轴线的对称度，对称度公差等级可按国家标准 GB/T 1184—1996《形状和位置公差　未注公差》选取 7～9 级。

轴键槽及轮毂槽的两个侧面为配合面，表面粗糙度参数 Ra 值推荐为 $1.6～3.2\mu m$，轴键槽底面和轮毂槽底面为非配合面，表面粗糙度参数 Ra 值推荐为 $6.3\mu m$。

③ 键槽尺寸和公差在图样上的标注　轴键槽和轮毂槽断面尺寸公差、几何公差及表面粗糙度在图样上的标注，如图 5-21 所示。

表 5-16　普通型平键键槽的尺寸与公差（摘自 GB/T 1095—2003）　　　　mm

键尺寸 b×h	基本尺寸 b	正常连接 轴 N9	正常连接 毂 JS9	紧密连接 轴毂 P9	松连接 轴 H9	松连接 毂 D10	轴 t1 基本尺寸	轴 t1 极限偏差	毂 t2 基本尺寸	毂 t2 极限偏差	半径 r min	半径 r max
2×2	2	−0.004 −0.029	±0.0125	−0.006 −0.031	+0.025 0	+0.060 +0.020	1.2	+0.10	1	+0.10	0.08	0.16
3×3	3						1.8		1.4			
4×4	4	0 −0.030	±0.015	−0.012 −0.042	+0.030 0	+0.078 +0.030	2.5		1.8			
5×5	5						3.0		2.3			
6×6	6						3.5		2.8		0.16	0.25
8×7	8	0 −0.036	±0.018	−0.015 −0.051	+0.036 0	+0.098 +0.040	4.0		3.3			
10×8	10						5.0		3.3			
12×8	12	0 −0.043	±0.0215	−0.018 −0.061	+0.043 0	+0.120 +0.050	5.0	+0.20	3.3	+0.20		
14×9	14						5.5		3.8			
16×10	16						6.0		4.3		0.25	0.40
18×11	18						7.0		4.4			
20×12	20	0 −0.052	±0.026	−0.022 −0.074	+0.052 0	+0.149 +0.065	7.5		4.9			
22×14	22						9.0		5.4		0.40	0.60
25×14	25						9.0		5.4			
28×16	28						10.0		6.4			

(a) 轴键槽断面的标注　　　　　　(b) 轮毂槽断面的标注

图 5-21　键槽的图样标注

　④ 平键的标记　宽度 $b=16$mm，高度 $h=10$mm，长度 $L=100$mm 普通 A 型平键的标记为

GB/T 1096　键 16×10×100

　宽度 $b=16$mm，高度 $h=10$mm，长度 $L=100$mm 普通 B 型平键的标记为

GB/T 1096　键 B 16×10×100

　宽度 $b=16$mm，高度 $h=10$mm，长度 $L=100$mm 普通 C 型平键的标记为

GB/T 1096 键 C $16 \times 10 \times 100$

（2）平键连接的检测

平键连接的主要检测项目有键和键槽的宽度、深度及键槽对轴线的对称度。

在单件、小批量生产中，常采用游标卡尺、千分尺等通用测量器具测量键和键槽的宽度、深度。如图 5-22 所示，这是一种常用的检测轴键槽对称度的方法，在键槽中塞入与键槽宽度相等的量块组，用指示表将量块上平面校平，记下指示表读数；将工件旋转 180°，在同一横截面方向上，再将量块校平（如图中左边虚线所示），并记下指示表读数，两次读数之差为 a，则该截面的对称度误差近似值为

$$f_{截} = a t_1 / (d - t_1) \tag{5-6}$$

式中 d——轴的直径；

t_1——轴槽的深度。

将轴固定不动，沿键槽长度方向测量，取长度方向读数最大、最小的两点，其读数差为

$$f_{长} = a_{高} - a_{低} \tag{5-7}$$

取 $f_{截}$、$f_{长}$ 中的较大值作为该键槽的对称度误差值。

图 5-22 轴槽对称度的检验

在成批生产中，键槽尺寸及其对轴线的对称度误差可用量规检验，如图 5-23 所示。图 5-23(a)、(b)、(c) 分别为测量槽宽（b）、轮毂槽深（$D + t_2$）、轴槽深（$d - t_1$）的极限量规，具有通端和止端，检验时要求通端通过且止端不通过；图 5-23(d)、(e) 分别为测量轮毂槽、轴槽对称度的综合量规，只有通端，通过为合格。

(a) 板式塞规   (b) 轮毂槽深级式量规   (c)轴槽深度量规

(d) 轮毂槽对称性量规   (e)轴槽对称性量规

图 5-23 键槽检测用量规

5.3.3 花键连接的互换性

在使用机械传动的各产品中，常用的花键是矩形花键和渐开线花键两种。

渐开线花键与矩形花键相比较，有自动定心、强度高、寿命长、适用于盘式结构连接、

刀具经济（种类少）等优点。但矩形花键有其独特的优点，目前还不能被渐开线花键所取代。因此，下面着重介绍矩形花键连接。

（1）矩形花键连接的优点

① 矩形花键较渐开线花键更适用于轻负荷和中等负荷传动机构　按齿高的不同，矩形花键的齿形尺寸在标准中规定两个系列，即轻系列和中系列。轻系列的承载能力较低，多用于静连接或轻载连接；中系列用于中等负荷。

② 定心精度高、耐磨性能好　在机床设计时，着重考虑满足传动轴的定心精度和刚度要求。应用矩形花键，键齿少、键槽截面简单，定心精度高、稳定性好。热处理后，能用磨削的方法消除热处理引起的变形，精加工效率高。

③ 适用于滑动连接　与渐开线花键相比较，矩形花键更适用于沿轴线滑动的连接。为了内、外花键可以相对滑动，其键侧配合必须有较大间隙，此时若采用渐开线花键会影响定心精度。而矩形花键，其定心精度与键侧配合性质无关，对于滑动连接的花键，仍可保证较高的定心精度。这种影响，对于有径向力的连接尤为突出。

（2）矩形花键连接的公差与配合

① 矩形花键连接的特点及定心方式　矩形花键连接由内花键（花键孔）与外花键（花键轴）构成，如图 5-24 所示。矩形花键可用作固定连接，也可用作滑动连接。具体使用中，要求保证内花键和外花键连接后具有较高的同轴度，并传递转矩。其中，固定连接要求连接强度和传递运动的可靠性；滑动连接要求导向精度和滑动的灵活性。

(a) 内花键	(b) 外花键
图 5-24　矩形花键连接	

(a) 内花键断面图	(b) 外花键断面图
图 5-25　花键的主要尺寸参数	

为了便于加工和检测，键数规定为偶数，有 6、8、10 三种。

矩形花键主要尺寸参数有小径 d、大径 D、键（槽）宽 B，如图 5-25 所示。若要求这三个尺寸同时起配合定心作用，以保证同轴度是很困难的，而且也无必要。理论上，矩形花键连接的三个结合面即小径、大径和键（槽）侧都可作为定心表面，即花键连接有三种定心方式，如图 5-26 所示。由于小径定心能保证定心精度高、稳定性好、使用寿命长，有利于高质量精密产品的开发，因此普遍采用小径定心。国家标准 GB/T 1144—2001《矩形花键

(a) 小径定心	(b) 大径定心	(c) 键(槽)侧定心

图 5-26　花键的定心方式

尺寸、公差和检验》中规定了小径定心矩形花键的公称尺寸、公差与配合、检验规则和标记方法。

② 矩形花键连接的公差配合及选用　为了减少加工和检验内花键用的拉刀和量具的数量，矩形花键连接采用基孔制配合。

矩形花键的连接按精度高低，分为一般用途传动和精密传动。一般用途传动，适用于定心精度要求不高的普通机械，如拖拉机的变速箱等；精密传动，适用于定心精度要求高，传递转矩大而且平稳的场合，如精密机床主轴变速箱，以及各种减速器中轴与齿轮花键孔的连接。

矩形花键的连接按装配形式分为滑动、紧滑动和固定三种。滑动和紧滑动连接，在工作过程中，可传递转矩，而且花键孔还可在花键轴上移动；固定连接只用来传递转矩，花键孔在花键轴上无轴向移动。不同的配合种类可以通过改变外花键的小径和键宽的尺寸公差带得到，如表 5-17 所示。

表 5-17　矩形花键的尺寸公差带（摘自 GB/T 1144—2001）

用　途	内花键				外花键			装配形式
	小径 d	大径 D	键宽 B		小径 d	大径 D	键宽 B	
			拉削后不热处理	拉削后热处理				
一般用	H7		H9	H11	f7		d10	滑动
					g7		f9	紧滑动
					h7		h10	固定
精密传动用	H5	H10	H7、H9		f5	a11	d8	滑动
					g5		f7	紧滑动
					h5		h8	固定
	H6				f6		d8	滑动
					g6		f7	紧滑动
					h6		h8	固定

注：1. 精密传动用的内花键，当需要控制键（槽）侧配合间隙时，槽宽可选用 H7，一般情况可用 H9。

2. d 为 H6、H7 的内花键，允许与提高一级的外花键配合。

选择配合种类时，若要求内、外花键之间有相对移动，而且移动距离长、频率高的情况下，应选用配合间隙较大的滑动连接，以保证运动灵活及配合面间有足够的润滑层。例如，汽车、拖拉机等变速箱中的齿轮与轴的配合等。若要求内、外花键之间定心精度高，传递转矩大或经常有反向转动的情况，则选用配合间隙较小的紧滑动连接。若要求内、外花键之间无须轴向移动，只需要传递转矩，则选用固定连接。

③ 矩形花键的几何公差及表面粗糙度　为保证定心表面的配合性质，对内、外花键规定如下要求。

a. 矩形花键的小径 d 既是配合尺寸，又是定心尺寸。标准规定，小径的极限尺寸应遵守包容要求。

b. 键（槽）宽是花键连接中的非配合定心尺寸，在工作中主要起传递扭矩的作用。标准规定，键（槽）侧面对定心轴线的位置度公差，应遵守最大实体要求，以保证内、外花键的互换装配，同时便于使用综合量规检验。矩形花键的位置度公差标注如图 5-27 所示，公差值见表 5-18。

(a) 内花键断面图　　　　　　(b) 外花键断面图

图 5-27　矩形花键的位置度公差标注

表 5-18　矩形花键的位置度公差（摘自 GB/T 1144—2001）　　　　mm

键槽宽或键宽 B			3	3.5～6	7～10	12～18
t_1	键槽宽		0.010	0.015	0.020	0.025
	键宽	滑动、固定	0.010	0.015	0.020	0.025
		紧滑动	0.006	0.010	0.013	0.016

　　c. 当单件、小批量生产时，可采用单项检验法。通过检验对称度公差和等分度公差，来代替位置度公差，并采用独立原则，其标注如图 5-28 所示，公差值见表 5-19。

(a) 内花键断面图　　　　　　(b) 外花键断面图

图 5-28　矩形花键的对称度公差标注

表 5-19　矩形花键的对称度公差（摘自 GB/T 1144—2001）　　　　mm

键槽宽或键宽 B		3	3.5～6	7～10	12～18
t_2	一般用	0.010	0.012	0.015	0.018
	精密传动用	0.006	0.008	0.009	0.011

　　键（槽）宽的等分度公差值等于其对称度公差值，如表 5-19 所示。
　　d. 对较长的花键，可根据产品性能自行规定键侧对轴线的平行度公差。
　　e. 矩形花键的表面粗糙度 Ra 的允许值如表 5-20 所示。

表 5-20　矩形花键的表面粗糙度 Ra 的允许值　　　　μm

加工表面	内花键	外花键
小径	≤1.6	≤0.8
大径	≤6.3	≤3.2
键侧	≤6.3	≤1.6

④ 矩形花键的图样标注

a. 矩形花键的标记。由表示花键类型的图形符号"⨅"，键齿部分的有关参数、尺寸和公差要求，以及标准编号三部分组成。

键齿部分的有关参数、尺寸按 $N \times d \times D \times B$ 的顺序书写，并加上相应的公差带代号。例如，⨅$6 \times 23f7 \times 28a11 \times 6d10$，图形符号表示矩形花键，其余数字及代号顺次表示：键数 N 为 6，小径 d 为 23mm，大径 D 为 28mm，键（槽）宽 B 为 6mm 的外花键。根据国家标准 GB/T 4459.3—2000《机械制图　花键表示法》规定，花键标记应注写在指引线的基准线上，标注如图 5-29(a) 所示。当小径 d、大径 D 和键（槽）宽 B 的公差带代号中的基本偏差字母代号为大写字母时，则该花键为内花键，如图 5-29(b) 所示。

(a) 外花键的标注　　　　　　　　(b) 内花键的标注

图 5-29　矩形花键在零件图上的标注

必须注意两点：一是表示矩形花键的图形符号"⨅"的高度为 h，符号的线宽为 $h/10$（h 为相应图样上所注尺寸的数字字高）；二是当所注矩形花键的标记不能全部反映设计要求时，则其必要的数据可参照齿轮图样中的参数表的形式，在图样中列表表示或在其他相关文件中说明。

b. 矩形花键副的标记。其中各要素的含义、顺序与外花键或内花键的标记基本一致。所不同的是，小径、大径和键（槽）宽的基本尺寸之后应是内、外花键的配合代号，如图 5-30 所示。

图 5-30　矩形花键在装配图上的标注

⑤ 矩形花键的检测　有综合检验和单项测量两种方法。目前，在批量生产的花键产品中，比较广泛地采用综合检验法（尽管综合通规制造比较困难）。因为，这种方法操作简便、效率高，能确保花键装配时的互换性，不会发生误判现象。

一般情况下，只要图样上规定了位置度公差并遵守最大实体要求，就应该采用综合检验法。采用综合检验法时，用综合通规（内花键用塞规，外花键用环规，如图 5-31 所示）来检验小径 d、大径 D、键（槽）宽 B 的作用尺寸，包括上述对称度、等分度和同轴度等几何误差，然后用单项止规（或其他量具）分别检验 d、D、B 的最小实体尺寸。合格的标志是综合通规通过，单项止规不通过。若综合通规不通过或单项止规通过，则该零件不合格。

单项检验法用于无综合通规的花键产品，如单件生产或研制阶段的产品，以及进行工艺分析和质量分析的产品。

图 5-31　检验花键的综合量规

单项检验时，用通用测量器具分别检测各单项实际（组成）要素的尺寸，来判断花键各单项要素是否超越所规定的最小实体尺寸；然后检测键宽的对称度、键齿（槽）的等分度和大、小径的同轴度等几何误差项目，来间接判断花键各要素是否超越所规定的最大理论边界。

花键产品在用综合通规和单项止规检验时，会出现判断产品合格与不合格的争议。原因是这些量规在制造时都有误差，使用一种量规会出现不同的尺寸；同时，使用过的量规因有磨损，在与新量规检验同一种产品时也会有尺寸差异。国外长期检验经验认为，只要这些量规经检验部门确认是合格的，则其判断合格的产品为合格品。

思考题与习题

5-1　滚动轴承的精度划分依据是什么？共有几级？代号是什么？用得较多的是哪些级？

5-2　滚动轴承内圈与轴颈、外圈与外壳孔的配合分别采用何种基准制？有什么特点？

5-3　一普通车床主轴尾架采用 6 级轻系列滚动轴承，其尺寸为：$D=120$mm，$d=65$mm。如已知轴承受固定负荷，且 $P_r=0.1C_r$，试确定与该轴承相配的轴颈和外壳孔的配合。

5-4　影响螺纹互换性的主要因素有哪些？

5-5　以外螺纹为例，试说明螺纹中径、单一中径和作用中径的联系与区别，三者在什么情况下是相等的？

5-6　圆柱螺纹的单项测量与综合检验各有什么特点？

5-7　通过查表写出 M20×2-6H/5g6g 外螺纹中径、大径和内螺纹中径、小径的极限偏差，并绘出公差带图。

5-8　单键连接的主要几何参数有哪些？

5-9　单键连接采用何种配合制度？

5-10　单键连接有几种配合类型？它们各应用在什么场合？

5-11　矩形花键连接的结合面有哪些？通常用哪个结合面作为定心表面？

第6章 渐开线圆柱齿轮传动的互换性

在机械产品中，齿轮由于其传动的可靠性好、承载能力强、制造工艺成熟等优点，广泛应用于机器、仪器制造业，通常用来传递动力、改变运动方向和速度。凡有齿轮传动的机械产品，其工作性能、承载能力、使用寿命和工作精度等都与齿轮传动的传动质量密切相关。而齿轮传动的传动质量主要取决于齿轮本身的制造精度和齿轮副的安装精度。所以为了保证齿轮传动质量，必须规定相应的公差。

6.1 概　　述

6.1.1 齿轮传动的使用要求

齿轮传动的使用要求，因其在不同机械中的用途不同，主要归纳为以下四项。

（1）传动的准确性

传动的准确性是指齿轮在一转范围内，产生的最大转角误差要限制在一定范围内，使齿轮副传动比变化小，以保证主动轮和从动轮的运动协调一致。

齿轮作为传动的主要元件，要求它能准确地传递动力，即保证主动轮转过一定转角时，从动轮按传动比转过一个相应的转角。从理论上讲，传动比应保持恒定不变。但由于齿轮的加工误差和齿轮副的安装误差，使从动轮的实际转角产生误差，导致两轮之间的传动比以一转为周期变化。

（2）传动的平稳性

传动的平稳性是指齿轮在转过一个齿距角的范围内，其最大转角误差应限制在一定范围内，使齿轮副瞬时传动比变化小，以保证低噪声、低冲击和较小振动。所以，为保证齿轮传动的平稳性，应限制齿轮副瞬时传动比的变化量，也就是要限制齿轮转过一个齿距角内转角误差的最大值。

（3）载荷分布的均匀性

载荷分布的均匀性是指在轮齿啮合过程中，齿面沿全齿高和全齿长保持均匀接触，并且接触面积尽可能大，以免引起应力集中，造成齿面局部磨损加剧，甚至轮齿折断，严重影响齿轮使用寿命。所以，为保证载荷分布的均匀性，齿轮工作面应有足够的精度，使齿轮啮合时齿面接触良好。

（4）齿轮副侧隙的合理性

齿轮副侧隙的合理性是指一对齿轮啮合时，在非工作齿面间应留有合理的间隙，用来储存润滑油，补偿齿轮传动受力后的弹性变形和热变形，以及补偿齿轮及其传动装置的加工误差和安装误差，防止齿轮在工作中发生卡死或齿面烧蚀现象。

不同用途和不同工作条件的齿轮及齿轮副，对上述四项要求侧重点有所不同。

① 用于精密机床的分度机构、测量仪器上的读数分度齿轮，其特点是分度要求准确，负荷较小，转速低，所以对传递运动的准确性要求较高，而且要求齿轮副侧隙小。

② 用于高速传动的齿轮，如高速发动机、减速器、高速机床的变速箱等设备中的齿轮，

其特点是传递功率大，圆周速度高，要求工作时振动、冲击和噪声要小，所以对上述（2）～（4）项要求均较高。

③ 用于传递动力的齿轮，如矿山机械、轧钢机等设备中的低速重载齿轮，其特点是传递动力大，模数和齿宽均较大，转速一般较低，所以对上述（3）、（4）项要求较高。

齿轮传动的使用要求及影响使用要求的误差来源，如表 6-1 所示。

表 6-1   齿轮传动的使用要求及影响使用要求的误差来源

齿轮传动的使用要求	影响使用要求的误差（或因素）
传动的准确性	长周期误差：包括几何偏心和运动偏心分别引起的径向和切向长周期（一转）误差。两种偏心同时存在，可能叠加，也可能抵消
传动的平稳性	短周期误差：包括齿轮加工过程中的刀具误差、机床传动链的短周期（一齿）误差
载荷分布的均匀性	齿坯轴线歪斜、机床刀架导轨的误差
齿轮副侧隙的合理性	齿轮副的中心距偏差和齿厚偏差

6.1.2   齿轮加工误差的来源

齿轮的加工方法很多，按齿廓形成原理可分为仿形法和展成法。仿形法可用成形铣刀在铣床上铣齿；展成法可用滚刀或插齿刀在滚齿机、插齿机上与齿坯做啮合滚切运动，加工出渐开线齿轮。下面以滚齿加工齿轮为例，分析产生加工误差的主要原因。

（1）几何偏心

加工时，齿坯基准孔轴线与滚齿机工作台旋转轴线不重合而发生偏心，其偏心量为 $e_几$，如图 6-1(a) 所示。几何偏心的存在使得齿轮在加工过程中，齿坯相对于滚刀的距离发生变化，切出的齿一边"短而肥"、一边"瘦而长"，如图 6-1(b) 所示。当以齿轮基准孔定位进行测量时，在齿轮一转内会产生周期性的径向跳动误差，同时齿距和齿厚也产生周期性变化。有几何偏心的齿轮装在传动机构中之后，就会引起每转为周期的速比变化，产生时快时慢的现象。

(a)   (b)

图 6-1   几何偏心

（2）运动偏心

运动偏心是由于滚齿机分度蜗轮加工误差和分度蜗轮轴线与工作台旋转轴线有安装偏心引起的，如图 6-2 所示。运动偏心的存在使齿坯相对于滚刀的转速不均匀，忽快忽慢，破坏了齿坯与刀具之间的正常滚切运动，而使被加工齿轮的齿廓在切线方向上产生了位置误差。这时，齿廓在径向位置上没有变化。这种偏心，一般称为运动偏心，又称为切向偏心。

（3）机床传动链的高频误差

加工直齿轮时，受分度传动链传动误差（主要是分度蜗杆的径向跳动和轴向窜动）的影响，蜗轮（齿坯）在一周范围内转速发生多次变化，加工出的齿轮产生齿距偏差和齿廓偏

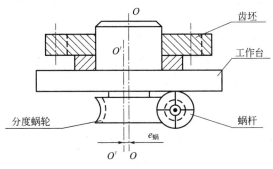

图 6-2　运动偏心

差。加工斜齿轮时，除了分度传动链误差外，还有差动传动链传动误差的影响。

（4）滚刀的加工误差和安装误差

滚刀的加工误差主要指滚刀的径向跳动、轴向窜动和齿形角误差等，它们使加工出来的齿轮产生齿廓偏差。

滚刀的安装偏心使被加工齿轮产生径向偏差。滚刀刀架导轨或齿坯轴线相对于工作台旋转轴线的倾斜及轴向窜动，使滚刀的进刀方向与轮齿的理论方向不一致，直接造成齿面沿轴线方向歪斜，产生螺旋线偏差。

6.2　渐开线圆柱齿轮的精度制

图样上设计的齿轮都是理想的齿轮，但由于加工误差的存在，制成的齿轮齿廓和几何参数都存在误差。因此，必须了解和掌握这些误差的评定项目和标准要求。国家标准 GB/T 10095.1～10095.2—2008 中规定了单个渐开线圆柱齿轮的精度制，包括轮齿同侧齿面偏差、径向综合偏差和径向跳动 3 个方面。

6.2.1　轮齿同侧齿面偏差

国家标准 GB/T 10095.1 对单个渐开线圆柱齿轮的轮齿同侧齿面精度规定了齿距偏差、齿廓偏差、螺旋线偏差和切向综合偏差 4 种共 11 项偏差。

（1）齿距偏差

① 单个齿距偏差（f_{pt}）　是指端平面上，在接近齿高中部的一个与齿轮轴线同心的圆上，实际齿距与理论齿距的代数差，如图 6-3 所示。

② 齿距累积偏差（F_{pk}）　是指任意 k 个齿距的实际弧长与理论弧长的代数差，如图 6-3 所示。理论上，齿距累积偏差等于这 k 个齿距的各单个齿距偏差的代数和。

图 6-3　齿距偏差与齿距累积偏差

　　国家标准附注说明，F_{pk} 的值仅限于不超过 1/8 的弧段内。因此，齿距累积偏差 F_{pk} 的允许值适用于齿距数 $k = 2 \sim z/8$（z 为齿数）的弧段内。通常，F_{pk} 取 $k \approx z/8$ 就足够了，对于特殊的应用（如高速齿轮），还需检验较小弧段，并规定相应的 k 值。

　　③ 齿距累积总偏差（F_p）　是指齿轮同侧齿面任意弧段（$k = 1 \sim z$）内的最大齿距累积偏差。它表现为齿距累积偏差曲线的总幅值，如图 6-4 所示。

图 6-4　齿距累积总偏差

(a) 设计齿廓：未修形的渐开线；实际齿廓：在减薄区偏向体内

(b) 设计齿廓：修形的渐开线(举例)；实际齿廓：在减薄区偏向体内

(c) 设计齿廓：修形的渐开线(举例)；实际齿廓：在减薄区偏向体外

———— 设计齿廓　～～～ 实际齿廓　-------- 平均齿廓

图 6-5　齿廓偏差

齿距累积总偏差可反映齿轮一转过程中传动比的变化，因此它主要影响齿轮的运动精度。

（2）齿廓偏差

齿廓偏差指实际齿廓偏离设计齿廓的量，该量在端平面内且垂直于渐开线齿廓的方向取值，如图 6-5 所示。

① 基本概念

a. 可用长度（L_{AF}）。等于两条端面基圆切线长度之差。其中一条是从基圆延伸到可用齿廓的外界限点，另一条是从基圆到可用齿廓的内界限点。

b. 有效长度（L_{AE}）。可用长度对应于有效齿廓的那部分。

c. 齿廓计值范围（L_{α}）。可用长度中的一部分，在 L_{α} 内应遵照规定精度等级的公差。除特殊规定外，其长度等于有效长度 L_{AE} 的 92％。

d. 设计齿廓。符合设计规定的齿廓，当无其他限定时，是指端面齿廓。

e. 被测齿面的平均齿廓。设计齿廓迹线的纵坐标减去一条斜直线的相应纵坐标后得到的一条迹线。

② 齿廓总偏差（F_{α}）　在计值范围 L_{α} 内，包容实际齿廓迹线的两条设计齿廓迹线间的距离。

③ 齿廓形状偏差（$f_{f\alpha}$）　在计值范围 L_{α} 内，包容实际齿廓迹线，与平均齿廓迹线完全相同的两条曲线间的距离，且两条曲线与平均齿廓迹线的距离为常数。

④ 齿廓倾斜偏差（$f_{H\alpha}$）　在计值范围 L_{α} 内，两端与平均齿廓迹线相交的两条设计齿廓迹线间的距离。

（3）螺旋线偏差

螺旋线偏差是指在端面基圆切线方向上测得的实际螺旋线偏离设计螺旋线的量，如图 6-6 所示。

(a) 设计螺旋线：未修形的螺旋线，实际螺旋线：在减薄区偏向体内

(b) 设计螺旋线：修形的螺旋线(举例)，实际螺旋线：在减薄区偏向体内

(c) 设计螺旋线：修形的螺旋线(举例)，实际螺旋线：在减薄区偏向体外

—·—·— 设计螺旋线　～～～ 实际螺旋线　---------- 平均螺旋线

图 6-6　螺旋线偏差

① 螺旋线总偏差（F_β） 在计值范围内，包容实际螺旋线迹线的两条设计螺旋线迹线间的距离。

② 螺旋线形状偏差（$f_{f\beta}$） 在计值范围内，包容实际螺旋线迹线，与平均螺旋线迹线完全相同的两条曲线间的距离，且两条曲线与平均螺旋线迹线的距离为常数。

③ 螺旋线倾斜偏差（$f_{H\beta}$） 在计值范围内，两端与平均螺旋线迹线相交的设计螺旋线迹线间的距离。

（4）切向综合偏差

① 切向综合总偏差（F_i'） 是指被测齿轮与测量齿轮单面啮合检验时，被测齿轮一转内，齿轮分度圆上实际圆周位移与理论圆周位移的最大差值，如图 6-7 所示。

图 6-7　切向综合偏差

② 一齿切向综合偏差（f_i'） 是指齿轮在一个齿距角内的切向综合偏差，即在切向综合总偏差记录曲线上小波纹的最大幅度值。

6.2.2　径向综合偏差

① 径向综合总偏差（F_i''） 是指在径向综合检验时，被测齿轮的左右齿面同时与测量齿轮接触，并转过一整圈时出现的中心距最大值和最小值之差，如图 6-8 所示。

图 6-8　径向综合偏差

② 一齿径向综合偏差（f_i''） 是指当被测齿轮与测量齿轮啮合一整圈时，对应一个齿距角（$360°/z$）的径向综合偏差值，即在径向综合总偏差记录曲线上小波纹的最大幅度值。

6.2.3　径向跳动

径向跳动（F_r）是指测头相继置于被测齿轮的每个齿槽内时，从它到齿轮轴线的最大和最小径向距离之差，如图 6-9 所示。

以上介绍的单个渐开线圆柱齿轮精度制偏差项目中，F_p、F_i''、F_i'、F_r 是长周期偏差，

图 6-9　径向跳动

影响齿轮传动的准确性（F_i''、F_r 反映几何偏心引起的径向误差，F_p、F_i' 反映几何偏心、运动偏心引起的切向误差）；f_{pt}、f_i'、f_i'' 及齿廓偏差是短周期误差，影响齿轮传动的平稳性；螺旋线偏差主要影响载荷分布的均匀性。

6.2.4　渐开线圆柱齿轮精度各项目的检验

国家标准 GB/T 13924—2008《渐开线圆柱齿轮精度　检验细则》中规定了 GB/T 10095.1 和 GB/T 10095.2 中定义的齿距偏差、齿廓偏差、螺旋线偏差、切向综合偏差、径向综合偏差和径向跳动等项目的检验细则。下面简单介绍各项偏差的检验方法、测量器具及测量原理。

（1）齿距偏差的检验

齿距偏差的检验包括单个齿距偏差 f_{pt}、齿距累积偏差 F_{pk} 和齿距累积总偏差 F_p 的检验。

齿距偏差的测量方法有直接法和相对法。

① 直接测量法检验齿距偏差　以被测齿轮回转轴线为基准。测头的径向位置在齿高中部与齿面接触，应保证测头定位系统径向和切向定位的重复性。被测齿轮一次安装，10 次重复测量，其重复性应不大于允许值（公差值）的 1/5。圆分度装置（如圆光栅、分度盘等）对被测齿轮按理论齿距角进行分度，由测头读数系统得到测得值（圆周方向的角度值或线值），按 GB/T 10095.1—2008 规定的齿距偏差定义进行处理，求得 f_{pt}、F_{pk} 和 F_p。齿距偏差直接法测量原理，如图 6-10 所示。

图 6-10　齿距偏差直接法测量原理图

1—测头读数系统；2—测头；3—被测齿轮；4—分度装置

直接法的测量仪器有齿距测量仪、万能齿轮测量机、坐标测量机、分度头和万能工具显微镜等。

② 相对测量法检验齿距偏差　以被测齿轮回转轴线为基准（或以齿顶圆为基准）。A、B 两个测头，在接近齿高中部，分别与相邻同侧齿面（或相邻的几个齿面）接触，并处于齿轮轴线同心圆及同一端截面上。测量时，以任一齿距（或 k 个齿距）作为相对标准。A、B

图 6-11　齿距偏差相对
法测量原理图
1—被测齿轮；2—定位测头 A；
3—活动测头 B；4—传感器

两个测头依次测量每个齿距的相对误差。按齿距偏差定义进行处理，求得 f_{pt}、F_{pk} 和 F_p。齿距偏差相对法测量原理，如图 6-11 所示。

相对法的测量仪器有万能测齿仪、半自动齿距仪和上置式齿距仪等。

（2）齿廓偏差的检验

齿廓偏差的检验是指齿廓总偏差 F_α 的检验。

齿廓偏差包括齿廓形状偏差 $f_{f\alpha}$ 和齿廓倾斜偏差 $f_{H\alpha}$。F_α、$f_{f\alpha}$ 和 $f_{H\alpha}$ 可在一次测量中得到。当测量仪器带有自动数据处理系统时，可采用最小二乘法确定其平均齿廓迹线，从中分离出 $f_{f\alpha}$ 和 $f_{H\alpha}$。

齿廓偏差的测量方法有坐标法和展成法。

坐标法的测量仪器有齿轮测量中心、齿轮渐开线测量装置、万能齿轮测量机以及上置式直角坐标测量仪等。

展成法的测量仪器有单盘式渐开线检查仪、万能渐开线检查仪（圆盘杠杆式、正弦杠杆式、靠模式等）和渐开线螺旋线检查仪等。

① 坐标测量法检验齿廓偏差　分为旋转坐标法和直角坐标法。

a. 旋转坐标法。以被测齿轮回转轴线为基准。通过测角装置（如圆光栅、分度装置）、测长装置（如长光栅、激光、刻尺）和测微系统，对齿轮的角位移和渐开线展开长度进行测量。通过数据采集和处理系统，将被测齿廓的实际坐标位置与理论坐标位置进行比较，按齿廓偏差定义计算出 F_α、$f_{f\alpha}$ 和 $f_{H\alpha}$，由记录和打印系统输出测量参数及偏差曲线。旋转坐标法测量原理，如图 6-12 所示。

图 6-12　齿廓偏差旋转坐标法测量原理图
1—被测齿轮；2—测角装置；3—测长装置；
4—数据处理系统；5—输出设备

图 6-13　齿廓偏差直角坐标法测量原理图
1—被测齿轮；2—传感器；
3—径向导轨；4—切向导轨

b. 直角坐标法。以被测齿轮轴线为基准。测量时，被测齿轮固定不动，测头在垂直轴线的平面内对齿廓进行 x-y 直角坐标测量。测得值 x_i、y_i 与相应点理论值进行比较，将各点的差值绘成齿廓偏差曲线。在该曲线上按偏差定义取出 F_α、$f_{f\alpha}$ 和 $f_{H\alpha}$。直角坐标法测量原理，如图 6-13 所示。

② 展成法检验齿廓偏差　以被测齿轮回转轴线为基准。被测齿轮在与其同轴安装的基圆盘直尺上做纯滚动，形成理论的渐开线轨迹。实际渐开线与理论渐开线轨迹进行比较，其差值由传感器探测，记录系统画出齿廓偏差曲线，在曲线上按偏差定义取出 F_α、$f_{f\alpha}$ 和 $f_{H\alpha}$。带有计算机数据处理系统的测量仪可自动处理偏差曲线，自动输出 F_α、$f_{f\alpha}$ 和 $f_{H\alpha}$ 值。展成法测量原理，如图 6-14 所示。

图 6-14　齿廓偏差展成法测量原理图
1—记录系统；2—直尺；3—基圆盘；
4—被测齿轮；5—传感器

图 6-15　螺旋线偏差坐标法测量原理图
1—被测齿轮；2—测角装置；
3—测头；4—测长装置

（3）螺旋线偏差的检验

螺旋线偏差的检验指螺旋线总偏差 F_β 的检验。

螺旋线偏差包括螺旋线形状偏差 $f_{f\beta}$ 和螺旋线倾斜偏差 $f_{H\beta}$。F_β、$f_{f\beta}$ 和 $f_{H\beta}$ 可在一次测量中得到。当测量仪器带有自动数据处理系统时，可采用最小二乘法确定其平均螺旋线迹线，从中分离出 $f_{f\beta}$ 和 $f_{H\beta}$。

螺旋线偏差的测量方法有坐标法和展成法。

坐标法的测量仪器有齿轮测量中心、齿轮螺旋线测量装置和三坐标测量机等。

展成法的测量仪器有单盘式渐开线螺旋线检查仪、分级圆盘式渐开线螺旋线检查仪和导程仪等。

① 坐标测量法检验螺旋线偏差　以被测齿轮回转轴线为基准。通过测角装置（如圆光栅、分度装置）和测长装置（如长光栅、激光），测量螺旋线的实际坐标位置，将其与理论坐标位置进行比较，记录系统绘出螺旋线偏差曲线，按偏差定义取得 F_β、$f_{f\beta}$ 和 $f_{H\beta}$。坐标法测量原理如图 6-15 所示。

② 展成法检验螺旋线偏差　以被测齿轮回转轴线为基准。通过精密传动机构（包括直尺、基圆盘和放大机构）以及螺旋线分度机构测量理论螺旋线。测量时，被测齿轮与主轴同步回转，测头沿轴向导轨移动，描绘出被测齿轮实际螺旋线。实际螺旋线与理论螺旋线轨迹进行比较，其差值由记录器记录并绘出螺旋线总偏差曲线，按偏差定义取得 F_β、$f_{f\beta}$ 和 $f_{H\beta}$。展成法测量原理如图 6-16 所示。

（4）切向综合偏差的检验

切向综合偏差的检验包括切向综合总偏差 F_i' 和一齿切向综合偏差 f_i' 的检验。

测量方法为啮合法。以被测齿轮回转轴线为基准，被测齿轮与测量齿轮做有间隙的单面啮合传动，被测齿轮每齿的实际转角与测量齿轮的转角进行比较，其差值通过计算机偏差处理系统得到。由输出设备将其记录成切向综合偏差曲线，在该曲线上按偏差定义取出 F_i' 和 f_i'。

啮合法测量切向综合偏差可使用齿轮单面啮合检查仪，测量原理如图 6-17 所示。

（5）径向综合偏差的检验

径向综合偏差的检验包括径向综合总偏差 F_i'' 和一齿径向综合偏差 f_i'' 的检验。

测量方法为直接测量法。以被测齿轮回转轴线为基准，通过径向拉力弹簧使被测齿轮与测量齿轮做无间隙的双面啮合传动，啮合中心距的连续变动通过测量滑架和测微装置反映出来，其变动量即为径向综合偏差。将这种变动按被测齿轮回转一周（360°）排列，记录成径向综合偏差曲线，在该曲线上按偏差定义取出 F_i'' 和 f_i''。测量原理如图 6-18 所示。

图 6-16　螺旋线偏差展成法测量原理图

1—螺旋线分度机构；2—轴向导轨；3—测头；4—放大
机构；5—直尺；6—基圆盘；7—被测齿轮

图 6-17　切向综合偏差啮合法测量原理图

1—测量齿轮；2—角度传感器及驱动装置；3—被测
齿轮；4—测角传感器；5—计算机；6—输出设备

图 6-18　齿轮双面啮合检查仪测量原理图

1—被测齿轮；2—径向拉力弹簧；3—测量齿轮；4—测量滑架；5—测微装置

（6）径向跳动的检验

径向跳动的测量方法为直接法。测量仪器有径向跳动检查仪和万能测齿仪等。

直接法是以被测齿轮回转轴线为基准。将测头依次与齿轮各齿槽齿高中部双面接触，测头相对于齿轮回转轴线的最大径向变动量为 F_r。测头可做成球形或圆锥形插入齿槽中，如图 6-19（a）所示；也可做成砧形测头卡在轮齿上，如图 6-19（b）所示。

(a)　　　　　　　　　　　　　　(b)

图 6-19　齿轮径向跳动测量

6.3　渐开线圆柱齿轮的精度标准及选用

6.3.1　齿轮精度标准

（1）精度等级及表示方法

① 精度等级　国家标准 GB/T 10095.1—2008 和 GB/T 10095.2—2008 对渐开线圆柱齿

轮的精度做了如下规定。

　　a. 轮齿同侧齿面偏差规定了 0～12 共 13 个精度等级，其中 0 级精度最高，12 级精度最低。0～2 级称为未来发展级（齿轮要求非常高）；3～5 级称为高精度等级；6～8 级称为中等精度等级（最常用）；9 为较低精度等级；10～12 级称为低精度等级。

　　b. 径向综合偏差规定了 4～12 共 9 个精度等级，其中 4 级精度最高，12 级精度最低。

　　c. 径向跳动，在附录 B 中推荐了 0～12 共 13 个精度等级，其中 0 级精度最高，12 级精度最低。

　　② 精度等级表示方法　若齿轮所有的偏差项目精度为同一等级，可只标注精度等级和标准号。例如，齿轮各偏差项目均为 7 级精度，则可标注为

$$7\ \text{GB/T}\ 10095.1\text{—}2008$$

　　若齿轮各偏差项目精度不同，应在精度等级后标出相应的偏差项目代号。例如，齿廓总偏差 F_α 为 6 级，齿距累积总偏差 F_p 和螺旋线总偏差 F_β 为 7 级，则应标注为

$$6(F_\alpha)\text{、}7(F_p\text{、}F_\beta)\text{GB/T}\ 10095.1\text{—}2008$$

　　（2）各项偏差允许值的计算公式及标准值（公差）

　　国家标准 GB/T 10095.1 和 GB/T 10095.2 规定，偏差表中的标准值是以 5 级精度规定的公式乘以级间公比计算出来的。两相邻精度等级的级间公比等于 $\sqrt{2}$，本级数值乘以（或除以）$\sqrt{2}$，即可得到相邻等级的数值。5 级精度的未圆整的计算值乘以 $2^{0.5(Q-5)}$，即可得任一精度等级的待求值，其中 Q 是待求值的精度等级数。

　　对于没有提供数值表的齿距累积偏差 F_{pk} 的允许值，可通过计算得到。

　　标准中各偏差允许值表列出的数值，是用表 6-2、表 6-3 中的公式计算并圆整后得到的。

表 6-2　5 级精度的齿轮偏差允许值的计算公式（摘自 GB/T 10095.1—2008）

项目名称及代号	允许值计算公式
单个齿距偏差 f_{pt}	$f_{pt}=0.3(m+0.4\sqrt{d})+4$
齿距累积偏差 F_{pk}	$F_{pk}=f_{pt}+1.6\sqrt{(k-1)m}$
齿距累积总偏差 F_p	$F_p=0.3m+1.25\sqrt{d}+7$
齿廓总偏差 F_α	$F_\alpha=3.2\sqrt{m}+0.22\sqrt{d}+0.7$
螺旋线总偏差 F_β	$F_\beta=0.1\sqrt{d}+0.63+\sqrt{b}+4.2$
一齿切向综合偏差 f_i'（附录 A）	$f_i'=K(9+0.3m+3.2\sqrt{m}+0.34\sqrt{d})$
切向综合总偏差 F_i'（附录 A）	$F_i'=F_p+f_i'$
齿廓形状偏差 $f_{f\alpha}$（附录 B）	$f_{f\alpha}=2.5\sqrt{m}+0.17\sqrt{d}+0.5$
齿廓倾斜偏差 $f_{H\alpha}$（附录 B）	$f_{H\alpha}=2\sqrt{m}+0.14\sqrt{d}+0.5$
螺旋线形状偏差 $f_{f\beta}$（附录 B）	$f_{f\beta}=0.07\sqrt{d}+0.45\sqrt{b}+3$
螺旋线倾斜偏差 $f_{H\beta}$（附录 B）	$f_{H\beta}=0.07\sqrt{d}+0.45\sqrt{b}+3$

　　表 6-2 中，切向综合偏差的测量不是强制性的。因此，这两种偏差的公差未被列入国家标准的正文中。但是，经供需双方同意时，切向综合偏差的测量最好和轮齿接触的检测项目同时进行，有时可以替代其他的检测方法。一齿切向综合偏差 f_i' 的公式中：当 $\varepsilon_r<4$ 时，$K=0.2\left(\dfrac{\varepsilon_r+4}{\varepsilon_r}\right)$；当 $\varepsilon_r\geqslant 4$ 时，$K=0.4$。ε_r 为总重合度，如果产品齿轮和测量齿轮的齿宽

不同，则按较小的齿宽进行 ε_r 的计算。表 6-8 列出了 f_i'/K 的允许值。

表 6-3　5 级精度的齿轮偏差允许值的计算公式（摘自 GB/T 10095.2—2008）

项目名称及代号	允许值计算公式
一齿径向综合偏差 f_i''	$f_i''=2.96m_n+1.01\sqrt{d}+0.8$
径向综合总偏差 F_i''	$F_i''=3.2m_n+1.01\sqrt{d}+6.4$
径向跳动 F_r（附录 B）	$F_r=0.8F_p=0.24m_n+1.0\sqrt{d}+5.6$

　　齿廓与螺旋线的形状偏差和倾斜偏差不是强制性的单项检验项目，在国家标准中不作为标准要素，但由于形状偏差和倾斜偏差对齿轮的性能有重要影响，所以有关数值在国家标准 GB/T 10095.1 的附录 B 中给出，本书不再摘录。

　　各计算式中 m_n（法向模数）、d（分度圆直径）、b（齿宽）均应取该参数分段界限值的几何平均值，k 为相继齿距数，取值方法见 6.2.1。如果计算值大于 $10\mu m$，圆整到最接近的整数；如果小于 $10\mu m$，圆整到最接近 $0.5\mu m$ 的小数或整数；如果小于 $0.5\mu m$，圆整到最接近的相差小于 $0.1\mu m$ 的一位小数或整数。

　　各项偏差的允许值，如表 6-4～表 6-11 所示。

表 6-4　单个齿距偏差 f_{pt}（摘自 GB/T 10095.1—2008）　　　　　　μm

分度圆直径 d/mm	模数 m/mm	精度等级					
		4	5	6	7	8	9
$5\leqslant d\leqslant 20$	$0.5\leqslant m\leqslant 2$	3.3	4.7	6.5	9.5	13.0	19.0
	$2<m\leqslant 3.5$	3.7	5.0	7.5	10.0	15.0	21.0
$20<d\leqslant 50$	$0.5\leqslant m\leqslant 2$	3.5	5.0	7.0	10.0	14.0	20.0
	$2<m\leqslant 3.5$	3.9	5.5	7.5	11.0	15.0	22.0
	$3.5<m\leqslant 6$	4.3	6.0	8.5	12.0	17.0	24.0
	$6<m\leqslant 10$	4.9	7.0	10.0	14.0	20.0	28.0
$50<d\leqslant 125$	$0.5\leqslant m\leqslant 2$	3.8	5.5	7.5	11.0	15.0	21.0
	$2<m\leqslant 3.5$	4.1	6.0	8.5	12.0	17.0	23.0
	$3.5<m\leqslant 6$	4.6	6.5	9.0	13.0	18.0	26.0
	$6<m\leqslant 10$	5.0	7.5	10.0	15.0	21.0	30.0
	$10<m\leqslant 16$	6.5	9.0	13.0	18.0	25.0	35.0
$125<d\leqslant 280$	$0.5\leqslant m\leqslant 2$	4.2	6.0	8.5	12.0	17.0	24.0
	$2<m\leqslant 3.5$	4.6	6.5	9.0	13.0	18.0	26.0
	$3.5<m\leqslant 6$	5.0	7.0	10.0	14.0	20.0	28.0
	$6<m\leqslant 10$	5.5	8.0	11.0	16.0	23.0	32.0
	$10<m\leqslant 16$	6.5	9.5	13.0	19.0	27.0	38.0
$280<d\leqslant 560$	$0.5\leqslant m\leqslant 2$	4.7	6.5	9.5	13.0	19.0	27.0
	$2<m\leqslant 3.5$	5.0	7.0	10.0	14.0	20.0	29.0
	$3.5<m\leqslant 6$	5.5	8.0	11.0	16.0	22.0	31.0
	$6<m\leqslant 10$	6.0	8.5	12.0	17.0	25.0	35.0
	$10<m\leqslant 16$	7.0	10.0	14.0	20.0	29.0	41.0

表 6-5　齿距累积总偏差 F_p（摘自 GB/T 10095.1—2008）　　　μm

分度圆直径 d/mm	模数 m/mm	精度等级					
		4	5	6	7	8	9
$5 \leqslant d \leqslant 20$	$0.5 \leqslant m \leqslant 2$	8.0	11.0	16.0	23.0	32.0	45.0
	$2 < m \leqslant 3.5$	8.5	12.0	17.0	23.0	33.0	47.0
$20 < d \leqslant 50$	$0.5 \leqslant m \leqslant 2$	10.0	14.0	20.0	29.0	41.0	57.0
	$2 < m \leqslant 3.5$	10.0	15.0	21.0	30.0	42.0	59.0
	$3.5 < m \leqslant 6$	11.0	15.0	22.0	31.0	44.0	62.0
	$6 < m \leqslant 10$	12.0	16.0	23.0	33.0	46.0	65.0
$50 < d \leqslant 125$	$0.5 \leqslant m \leqslant 2$	13.0	18.0	26.0	37.0	52.0	74.0
	$2 < m \leqslant 3.5$	13.0	19.0	27.0	38.0	53.0	76.0
	$3.5 < m \leqslant 6$	14.0	19.0	28.0	39.0	55.0	78.0
	$6 < m \leqslant 10$	14.0	20.0	29.0	41.0	58.0	82.0
	$10 < m \leqslant 16$	15.0	22.0	31.0	44.0	62.0	88.0
$125 < d \leqslant 280$	$0.5 \leqslant m \leqslant 2$	17.0	24.0	35.0	49.0	69.0	98.0
	$2 < m \leqslant 3.5$	18.0	25.0	35.0	50.0	70.0	100.0
	$3.5 < m \leqslant 6$	18.0	25.0	36.0	51.0	72.0	102.0
	$6 < m \leqslant 10$	19.0	26.0	37.0	53.0	75.0	106.0
	$10 < m \leqslant 16$	20.0	28.0	39.0	56.0	79.0	112.0
$280 < d \leqslant 560$	$0.5 \leqslant m \leqslant 2$	23.0	32.0	46.0	64.0	91.0	129.0
	$2 < m \leqslant 3.5$	23.0	33.0	46.0	65.0	92.0	131.0
	$3.5 < m \leqslant 6$	24.0	33.0	47.0	66.0	94.0	133.0
	$6 < m \leqslant 10$	24.0	34.0	48.0	68.0	97.0	137.0
	$10 < m \leqslant 16$	25.0	36.0	50.0	71.0	101.0	143.0

表 6-6　齿廓总偏差 F_α（摘自 GB/T 10095.1—2008）　　　μm

分度圆直径 d/mm	模数 m/mm	精度等级					
		4	5	6	7	8	9
$5 \leqslant d \leqslant 20$	$0.5 \leqslant m \leqslant 2$	3.2	4.6	6.5	9.0	13.0	18.0
	$2 < m \leqslant 3.5$	4.7	6.5	9.5	13.0	19.0	26.0
$20 < d \leqslant 50$	$0.5 \leqslant m \leqslant 2$	3.6	5.0	7.5	10.0	15.0	21.0
	$2 < m \leqslant 3.5$	5.0	7.0	10.0	14.0	20.0	29.0
	$3.5 < m \leqslant 6$	6.0	9.0	12.0	18.0	25.0	35.0
	$6 < m \leqslant 10$	7.5	11.0	15.0	22.0	31.0	43.0
$50 < d \leqslant 125$	$0.5 \leqslant m \leqslant 2$	4.1	6.0	8.5	12.0	17.0	23.0
	$2 < m \leqslant 3.5$	5.5	8.0	11.0	16.0	22.0	31.0
	$3.5 < m \leqslant 6$	6.5	9.5	13.0	19.0	27.0	38.0
	$6 < m \leqslant 10$	8.0	12.0	16.0	23.0	33.0	46.0
	$10 < m \leqslant 16$	10.0	14.0	20.0	28.0	40.0	56.0
$125 < d \leqslant 280$	$0.5 \leqslant m \leqslant 2$	4.9	7.0	10.0	14.0	20.0	28.0
	$2 < m \leqslant 3.5$	6.5	9.0	13.0	18.0	25.0	36.0
	$3.5 < m \leqslant 6$	7.5	11.0	15.0	21.0	30.0	42.0
	$6 < m \leqslant 10$	9.0	13.0	18.0	25.0	36.0	50.0
	$10 < m \leqslant 16$	11.0	15.0	21.0	30.0	43.0	60.0
$280 < d \leqslant 560$	$0.5 \leqslant m \leqslant 2$	6.0	8.5	12.0	17.0	23.0	33.0
	$2 < m \leqslant 3.5$	7.5	10.0	15.0	21.0	29.0	41.0
	$3.5 < m \leqslant 6$	8.5	12.0	17.0	24.0	34.0	48.0
	$6 < m \leqslant 10$	10.0	14.0	20.0	28.0	40.0	56.0
	$10 < m \leqslant 16$	12.0	16.0	23.0	33.0	47.0	66.0

表 6-7　螺旋线总偏差 F_β（摘自 GB/T 10095.1—2008）　　μm

分度圆直径 d/mm	齿宽 b/mm	精度等级					
		4	5	6	7	8	9
5≤d≤20	4≤b≤10	4.3	6.0	8.5	12.0	17.0	24.0
	10<b≤20	4.9	7.0	9.5	14.0	19.0	28.0
	20<b≤40	5.5	8.0	11.0	16.0	22.0	31.0
	40<b≤80	6.5	9.5	13.0	19.0	26.0	37.0
20<d≤50	4≤b≤10	4.5	6.5	9.0	13.0	18.0	25.0
	10<b≤20	5.0	7.0	10.0	14.0	20.0	29.0
	20<b≤40	5.5	8.0	11.0	16.0	23.0	32.0
	40<b≤80	6.5	9.5	13.0	19.0	27.0	38.0
	80<b≤160	8.0	11.0	16.0	23.0	32.0	46.0
50<d≤125	4≤b≤10	4.7	6.5	9.5	13.0	19.0	27.0
	10<b≤20	5.5	7.5	11.0	15.0	21.0	30.0
	20<b≤40	6.0	8.5	12.0	17.0	24.0	34.0
	40<b≤80	7.0	10.0	14.0	20.0	28.0	39.0
	80<b≤160	8.5	12.0	17.0	24.0	33.0	47.0
125<d≤280	4≤b≤10	5.0	7.0	10.0	14.0	20.0	29.0
	10<b≤20	5.5	8.0	11.0	16.0	22.0	32.0
	20<b≤40	6.5	9.0	13.0	18.0	25.0	36.0
	40<b≤80	7.5	10.0	15.0	21.0	29.0	41.0
	80<b≤160	8.5	12.0	17.0	25.0	35.0	49.0
280<d≤560	4≤b≤10	6.0	8.5	12.0	17.0	24.0	34.0
	10<b≤20	6.5	9.5	13.0	19.0	27.0	38.0
	20<b≤40	7.5	11.0	15.0	22.0	31.0	44.0
	40<b≤80	9.0	13.0	18.0	26.0	36.0	52.0
	80<b≤160	11.0	15.0	21.0	30.0	43.0	60.0

表 6-8　f_i'/K 的值（摘自 GB/T 10095.1—2008 附录 A）　　μm

分度圆直径 d/mm	模数 m/mm	精度等级					
		4	5	6	7	8	9
5≤d≤20	0.5≤m≤2	9.5	14.0	19.0	27.0	38.0	54.0
	2<m≤3.5	11.0	16.0	23.0	32.0	45.0	64.0
20<d≤50	0.5≤m≤2	10.0	14.0	20.0	29.0	41.0	58.0
	2<m≤3.5	12.0	17.0	24.0	34.0	48.0	68.0
	3.5<m≤6	14.0	19.0	27.0	38.0	54.0	77.0
	6<m≤10	16.0	22.0	31.0	44.0	63.0	89.0
50<d≤125	0.5≤m≤2	11.0	16.0	22.0	31.0	44.0	62.0
	2<m≤3.5	13.0	18.0	25.0	36.0	51.0	72.0
	3.5<m≤6	14.0	20.0	29.0	40.0	57.0	81.0
	6<m≤10	16.0	23.0	33.0	47.0	66.0	93.0
	10<m≤16	19.0	27.0	38.0	54.0	77.0	109.0
125<d≤280	0.5≤m≤2	12.0	17.0	24.0	34.0	49.0	69.0
	2<m≤3.5	14.0	20.0	28.0	39.0	56.0	79.0
	3.5<m≤6	15.0	22.0	31.0	44.0	62.0	88.0
	6<m≤10	18.0	25.0	35.0	50.0	70.0	100.0
	10<m≤16	20.0	29.0	41.0	58.0	82.0	115.0
280<d≤560	0.5≤m≤2	14.0	19.0	27.0	39.0	54.0	77.0
	2<m≤3.5	15.0	22.0	31.0	44.0	62.0	87.0
	3.5<m≤6	17.0	24.0	34.0	48.0	68.0	96.0
	6<m≤10	19.0	27.0	38.0	54.0	76.0	108.0
	10<m≤16	22.0	31.0	44.0	62.0	88.0	124.0

表 6-9　径向综合总偏差 F_i''（摘自 GB/T 10095.2—2008 附录 A）　　　　　　μm

分度圆直径 d/mm	法向模数 m_n/mm	精度等级					
		4	5	6	7	8	9
$5 \leqslant d \leqslant 20$	$0.2 \leqslant m_n \leqslant 0.5$	7.5	11	15	21	30	42
	$0.5 < m_n \leqslant 0.8$	8.0	12	16	23	33	46
	$0.8 < m_n \leqslant 1.0$	9.0	12	18	25	35	50
	$1.0 < m_n \leqslant 1.5$	10	14	19	27	38	54
	$1.5 < m_n \leqslant 2.5$	11	16	22	32	45	63
	$2.5 < m_n \leqslant 4.0$	14	20	28	39	56	79
$20 < d \leqslant 50$	$0.2 \leqslant m_n \leqslant 0.5$	9.0	13	19	26	37	52
	$0.5 < m_n \leqslant 0.8$	10	14	20	28	40	56
	$0.8 < m_n \leqslant 1.0$	11	15	21	30	42	60
	$1.0 < m_n \leqslant 1.5$	11	16	23	32	45	64
	$1.5 < m_n \leqslant 2.5$	13	18	26	37	52	73
	$2.5 < m_n \leqslant 4.0$	16	22	31	44	63	89
	$4.0 < m_n \leqslant 6.0$	20	28	39	56	79	111
	$6.0 < m_n \leqslant 10$	26	37	52	74	104	147
$50 < d \leqslant 125$	$0.2 \leqslant m_n \leqslant 0.5$	12	16	23	33	46	66
	$0.5 < m_n \leqslant 0.8$	12	17	25	35	49	70
	$0.8 < m_n \leqslant 1.0$	13	18	26	36	52	73
	$1.0 < m_n \leqslant 1.5$	14	19	27	39	55	77
	$1.5 < m_n \leqslant 2.5$	15	22	31	43	61	86
	$2.5 < m_n \leqslant 4.0$	18	25	36	51	72	102
	$4.0 < m_n \leqslant 6.0$	22	31	44	62	88	124
	$6.0 < m_n \leqslant 10$	28	40	57	80	114	161
$125 < d \leqslant 280$	$0.2 \leqslant m_n \leqslant 0.5$	15	21	30	42	60	85
	$0.5 < m_n \leqslant 0.8$	16	22	31	44	63	89
	$0.8 < m_n \leqslant 1.0$	16	23	33	46	65	92
	$1.0 < m_n \leqslant 1.5$	17	24	34	48	68	97
	$1.5 < m_n \leqslant 2.5$	19	26	37	53	75	106
	$2.5 < m_n \leqslant 4.0$	21	30	43	61	86	121
	$4.0 < m_n \leqslant 6.0$	25	36	51	72	102	144
	$6.0 < m_n \leqslant 10$	32	45	64	90	127	180
$280 < d \leqslant 560$	$0.2 \leqslant m_n \leqslant 0.5$	19	28	39	55	78	110
	$0.5 < m_n \leqslant 0.8$	20	29	40	57	81	114
	$0.8 < m_n \leqslant 1.0$	21	29	42	59	83	117
	$1.0 < m_n \leqslant 1.5$	22	30	43	61	86	122
	$1.5 < m_n \leqslant 2.5$	23	33	46	65	92	131
	$2.5 < m_n \leqslant 4.0$	26	37	52	73	104	146
	$4.0 < m_n \leqslant 6.0$	30	42	60	84	119	169
	$6.0 < m_n \leqslant 10$	36	51	73	103	145	205

表 6-10 一齿径向综合偏差 f_i''（摘自 GB/T 10095.2—2008 附录 A） μm

分度圆直径 d/mm	法向模数 m_n/mm	精度等级					
		4	5	6	7	8	9
5≤d≤20	0.2≤m_n≤0.5	1.0	2.0	2.5	3.5	5.0	7.0
	0.5<m_n≤0.8	2.0	2.5	4.0	5.5	7.5	11
	0.8<m_n≤1.0	2.5	3.5	5.0	7.0	10	14
	1.0<m_n≤1.5	3.0	4.5	6.5	9.0	13	18
	1.5<m_n≤2.5	4.5	6.5	9.5	13	19	26
	2.5<m_n≤4.0	7.0	10	14	20	29	41
20<d≤50	0.2≤m_n≤0.5	1.5	2.0	2.5	3.5	5.0	7.0
	0.5<m_n≤0.8	2.0	2.5	4.0	5.5	7.5	11
	0.8<m_n≤1.0	2.5	3.5	5.0	7.0	10	14
	1.0<m_n≤1.5	3.0	4.5	6.5	9.0	13	18
	1.5<m_n≤2.5	4.5	6.5	9.5	13	19	26
	2.5<m_n≤4.0	7.0	10	14	20	29	41
	4.0<m_n≤6.0	11	15	22	31	43	61
	6.0<m_n≤10	17	24	34	48	67	95
50<d≤125	0.2≤m_n≤0.5	1.5	2.0	2.5	3.5	5.0	7.5
	0.5<m_n≤0.8	2.0	3.0	4.0	5.5	8.0	11
	0.8<m_n≤1.0	2.5	3.5	5.0	7.0	10	14
	1.0<m_n≤1.5	3.0	4.5	6.5	9.0	13	18
	1.5<m_n≤2.5	4.5	6.5	9.5	13	19	26
	2.5<m_n≤4.0	7.0	10	14	20	29	41
	4.0<m_n≤6.0	11	15	22	31	44	62
	6.0<m_n≤10	17	24	34	48	67	95
125<d≤280	0.2≤m_n≤0.5	1.5	2.0	2.5	3.5	5.5	7.5
	0.5<m_n≤0.8	2.0	3.0	4.0	5.5	8.0	11
	0.8<m_n≤1.0	2.5	3.5	5.0	7.0	10	14
	1.0<m_n≤1.5	3.0	4.5	6.5	9.0	13	18
	1.5<m_n≤2.5	4.5	6.5	9.5	13	19	27
	2.5<m_n≤4.0	7.5	10	15	21	29	41
	4.0<m_n≤6.0	11	15	22	31	44	62
	6.0<m_n≤10	17	24	34	48	67	95
280<d≤560	0.2≤m_n≤0.5	1.5	2.0	2.5	4.0	5.5	7.5
	0.5<m_n≤0.8	2.0	3.0	4.0	5.5	8.0	11
	0.8<m_n≤1.0	2.5	3.5	5.0	7.5	10	15
	1.0<m_n≤1.5	3.5	4.5	6.5	9.0	13	18
	1.5<m_n≤2.5	5.0	6.5	9.5	13	19	27
	2.5<m_n≤4.0	7.5	10	15	21	29	41
	4.0<m_n≤6.0	11	15	22	31	44	62
	6.0<m_n≤10	17	24	34	48	68	96

表 6-11　径向跳动 F_r（摘自 GB/T 10095.2—2008 附录 B）　　　　　　　　　　μm

分度圆直径 d/mm	法向模数 m_n/mm	精度等级					
		4	5	6	7	8	9
5≤d≤20	0.5≤m_n≤2	6.5	9.0	13	18	25	36
	2<m_n≤3.5	6.5	9.5	13	19	27	38
20<d≤50	0.5≤m_n≤2	8.0	11	16	23	32	46
	2<m_n≤3.5	8.5	12	17	24	34	47
	3.5<m_n≤6	8.5	12	17	25	35	49
	6<m_n≤10	9.5	13	19	26	37	52
50<d≤125	0.5≤m_n≤2	10	15	21	29	42	59
	2<m_n≤3.5	11	15	21	30	43	61
	3.5<m_n≤6	11	16	22	31	44	62
	6<m_n≤10	12	16	23	33	46	65
	10<m_n≤16	12	18	25	35	50	70
125<d≤280	0.5≤m_n≤2	14	20	28	39	55	78
	2<m_n≤3.5	14	20	28	40	56	80
	3.5<m_n≤6	14	20	29	41	58	82
	6<m_n≤10	15	21	30	42	60	85
	10<m_n≤16	16	22	32	45	63	89
280<d≤560	0.5≤m_n≤2	18	26	36	51	73	103
	2<m_n≤3.5	18	26	37	52	74	105
	3.5<m_n≤6	19	27	38	53	75	106
	6<m_n≤10	19	27	39	55	77	109
	10<m_n≤16	20	29	40	57	81	114

6.3.2　齿轮精度等级的选择

选择齿轮的精度等级，应根据传动的用途、使用条件、圆周速度、传递功率及其他经济技术条件来确定。其选择原则是：在满足使用要求的前提下，尽量选用精度较低的级别。这主要是既要满足使用要求，又要考虑经济成本。

选用齿轮精度等级的方法有计算法和类比法两种。由于影响齿轮传动精度的因素多而且复杂，按计算法得出的齿轮精度仍需进行修正。因此，计算法很少采用。类比法是将所设计齿轮的具体要求与以往产品设计、性能试验、使用过程中所积累的经验以及较可靠的技术资料进行对比，确定精度等级。因此，对于一般无特殊技术要求的齿轮传动，大都采用类比法。

表 6-12 列出了各种机械采用的齿轮的精度等级，表 6-13 列出了部分圆柱齿轮精度的适用范围，供选用时参考。

表 6-12　各种机械采用的齿轮的精度等级

应用范围	精度等级	应用范围	精度等级
测量齿轮	3～5	拖拉机	6～10
汽轮机减速器	3～6	一般用途的减速器	6～9
金属切削机床	3～8	轧钢设备的小齿轮	6～10
内燃机与电气机车	6～7	矿用绞车	8～10
轻型汽车	5～8	起重机机构	7～10
重型汽车	6～9	农业机械	8～11
航空发动机	4～7		

表 6-13　圆柱齿轮精度的适用范围

精度等级	圆周速度 $v/m \cdot s^{-1}$		工作条件与适用范围
	直齿轮	斜齿轮	
4	$20 < v \leqslant 35$	$40 < v \leqslant 70$	(1)特精密分度机构或在最平稳、无噪声的极高速情况下工作的传动齿轮 (2)高速汽轮机齿轮 (3)控制机构齿轮 (4)检测 6~7 级齿轮的测量齿轮
5	$15 < v \leqslant 20$	$30 < v \leqslant 40$	(1)精密分度机构或在极平稳、无噪声的高速情况下工作的传动齿轮 (2)精密机构用齿轮 (3)检测 8~9 级齿轮的测量齿轮
6	$10 < v \leqslant 15$	$15 < v \leqslant 30$	(1)高速下平稳工作,需要高效率及低噪声的齿轮 (2)特别重要的航空、汽车用齿轮 (3)读数装置中特别精密传动的齿轮
7	$6 < v \leqslant 10$	$10 < v \leqslant 15$	(1)增速和减速用齿轮传动 (2)金属切削机床进给机构用齿轮 (3)高速减速器齿轮 (4)航空、汽车用齿轮 (5)读数装置用齿轮
8	$2 < v \leqslant 6$	$4 < v \leqslant 10$	(1)无特殊精度要求的一般机械制造用齿轮 (2)机床的变速齿轮 (3)通用减速器齿轮 (4)起重机构用齿轮、农业机械中的重要齿轮 (5)航空、汽车用的不重要齿轮
9	$v \leqslant 2$	$v \leqslant 4$	(1)无精度要求的粗糙工作齿轮 (2)重载、低速不重要工作机械的齿轮 (3)农机齿轮

6.3.3　单个齿轮检验项目的确定

渐开线圆柱齿轮精度制国家标准中给出了多种偏差项目。在检验时,测量全部检验项目既不经济也没有必要。一般推荐,评定单个齿轮加工精度必须检验的项目有:齿距偏差(F_p、f_{pt}、F_{pk})、齿廓总偏差 F_α、螺旋线总偏差 F_β 及齿厚偏差 E_{sn}。必须检验的项目可以客观地评定齿轮的加工质量,其他非必检项目可以根据需方要求来确定。根据企业贯彻旧标准的技术成果、目前齿轮生产的技术与质量控制水平,推荐五个检验组(表 6-14),建议供需双方按齿轮使用要求、生产批量和检验设备选取一个检验组,来评定齿轮的精度。

表 6-14　检验组(推荐)

检验组	检验项目偏差代号
1	F_p、f_{pt}、F_α、F_β、F_r
2	F_p、f_{pt}、F_{pk}、F_α、F_β、F_r
3	F_i''、f_i''
4	f_{pt}、F_r(10~12 级)
5	F_i'、f_i'

如果要求的齿轮精度等级为国家标准 GB/T 10095.1 和 GB/T 10095.2 的某一等级,而无其他规定时,则各项偏差的允许值均按该精度等级确定,也可以按协议对工作齿面和非工

作齿面规定不同的精度等级，或对不同偏差项目规定不同的精度等级，也可仅对工作齿面规定要求的精度等级。

6.4　齿轮坯精度及齿轮副误差的检验项目

6.4.1　齿轮坯精度

　　齿轮坯是供制造齿轮用的工件。齿轮坯的尺寸偏差、几何误差及表面粗糙度等，不仅直接影响齿轮的加工质量和检验精度，还影响齿轮副的接触精度和运行的平稳性。在一定的加工条件下，用控制齿轮坯质量来提高齿轮加工精度是一项积极的工艺措施。

　　（1）有关的术语和定义

　　① 工作安装面　是指用来安装齿轮的面。

　　② 工作轴线　是指齿轮在工作时绕其旋转的轴线，它是由工作安装面的中心确定的。工作轴线只有在考虑整个齿轮组件时才有意义。

　　③ 基准面　是指用来确定基准轴线的面。

　　④ 基准轴线　是由基准面中心确定的。是加工或检验人员对单个齿轮确定轮齿几何形状的轴线，依此轴线确定齿轮的细节，特别是确定齿距、齿廓和螺旋线偏差的允许值。

　　为了保证齿轮的精度要求，设计时应使基准轴线与工作轴线重合，即将工作安装面作为确定基准轴线的基准面。

　　⑤ 制造安装面　是指齿轮制造或检测时用来安装齿轮的面。

　　（2）基准轴线的确定

　　确定基准轴线通常有以下三种方法。

　　① 用两个“短的”圆柱或圆锥形基准面上设定的两个圆的圆心来确定轴线上的两个点，如图 6-20 所示。

图 6-20　基准轴线的确定方法（一）

图 6-21　基准轴线的确定方法（二）

图 6-22　基准轴线的确定方法（三）

② 用一个"长的"圆柱或圆锥形基准面来同时确定轴线的位置和方向，如图 6-21 所示。孔的轴线可以用与之相匹配并正确装配的工作心轴的轴线来代表。

③ 轴线位置用一个"短的"圆柱形基准面上一个圆的圆心来确定，而其方向用垂直于此轴线的一个基准端面来确定，如图 6-22 所示。

（3）齿轮坯精度

齿轮坯精度是指在齿轮坯上，影响齿轮加工精度和传动质量的表面几何精度，包括尺寸公差、几何公差以及表面粗糙度。

① 尺寸公差　对作为定位和安装基准的齿轮内孔、齿轮轴轴颈和齿顶圆的尺寸公差可按表 6-15 选用。

表 6-15　齿轮坯尺寸公差

齿轮精度等级	6	7	8	9
齿轮内孔	IT6	IT7		IT8
齿轮轴轴颈	IT5	IT6		IT7
齿顶圆	IT8			IT9

注：1. 当齿轮各参数精度等级不同时，按最高的级别确定。

2. 当齿顶圆不作测量齿厚基准时，尺寸公差可按 IT11 给定，但不大于 $0.1m_n$。

② 几何公差　基准面的精度取决于规定的齿轮精度，这些面的相对位置，跨距占齿轮分度圆直径的比例越大，给定的公差可越小。基准面及安装面（工作安装面、制造安装面）的形状公差值应不大于表 6-16 规定的数值。当基准轴线与工作轴线不重合时，则工作安装面相对于基准轴线的跳动，必须在图样上予以控制，一般不应大于表 6-17 规定的数值。

表 6-16　基准面与安装面的形状公差（摘自 GB/Z 18620.3—2008）

确定轴线的基准面	公差项目		
	圆度	圆柱度	平面度
两个"短的"圆柱或圆锥形基准面	$0.04(L/b)F_\beta$ 或 $0.1F_p$，取两者中小值		
一个"长的"圆柱或圆锥形基准面		$0.04(L/b)F_\beta$ 或 $0.1F_p$，取两者中小值	
一个"短的"圆柱面和一个端面	$0.06F_p$		$0.06(D_d/b)F_\beta$

注：1. 齿轮坯的公差应减至能经济地制造的最小值。

2. L 为较大的轴承跨距，D_d 为基准面直径，b 为齿宽，单位 mm。

表 6-17　安装面的跳动公差（摘自 GB/Z 18620.3—2008）

确定轴线的基准面	跳动量（总的指示幅度）	
	径　向	轴　向
仅指圆柱或圆锥形基准面	$0.15(L/b)F_\beta$ 或 $0.3F_p$，取两者中大值	
一个圆柱基准面和一个端面基准面	$0.3F_p$	$0.2(D_d/b)F_\beta$

注：齿轮坯的公差应减至能经济地制造的最小值。

③ 齿轮各表面的表面粗糙度　对齿轮的传动精度、表面承载能力和弯曲强度等都会产生很大的影响，其他主要表面也将影响齿轮加工方法、使用性能和经济性，所以都规定了相应的表面粗糙度值，可参照表 6-18 和表 6-19 选用。

表 6-18　渐开线圆柱齿轮齿面的表面粗糙度 *Ra* 推荐值（摘自 GB/Z 18620.4—2008）　　μm

模数 *m*/mm	精 度 等 级											
	1	2	3	4	5	6	7	8	9	10	11	12
m<6					0.5	0.8	1.25	2.0	3.2	5.0	10	20
6≤*m*≤25	0.04	0.08	0.16	0.32	0.63	1.00	1.6	2.5	4	6.3	12.5	25
m>25					0.8	1.25	2.0	3.2	5.0	8.0	16	32

表 6-19　渐开线圆柱齿轮各表面的表面粗糙度 *Ra* 推荐值　　　μm

表面种类	齿轮精度等级						
	5	6	7		8	9	
齿面加工法	磨齿	磨或珩齿	剃或珩齿	精滚精插	插或滚齿	滚齿	铣齿
齿轮基准孔	0.32～0.63	1.25	1.25～2.5			5	
齿轮轴基准轴颈	0.32	0.63	1.25			2.5	
基准端面	1.25～2.5	2.5～5				5	
齿顶圆柱面	1.25～2.5	5					

6.4.2　齿轮副误差的检验项目

齿轮传动是通过齿轮副实现的。安装好的齿轮副，其误差直接影响齿轮的使用要求。对齿轮副的检验，是按设计中心距安装后进行的一种综合检验。从满足齿轮使用要求出发，推荐的齿轮副误差检验项目有中心距允许偏差、轴线平行度偏差、轮齿的接触斑点和齿轮副的侧隙。

（1）中心距允许偏差

中心距允许偏差是指设计者规定的中心距偏差的变化范围，即中心距公差，如图 6-23 所示。公称中心距是在考虑了最小侧隙及两齿轮齿顶和其相啮合的非渐开线齿廓齿根部分的干涉后确定的。

图 6-23　齿轮副中心距允许偏差

中心距偏差是齿轮副侧隙的主要影响因素，必须限制在允许偏差范围之内。GB/Z 18620.3—2008 未给出中心距允许偏差值，可类比某些成熟产品的技术资料来确定，或参照表 6-20 确定。

表 6-20　中心距允许偏差

齿轮精度等级	5～6	7～8	9～10
f_a	IT7/2	IT8/2	IT9/2

（2）轴线平行度偏差

由于轴线平行度偏差与其向量有关，故对"轴线平面内的偏差"$f_{\Sigma\delta}$和"轴线垂直平面上的偏差"$f_{\Sigma\beta}$做了不同规定。

轴线平面内的偏差 $f_{\Sigma\delta}$ 是在两轴线的公共平面上测量的。公共平面是用两轴承跨距中较长的一个跨距和另一根轴上的一个轴承来确定的。如果两个轴承的跨距相同，则用小齿轮轴和大齿轮轴的一个轴承来确定。

轴线垂直平面上的偏差 $f_{\Sigma\beta}$ 是在轴线公共平面相垂直的"交错轴平面"上测量的，如图 6-24 所示。

图 6-24　轴线的平行度偏差

轴线平行度偏差会影响齿面的正常接触，使载荷分布不均匀。具体来说，轴线平面内的偏差影响螺旋线偏差，它的影响是工作压力角的正弦函数；而垂直平面上的轴线偏差的影响是工作压力角的余弦函数。因此，对这两种偏差要规定不同的最大推荐值。

轴线垂直平面上的偏差 $f_{\Sigma\beta}$ 的推荐最大值为

$$f_{\Sigma\beta}=0.5(L/b)F_{\beta} \tag{6-1}$$

轴线平面内偏差 $f_{\Sigma\delta}$ 的推荐最大值为

$$f_{\Sigma\delta}=2f_{\Sigma\beta} \tag{6-2}$$

（3）轮齿的接触斑点

轮齿的接触斑点是指装配好的齿轮副，在轻微制动下，运转后齿面上分布的接触擦亮痕迹，如图 6-25 所示。"轻微制动"是指既不使轮齿脱离啮合，又不使轮齿和传动装置发生较大变形的制动状态。

图 6-25　接触斑点

齿轮副的接触斑点应以小齿轮齿面上的斑点为准，并以小齿轮齿面上接触斑点面积最小的齿面所计算的接触斑点的大小，作为测量结果。接触斑点的大小可以在齿面展开图上，用沿齿长方向和沿齿高方向的百分数表示。

沿齿长方向，接触痕迹的长度 b''（扣除超过模数值的断开部分 c）与工作长度 b' 之比的

百分数为

$$\frac{b''-c}{b'}\times100\%\qquad(6\text{-}3)$$

沿齿高方向，接触痕迹的平均高度 h'' 与工作高度 h' 之比的百分数为

$$\frac{h''}{h'}\times100\%\qquad(6\text{-}4)$$

　　沿齿长方向的接触斑点，主要影响齿轮副的承载能力，沿齿高方向的接触斑点主要影响工作平稳性。齿轮副的接触斑点综合反映了齿轮副的加工误差和安装误差，是齿面接触精度的综合评定指标。对接触斑点的要求，应标注在齿轮传动装配图的技术要求中。

　　齿轮副接触斑点的检验有光泽法和着色法两种。光泽法是在被测齿轮副齿面上不涂涂料进行测量，经连续啮合运转，直至齿面上的接触擦亮痕迹充分呈现出来。着色法是先在齿轮副的小齿轮部分齿面上涂以适当厚度的涂料，扳动小齿轮轴使齿轮副做工作齿面的啮合，经正反反复转动或连续回转，直至齿面上出现清晰的涂料被擦掉的痕迹。接触斑点的检验具有简单、快捷、测试结果的可再现性等特点。特别适用于大型齿轮、圆锥齿轮和航天齿轮。

　　检验齿轮副的接触斑点，有助于正确评价轮齿载荷分布情况，以及装配后的齿轮螺旋线和齿廓精度的评估。

　　图 6-26 所示的是产品齿轮与测量齿轮对滚时所产生的典型接触斑点示意图。

(a) 典型的规范，接触尺寸近似为齿宽 b 的80%，
有效齿面高度 h 的70%，齿端修薄

(b) 齿长方向配合正确，有齿廓偏差

(c) 波纹度　　　　　　　　　(d) 有螺旋线偏差，齿廓正确，齿端修薄

图 6-26　典型接触斑点的示意图

　　(4) 齿轮副的侧隙

　　在一对装配好的齿轮副中，侧隙是相互啮合齿轮非工作齿面间的间隙，它是在节圆上齿槽宽度超过相互啮合轮齿齿厚的量。侧隙可以在法向平面上或沿啮合线测量，而且是在端平面或啮合平面（基圆切平面）上计算和规定的。

　　单个齿轮没有侧隙，只有齿厚，相互啮合齿轮的侧隙是由一对齿轮运行时的中心距，以及每个齿轮的实效齿厚所控制的。为保证齿轮润滑，补偿齿轮的制造误差、安装误差，以及热变形等造成的误差，必须在非工作齿面间留有侧隙。为获得必需的侧隙，我国采用"基中心距制"，即在固定中心距允许偏差的情况下，通过改变齿厚偏差来获得所需要的侧隙。

　　侧隙需要的量与齿轮的大小、精度、安装和应用情况有关。例如，对于需要正反转的读数机构中的齿轮传动，为避免空程的影响，要求有较小的保证侧隙；而汽轮机中的齿轮传动，因工作温度升高，为保证正常润滑，避免齿轮因发热而卡死，要求有较大的保证侧隙。

　　① 齿轮副侧隙的分类　齿轮副的侧隙可分为圆周侧隙 j_{wt}、法向侧隙 j_{bn} 和径向侧隙 j_r 三种，如图 6-27 所示。

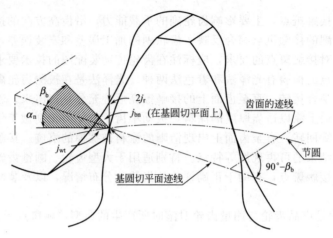

图 6-27　齿轮副的侧隙

　　圆周侧隙 j_{wt} 是指安装好的齿轮副，当其中一个齿轮固定时，另一个齿轮圆周的晃动量，以分度圆的弧长计值。检验圆周侧隙时，将齿轮副的一个齿轮固定，在另一个齿轮的分度圆切线方向上放置一指示表，然后晃动此齿轮，其晃动量从指示表读出，即为圆周侧隙值。

　　法向侧隙 j_{bn} 是指安装好的齿轮副，当工作齿面接触时，非工作齿面之间的最小距离。检验法向侧隙时，可用测片或塞片进行测量；也可将百分表测头放置在与齿面垂直的方向上，此时从百分表上读出的晃动量即为法向侧隙值。在生产中，通常检验法向侧隙，但由于圆周侧隙比法向侧隙更便于检验，因此法向侧隙除直接测量得到外，也可用圆周侧隙计算得到。法向侧隙与圆周侧隙之间的关系为

$$j_{bn} = j_{wt} \cos\beta_b \cos\alpha_n \tag{6-5}$$

式中　　β_b——基圆螺旋角；

　　　　α_n——分度圆法向齿形角。

　　径向侧隙 j_r 是指一对齿轮双面啮合时的中心距与公称中心距之差。径向侧隙与圆周侧隙之间的关系为

$$j_r = j_{wt}/(2\tan\alpha_n) \tag{6-6}$$

　　② 最小侧隙的确定　最小侧隙 j_{bnmin} 是当一个齿轮的齿以最大允许实效齿厚与另一个也具有最大允许实效齿厚的相配齿，以最紧的允许中心距相互啮合时，在静态条件下存在的最小允许侧隙。

　　影响最小侧隙的因素主要有：箱体、轴和轴泵的偏斜；因箱体偏差和轴承的间隙而导致齿轮轴线的不对准和歪斜；安装误差，如轴的偏心；轴承的径向圆跳动；温度（箱体与齿轮工作温度和材料线胀系数差异所致）；旋转零件的离心胀大；润滑剂的允许污染；非金属材料的溶胀等。

　　表 6-21 列出了对工业传动装置推荐的最小侧隙，传动装置是用黑色金属齿轮和黑色金属箱体制造的，工作时节圆线速度小于 15m/s，其箱体、轴和轴承都采用常用的商业制造公差。

表 6-21　对于中、大模数齿轮最小侧隙 j_{bnmin} 的推荐值（摘自 GB/Z 18620.2—2008）　mm

m_n	最小中心距 a_i					
	50	100	200	400	800	1600
1.5	0.09	0.11	—	—	—	—
2	0.10	0.12	0.15	—	—	—
3	0.12	0.14	0.17	0.24	—	—
5	—	0.18	0.21	0.28	—	—
8	—	0.24	0.27	0.34	0.47	—
12	—	—	0.35	0.42	0.55	—
18	—	—	—	0.54	0.67	0.94

表 6-21 中的数值，可用下面的公式进行计算：

$$j_{bnmin}=2\times(0.06+0.0005a_i+0.03m_n)/3 \tag{6-7}$$

式中　a_i——最小中心距，必须是一个绝对值。

③ 影响齿轮副侧隙的偏差　在齿轮的加工误差中，影响齿轮副侧隙的误差是齿厚偏差和公法线平均长度偏差。

a. 齿厚偏差与齿厚公差。齿厚偏差是指分度圆柱面上齿厚的实际值与公称值之差，如图 6-28 所示。图中 E_{sns} 表示齿厚上极限偏差，E_{sni} 表示齿厚下极限偏差。为了保证齿轮传动侧隙，齿厚的上、下极限偏差均应为负值。齿厚公差 T_{sn} 是指允许齿厚偏差的变动量。

图 6-28　齿厚偏差

齿厚上极限偏差一般是用齿厚游标卡尺和光学齿厚卡尺测量的。由于在分度圆柱面上齿厚不便于测量，所以实际测得的是分度圆弦齿厚。测量分度圆弦齿厚时，由于受齿顶圆误差影响有一定的局限性，可改用测量公法线平均长度偏差的方法。齿厚上极限偏差主要取决于最小侧隙 j_{bnmin}，其关系式如下：

$$E_{sns1}+E_{sns2}=-j_{bnmin}/\cos\alpha_n \tag{6-8}$$

式中　E_{sns1}，E_{sns2}——小齿轮、大齿轮的齿厚上极限偏差。

在求出两个齿轮的上极限偏差之和后，便可将此值分配给大齿轮和小齿轮。分配方法有等值分配和不等值分配两种。若等值分配，则有

$$E_{sns1}=E_{sns2}=-j_{bnmin}/(2\cos\alpha_n) \tag{6-9}$$

若不等值分配，可随意分配或按一定规律分配。无论如何分配，一般使小齿轮减薄量小一些，大齿轮减薄量大一些，以使小齿轮和大齿轮强度匹配。

齿厚上极限偏差 E_{sns} 确定后，根据齿厚公差 T_{sn} 可确定其下极限偏差 E_{sni}。齿厚公差的选择，基本上与齿轮的精度无关，齿厚公差可按下式进行计算：

$$T_{sn} = (\sqrt{F_r^2 + b_r^2}) \times 2\tan\alpha_n \tag{6-10}$$

式中　F_r——径向跳动公差；

　　　b_r——切齿径向进刀公差，可按表 6-22 选用，公称尺寸为分度圆直径。

表 6-22　切齿径向进刀公差

齿轮精度等级	4	5	6	7	8	9
b_r	1.26IT7	IT8	1.26IT8	IT9	1.26IT9	IT10

根据齿厚公差计算值，可求出齿厚下极限偏差：

$$E_{sni} = E_{sns} - T_{sn} \tag{6-11}$$

b. 公法线平均长度偏差与平均长度公差。公法线平均长度偏差是指在齿轮一周内，公法线长度平均值与公称值之差。E_{bns} 为公法线平均长度上极限偏差，E_{bni} 为公法线平均长度下极限偏差。在实际工程中，可用公法线千分尺或公法线长度指示卡规进行测量，因测量结果不受齿顶圆误差的影响，方法简便，所以常作为齿厚偏差的代用指标，它们的关系如下：

$$E_{bns} = E_{sns}\cos\alpha_n \tag{6-12}$$

$$E_{bni} = E_{sni}\cos\alpha_n \tag{6-13}$$

公法线平均长度公差 T_{bn} 是指允许公法线平均长度偏差的变动量。其计算式如下：

$$T_{bn} = E_{bns} - E_{bni} = T_{sn}\cos\alpha_n \tag{6-14}$$

渐开线直齿圆柱齿轮的公法线长度 W 的公称值（当齿形角 $\alpha = 20°$ 时）为

$$W_{公称} = m[1.476(2k-1) + 0.014z] \tag{6-15}$$

$$k = z/9 + 0.5 \tag{6-16}$$

式中　m——模数；

　　　k——测量时的跨齿数，四舍五入取整数；

　　　z——齿数。

6.5　齿轮的精度设计

6.5.1　齿轮精度设计方法及步骤

① 确定齿轮的精度等级。

② 选择齿轮检验项目及规定的偏差值即公差。

③ 计算齿轮副侧隙和齿厚偏差。

④ 对公法线平均长度偏差进行换算。

⑤ 确定齿轮坯精度。

⑥ 绘制齿轮工作图。

6.5.2　齿轮精度设计举例

【例 6-1】 已知某通用减速器中有一对直齿圆柱齿轮，模数 $m = 3$mm，齿数 $z_1 = 30$，$z_2 = 90$，齿形角 $\alpha = 20°$，齿宽 $b = 20$mm，轴承跨距为 80mm，转速 $n_1 = 1400$r/min，小批量生产。试确定小齿轮的精度等级、检验项目，计算齿轮副侧隙、齿厚偏差及公法线平均长度偏差，并绘制齿轮工作图。

解：（1）确定齿轮精度等级

通用减速器中齿轮可根据圆周速度确定精度等级，小齿轮圆周速度为

$$v_1 = \pi d n_1 / (1000 \times 60) = 3.14 \times 3 \times 30 \times 1400 / (1000 \times 60) = 6.59 \text{ (m/s)}$$

查表 6-13，选定该齿轮的精度等级为 7 级，并选定 GB/T 10095.1—2008 和 GB/T 10095.2—2008 中的各检验项目具有相同的精度等级。

（2）选择齿轮检验项目及规定的偏差值

因为该齿轮属中等精度，小批量生产，没有特殊要求，参照表 6-14，选定 F_p、f_{pt}、F_α、F_β、F_r 五个检验项目。

齿距累积总偏差 F_p：查表 6-5 得 $F_{p1} = 38 \mu m$

单个齿距偏差 f_{pt}：查表 6-4 得 $f_{pt1} = \pm 12 \mu m$

齿廓总偏差 F_α：查表 6-6 得 $F_{\alpha1} = 16 \mu m$

螺旋线总偏差 F_β：查表 6-7 得 $F_{\beta1} = 15 \mu m$

径向跳动 F_r：查表 6-11 得 $F_{r1} = 30 \mu m$

（3）计算齿轮副侧隙和齿厚偏差

齿轮副中心距为

$$a_i = m(z_1 + z_2)/2 = 3 \times (30 + 90)/2 = 180 \text{ (mm)}$$

代入式（6-7）得最小侧隙推荐值为

$$j_{bnmin} = 2 \times (0.06 + 0.0005 a_i + 0.03 m_n)/3$$
$$= 2 \times (0.06 + 0.0005 \times 180 + 0.03 \times 3)/3 = 0.16 \text{ (mm)}$$

代入式（6-9）得齿厚上极限偏差为

$$E_{sns1} = -j_{bnmin}/(2\cos\alpha_n) = -0.16/(2 \times \cos20°) = -0.085 \text{ (mm)}$$

由表 6-22 查得 $b_{r1} = IT9 = 0.087 mm$

代入式（6-10）得齿厚公差为

$$T_{sn1} = (\sqrt{F_{r1}^2 + b_{r1}^2}) \times 2\tan\alpha_n = (\sqrt{0.030^2 + 0.087^2}) \times 2 \times \tan20° = 0.067 \text{ (mm)}$$

代入式（6-11）得齿厚下极限偏差为

$$E_{sni1} = E_{sns1} - T_{sn1} = -0.085 - 0.067 = -0.152 \text{ (mm)}$$

（4）对公法线平均长度偏差进行换算

由式（6-12）得公法线长度上极限偏差为

$$E_{bns1} = E_{sns1}\cos\alpha_n = -0.085 \times \cos20° = -0.080 \text{ (mm)}$$

由式（6-13）得公法线长度下极限偏差为

$$E_{bni1} = E_{sni1}\cos\alpha_n = -0.152 \times \cos20° = -0.143 \text{ (mm)}$$

由式（6-16）得跨齿数为

$$k_1 = z_1/9 + 0.5 = 30/9 + 0.5 \approx 3.8, \text{ 取 } k_1 = 4$$

代入式（6-15）得公法线公称长度为

$$W_{公称1} = m[1.476(2k_1 - 1) + 0.014z_1]$$
$$= 3 \times [1.476 \times (2 \times 4 - 1) + 0.014 \times 30]$$
$$= 32.256 \text{ (mm)}$$

（5）确定齿轮坯精度

① 根据齿轮结构（图 6-29），选择一个长的圆柱面作为轴线的基准面。由表 6-16 确定圆柱面的圆柱度公差为

$$0.04(L/b)F_\beta = 0.04 \times (80/20) \times 0.015 = 0.0024 \text{ (mm)}$$

或

$$0.1F_p = 0.1 \times 0.038 = 0.0038 \text{ (mm)}$$

取较小值 0.002mm，即 $t_{圆柱度} = 0.002 mm$

② 由表 6-17 确定齿顶圆径向圆跳动为

图 6-29　齿轮

$$0.15(L/b)F_\beta = 0.15 \times (80/20) \times 0.015 = 0.009 \text{ (mm)}$$

或

$$0.3F_p = 0.3 \times 0.038 \approx 0.011 \text{ (mm)}$$

取较大值 0.011mm，即 $t_{径向圆跳动} = 0.011$ （mm）

另外，齿轮两端面在加工和安装时作为安装面，应提出对基准轴线的轴向圆跳动公差，由表 6-17 确定：

$$t_{轴向圆跳动} = 0.2(D_d/b)F_\beta = 0.2 \times (96/20) \times 0.015 \approx 0.014 \text{ (mm)}$$

③ 根据表 6-15，选取齿顶圆作为测量齿厚的基准，尺寸公差为 IT8；小齿轮内孔的尺寸公差为 IT7。

④ 小齿轮各表面的表面粗糙度要求由表 6-18 和表 6-19 确定，见图 6-30。

图 6-30　齿轮工作图

（6）绘制齿轮工作图

齿轮工作图如图 6-30 所示，有关参数在图样的右上角列表表示，如表 6-23 所示。

表 6-23　齿轮工作图参数表

模数	m	3mm
齿数	z	30
齿形角	α	20°
螺旋角	β	0
变位系数	χ	0
精度等级		7（GB/T 10095—2008）
公法线公称长度 及其平均长度偏差	W_{Ebni}^{Ebns}	$32.256_{-0.143}^{-0.080}$ mm
跨齿数	k	4
齿距累积总偏差	F_p	0.038mm
单个齿距偏差	f_{pt}	±0.012mm
齿廓总偏差	F_α	0.016mm
螺旋线总偏差	F_β	0.015mm
径向跳动	F_r	0.030mm
配对齿轮	图号	
	齿数	90

（7）附加说明

① 齿轮轮齿各部分的计算式，如表 6-24 所示。

表 6-24　直齿圆柱齿轮轮齿各部分的计算式

名称	代号	计算公式	名称	代号	计算公式
分度圆直径	d	$d = mz$	中心距	a	$a = m(z_1 + z_2)/2$
齿顶高	h_a	$h_a = m$	齿顶圆直径	d_a	$d_a = m(z+2)$
齿根高	h_f	$h_f = 1.25m$	齿根圆直径	d_f	$d_f = m(z-2.5)$

② 键槽结构精度的确定。

a. 尺寸公差。查表 5-16 普通型平键键槽的尺寸与公差，根据键槽基本尺寸即键宽 8mm，确定各个部位尺寸精度。

因没有特殊要求，选正常连接，可知毂 JS9（±0.018）；轮毂键槽深度 t_2 为 $33.3^{+0.2}_{0}$，在图 6-30 中标注的尺寸为 $D + t_2$。

b. 几何公差。应规定轮毂槽的宽度 b 对轮毂轴线的对称度，对称度公差等级可按国家标准 GB/T 1184—1996《形状和位置公差　未注公差》，选取 7～9 级。若按 8 级精度，查表 3-10 可得对称度公差值为 0.015mm。

c. 表面粗糙度。轮毂槽的两个侧面为配合面，表面粗糙度参数 Ra 值推荐为 1.6～3.2μm，轮毂槽底面为非配合面，表面粗糙度参数 Ra 值推荐为 6.3μm。

思考题与习题

6-1　对齿轮传动有哪些使用要求？当齿轮的用途和工作条件不同时，其要求的侧重点有何不同？

6-2　齿轮副的检验项目有哪些？

6-3　为什么要对齿轮坯提出精度要求？有哪些精度要求？

6-4　齿轮传动中侧隙有何作用？如何得到齿轮副侧隙？

6-5　某机床变速箱中有一直齿圆柱齿轮副，其模数 $m = 2$mm，齿数 $z_1 = 25$，$z_2 = 75$，齿宽 $b_1 = b_2 = 20$mm，齿形角 $\alpha = 20°$，转速 $n = 1280$r/min，生产条件为小批量生产。试确定小齿轮的精度等级、检验项目及其允许值和公法线平均长度偏差。

6-6　有一 8 级精度的直齿圆柱齿轮，其模数 $m = 4$mm，齿数 $z = 32$，齿宽 $b = 20$mm，齿形角 $\alpha = 20°$。检测结果是：$F_\alpha = 32\mu$m，$f_{pt} = 17\mu$m，$F_\beta = 20\mu$m。这三个检验项目精度是否合格？

6-7　某齿轮加工后用相对法测量各个右齿面的齿距偏差（单位：mm），分别为：0，+5，+5，+10，−20，−10，−20，−18，−10，−10，+15，+5。试确定上述齿轮右齿廓的单个齿距偏差和齿距累积总偏差，并说明产生齿距累积总偏差的主要原因。

第7章 实验指导

在"互换性与测量技术基础"课程的教学中，实验课教学是重要的组成部分。通过实验课，使学生掌握几何量测量的基本知识、常用测量方法和常用测量器具的使用方法；初步具有正确使用常用测量器具以及处理测量结果的能力；加深对互换性和公差基本概念的感性认识。

7.1 光滑工件尺寸测量

7.1.1 用比较仪测量光滑极限量规

比较仪有机械、光学、电动和气动比较仪等几类，主要用于线性尺寸比较测量。用比较测量仪测量时，先用量块（或标准器）将量仪指针或标尺调到零位，被测尺寸对量块尺寸的偏差从标尺上读得。本实验采用立式光学计亦称光学比较仪。

（1）目的与要求

① 掌握外径比较测量的原理。

② 了解立式光学计的结构、原理和调整方法。

③ 理解计量器具与测量方法常用术语的实际含义。

（2）量仪说明和测量原理

立式光学比较仪有目镜式、数字式和投影式，它们的主要差别在读数方式上。虽然其外形有差别，但原理是相同的，相比较而言数字式的使用方便，精度高些。本实验以目镜式光学计为例介绍其结构和使用方法，外形如图 7-1 所示。其主要组成部分为光管，整个光学系统都安装在光管内。

光管是利用光学自准直原理和正切杠杆原理进行测量的，如图 7-2 所示，在物镜焦平面上的焦点 C 发出的光，经物镜后变成一束平行光到达平面反射镜 P。若平面反射镜与光轴垂直，则经过该镜反射的光由原光路回到发光点 C，即发光点 C 与像点 C' 重合。若反射镜与光轴不垂直，而偏转一个 α 角，则反射光束与入射光束的夹角为 2α，反射光束汇聚于像点 C''。C 与 C'' 之间的距离为：

$$CC'' = f\tan 2\alpha \tag{7-1}$$

式中　f——物镜的焦距；

　　　　α——反射镜偏转角度。

测量时，测杆推动反射镜绕支点 O 摆动，测杆移动一段距离 S，则反射镜偏转一个 α 角，它们的关系为：

$$S = b\tan\alpha \tag{7-2}$$

式中　b——测杆到支点 O 的距离。

这样，测杆的微小直线位移 S 就可以通过正切杠杆机构和光学杠杆放大，变成光点和像点间距离 CC''。由于 α 角很小，放大倍数为：

$$n = \frac{CC''}{S} = \frac{f\tan 2\alpha}{b\tan\alpha} \approx \frac{2f}{b} \tag{7-3}$$

图 7-1　立式光学计

1—光源；2—上下偏差调节螺钉；3—目镜；4—光管；
5—光管细调手轮；6—光管紧固螺钉；7—测头提升器；
8—测杆及测头；9—工件；10—工作台；11—工作台
调整螺钉；12—底座；13—升降螺母；14—横臂；
15—横臂紧固螺钉；16—立柱

图 7-2　光学计测量原理图

光管中物镜的焦距 $f=200mm$，臂长 $b=5mm$，且通过物镜放大 12 倍，因此量仪的放大倍数 $K=80\times12=960$ 倍。为了测出像点 C'' 移动的距离，可将 C 点用一个标尺代替，其标尺间距为 0.08mm，从目镜中看到的标尺的影像的标尺间距为 $0.08\times12=0.96mm$，因此量仪的分度值 $i=0.96/960=0.001$（mm）$=1$（μm）。标尺上刻有 ±100 格等距标尺标记，故示值范围为 $\pm0.1mm$。

立式光学比较仪的光学系统，如图 7-3 所示。光线由反射镜 1 进入，照亮分划板上的标尺 8，该标尺位于物镜 3 的焦平面上，并处于主光轴的一侧，而反射回来的标尺影像则处于另一侧 [图 7-3(b)]。测量时，经光源照亮标尺 8 的光束由直角转向棱镜 2 折转 90°到达物镜 3 和平面反射镜 4，再返回到分划板，从目镜 7 中可以看到标尺影像和固定指示线。转动小轮 6，可使标尺的零标记影像与固定指示线重合。标尺的零标记影像相对于固定指示线的位移 $t=KS$ 可以读出。

（3）实验步骤

① 根据被测表面的几何形状选择测头。测头与被测表面的接触应为点接触或线接触。一般，测量平面和圆柱面工件时应选择球形测头，测量直径小于 10mm 圆柱形工件选择刃口形测头，测量球面工件应选择平面形测头。选好测头后，把它安装到测杆上。

② 根据被测塞规的公称尺寸或极限尺寸选取量块，把它们研合成量块组。

③ 以下参看图 7-1。接通电源后，用 4 个工作台调整螺钉调整工作台 10 的位置，使它与测杆运动方向垂直（若已调好，则勿动工作台调整螺钉 11）。

④ 调整量仪零位：把研合好后的量块组放在工作台 10 上，测头对准量块测量面的中央。调整零为，步骤如下。

(a) 光路图　　　　　　　　　　　　　(b) 光学计的零位调节

图 7-3　光学计的光学系统图

1—反光镜；2—棱镜；3—物镜；4—平面反射镜；5—测杆；6—小轮；7—目镜；8—标尺

　　a. 粗调节。松开横臂紧固螺钉 15，转动升降螺母 13，使横臂 14 缓缓下降，直至测头与量块面接触且从目镜 3 的视场中看到标尺影像为止，然后拧紧横臂紧固螺钉 15。

　　b. 细调节。松开光管紧固螺钉 6，转动光管细调手轮 5，使标尺的零标记影像与固定指示线基本重合，然后拧紧光管紧固螺钉 6。

　　c. 微调节。转动小轮 5〔图 7-3(a)〕，使零标记影像与固定指示线重合，然后轻轻拨动测头提升器 7，使测头起落数次，使零标记影像的位置稳定。

　　d. 检查零位。按下测头提升器 7，推出量块组，然后再放入，放下测头，再微调小轮，使零线与指示线再次重合。

　　⑤ 拨动测头提升器 7 使测头抬起，取下量块组，换上被测塞规，塞规应和工作台均匀接触，然后再测头下慢慢滚动，读出标尺偏离指示线的最大值。应在该塞规的两个或三个横截面上，于相隔 90°的径向位置处测量。读数时注意示值的正、负号，示值即为被测塞规尺寸对量块组尺寸的实际偏差。

　　⑥ 取下被测塞规，再放上量块组，复查零位，其误差不得超过 $\pm 0.5 \mu m$，否则重测。

　　⑦ 按塞规图样或按国家标准 GB/T 1957—2006《光滑极限量规 技术条件》，判断被测塞规的合格性。

　　(4) 思考题

　　① 用立式光学计测量工件属于什么测量方法？绝对测量与相对测量各有什么特点？

　　② 什是分度值、标记间距？它们与放大倍数的关系如何？

7.1.2　用内径百分表测量内径

　　(1) 目的与要求

　　① 掌握内径比较测量法的原理。

　　② 了解内径百分表的结构原理，学会用内径百分表测量内径的方法。

　　(2) 测量原理

　　用内径百分表测量内径，是采用比较测量法进行的。测量内径与测量外径的比较测量略有不同，要将量块组装在量块夹中，通过卡脚形成内尺寸 L，再用它来调整内径百分表的指针到达零位（或直接采用外径千分尺调整零位），从指示表上读出的指针偏移量，即为被测孔径与标准尺寸的实际偏差 ΔL，则被测孔径为 $x = L + \Delta L$。

（3）仪器简介

图 7-4 所示的内径百分表为两点式，它与孔壁接触是固定测头 1 和活动测头 2，测量时，活动测头向内移动，通过等臂直角杠杆 3，推动挺杆 4 向上，压缩弹簧 5，并推转指示表 9 的指针顺时针回转，弹簧反力使活动测头向外对孔壁产生测量力。

在活动测头 2 的两侧有定心板 6，它在弹簧 7 的作用下，对称地压在孔壁上，以保证两测头与孔壁接触的两点落在截面的直径上。

仪器附有一组长短不同的固定测头，可更换使用，以测量不同直径的内孔。内径百分表的测量范围有 6～10mm、10～18mm、18～35mm、30～50mm、50～100mm 等几种规格。指示表示值范围有 5mm 和 10mm。

图 7-4　内径百分表结构

1—固定测头；2—活动测头；3—等臂
直角杠杆；4—挺杆；5,7—弹簧；6—定
心板；8—隔热手柄；9—指示表

(a) 调整零位　　　　(b) 测量孔径

图 7-5　内径百分表测量孔径

1—固定测头；2—活动测头；3—量块组；4—量块
夹子；5—卡脚；6—定心板；7—固定测头锁紧螺母；
8—隔热手柄；9—指示表

（4）操作步骤（参看图 7-5）

① 根据被测孔径的公称尺寸 L 组合量块（或者调整千分尺的示值），将量块组和专用卡脚 5 一起放入量块夹子 4 内并夹紧，构成标准内尺寸卡规。

② 根据被测孔径尺寸，选择合适的固定测头 1，拧入内径百分表的螺孔中，拧紧固定测头锁紧螺母 7。

③ 用标准内尺寸卡规（或千分尺）调整指示表的零位，一手握隔热手柄 8，另一手将活动测头 2 压入，然后将两测头放入卡脚 5 之间，让两测头与卡脚平面接触，摆动内径百分

表，当指针顺时针回转到转折点（读数最小）时，表示内径百分表测头与卡脚接触的两点的连线与卡脚平面垂直，此时，两接触点间的距离等于量块尺寸。转动指示表9的滚花环，使标记盘的零线转到指针的转折点处。再摆动内径百分表，转动滚花环，如此反复几次，直到指针准确地在标记盘的零线处转折为止。

④ 测量孔径。手握隔热手柄，先将内径百分表活动测头和定心板放入被测孔，然后放固定测头。当测头达到指定的测量部位时，按图上箭头方向摆动内径百分表，记下指针顺时针回转到转折点时的读数，此时表示两测头与孔壁接触点在直径上。指针偏离零位的格数乘与指示表的分度值 i，即为被测孔径此处的实际偏差。指针沿顺时针方向偏离零点时读数为负，沿逆时针方向偏离零点时读数为正。实际偏差加上量块尺寸，即为被测孔的实际组成要素的尺寸。

按图 7-5(b)，在三个横截面上，于相隔 90° 的径向位置处测量，用以代表孔的各处实际组成要素的尺寸。

⑤ 根据孔径的安全裕度，确定其验收极限尺寸，若孔的各处实际组成要素的尺寸都在验收极限范围内，则可判定尺寸合格。

(5) 思考题

① 用内径百分表测量孔径有哪些测量误差？

② 用内径百分表测量孔径与用内径千分尺相比，从测量方法上看有何异同？

7.1.3 用卧式测长仪测量内径

(1) 目的要求

① 了解卧式测长仪和读数显微镜的结构。

② 学会用内测钩测量内径和读数显微镜的读数方法。

(2) 测量原理

卧式测长仪是按照阿贝原则设计的长度测量仪器，它将被测件的被测长度置于标准器的标准长度的延长线上，再将被测长度与标准长度进行比较，从而确定被测长度的量值。如图 7-6 所示，被测工件 5 放在工作台上，精密标尺 2 装在主轴 3 的中心，被测件与主轴测头 4 和尾管测头 6 接触点间的长度，就在主轴的轴线即标尺长度延长线上。

图 7-6 卧式测长仪的原理
1—读数显微镜；2—精密标尺；3—主轴；4—主轴测头；5—被测工件；6—尾管测头；7—尾管；8—尾座；9—工作台

测量时，先将主轴测头与尾管测头接触，从读数显微镜 1 中可读取精密标尺上的数值（对于数字卧式测长仪则是按置零钮使显示数字为零）；再以尾管测头定位，移开主轴测头，放上被测件，使之与两测头接触，再从读数显微镜（或数显屏）中读取精密标尺上的数值，两次读数之差为主轴测头的位移量，即被测长度的量值。

上述原理是测量外尺寸的，如要测量内尺寸，需要在主轴和尾管上套上内测钩。

(3) 仪器简介

卧式测长仪有目镜式、数字式和投影式。目镜式卧式测长仪基本结构如图 7-7 所示，由底座 10、工作台 6、测量头 4 和尾座 9 以及其他附属机构组成。测量头座内装主轴 5 和读数显微镜 2（数字卧式测长仪则没有读数显微镜，而用数显箱代替）。主轴靠测量头内六只精密滚动轴承支撑，故主轴能沿轴向灵活又平稳地移动。主轴中部镶有 100mm 长度的精密标尺，其标记间距为 1mm。标尺所处的位置靠读数显微镜读数和细分。

读数显微镜有各种形式，常用的一种形式是平面螺旋细分式，其光学系统如图 7-8(a) 中双点画线框内所示。物镜组 5 将精密标尺 6 上相距 1mm 宽的两条标记放大成像在固定分划板 4 上。在此分划板上两条粗的横线，其左端有黑三角形指示线，横线上刻有 0～10 共 11 条等距细线，其总宽度等于 1mm 标记像的距离，因而 11 条标记的分度值为 0.1mm。紧靠固定分划板 4 上有一块圆分划板 2，转动手轮 3 可使其绕中心回转。在圆分划板上，中部刻有 100 条圆周等分线，外围刻有 10 圈阿基米德螺旋双线，螺旋双线的螺距等于固定分划板

图 7-7　卧式测长仪
1—目镜；2—读数显微镜；3—紧固螺钉；4—测量头；
5—主轴；6—工作台；7—尾管；8—尾管紧固螺钉；
9—尾座；10—底座；11—工作台回转手柄；12—摆
动手柄；13—手轮紧固螺钉；14—升降手轮；
15—横动手轮

上的标记间距。圆分划板每转一转，螺旋双线沿固定分划板上标记移动一格，相当于移动 0.1mm；圆分划板每转一格圆分度，螺旋双线只移动 1/100 格，相当于移动 $0.1mm \times 1/100 = 0.001mm$，故圆周等分线的分度值为 0.001mm。

(a) 光学系统　　　　　　　　　　　　　　(b) 目镜视场

图 7-8　读数显微镜的光学系统和目镜视场
1—目镜；2—圆分划板；3—手轮；4—固定分划板；5—物镜组；
6—精密标尺；7—透镜；8—光阑；9—光源

从目镜视场中读数的方法如下：先读精密标尺 6 上毫米标记像的毫米数（7mm）；再从此标记像在固定分划板 4 上的位置读出零点几毫米数（0.4mm）；转动手轮使螺旋双线夹住此标记像（要使在两条粗横线之间的一段标记像准确地落在螺旋双线的正中间），然后从黑三角尖伸出的指示线所指向的圆分度上读出微米数（0.051mm）。故图 7-8(b) 中的读数是 7.451mm。

卧式测长仪用精密标尺时，其测量范围为 100mm，借助量块可扩大测量范围。

卧式测长仪带有各种不同的附件，可以测量内、外尺寸和内、外螺纹的基本中径，故又称它为万能测长仪。

（4）操作步骤（参照图 7-7）

① 接通电源、眼看目镜 1 中视场，手转目镜上的滚花环，使所见标记达到最清晰。

② 将一对内测钩分别套到主轴 5 和尾管 7 上，内测钩弓部在上方，前部的楔和槽对齐，而后旋紧测钩上的螺钉，将内测钩固定在主轴和尾管上。

③ 松开手轮紧固螺钉 13，转动升降手轮 14 使工作台 6 下降到较低的位置。将标准环规放在工作台上，用压板夹住，如图 7-9（a）所示。

（a）　　　　　　　　　　　　　　（b）　　　　　　　（c）

图 7-9　用内测钩测量孔径

也可将量块组装在量块夹中构成标准内尺寸卡规，用来代替环规。

④ 转动升降手轮 14 使工作台 6 上升，直到内测钩伸入环规内壁，拧手轮紧固螺钉 13 将升降手轮 14 固紧。拧尾管紧固螺钉 8 将尾管固紧。手扶稳主轴 5，挂上重锤（在测量头的后面），使主轴缓慢移动，直到内测钩上的测头与孔壁接触后放手。

⑤ 转动横动手轮 15 使工作台 6 横向移动，直到内测钩与孔壁接触在最大值（从显微镜中读出）处，如图 7-9（b）所示；再扳动摆动手柄 12 使工作台往复摆动，直到内测钩与孔壁接触在最小值（从显微镜中读出）处，如图 7-9（c）所示。如此反复两次，此时表示内测钩与孔壁接触点确实位于孔壁的某一直径处，此直径的精确值已刻写在标准环规的端面上。此时记下显微镜中读数。

如果用内尺寸卡规代替环规，当内测钩与卡规内平面接触后，则要扳动工作台回转手柄 11 使工作台来回转动，扳动摆动手柄 12 使工作台往复摆动，交替进行，以便在水平面和垂直面都找到最小值，直到接触两点的连线确实是卡规内平面在该处的最短距离为止，此距离代表量块的标准尺寸。由于卡规内平面不大，扳动手柄时要控制工作台回转和摆动的幅度，不能让内测钩滑出内平面。否则，主轴受重锤作用会急剧后退而产生冲击，造成仪器损坏事故。

⑥ 向右推主轴 5，令内测钩与标准环壁脱离接触，拧紧紧固螺钉 3 使主轴不能滑动。松开手轮紧固螺钉 13、转动升降手轮 14 使工作台下降，取下标准环。尾管测头是定位基准不能移动，然后装上被测孔，按上述方法（第③、④、⑤步）进行调整，记下显微镜中读数。

⑦ 两次读数之差即为被测孔径与标准环（或量块组）尺寸之差。按规定部位测出孔的实际直径，若在孔的验收极限尺寸范围内，则可判定该孔径合格。

（5）思考题

用卧式测长仪测量内径与用内径百分表测量内径有何不同？

7.2　几何误差测量

7.2.1　用平面度检查仪测量直线度误差

（1）目的与要求

① 了解平面度检查仪或合像水平仪的结构原理及操作方法。

② 掌握测量导轨直线度误差的原理及数据处理方法。

（2）量仪说明和测量原理

直线度误差可以用指示表、水平仪或平面度检查仪测量。本实验采用平面度检查仪，亦称自准直仪，它由本体和反射镜两部分组成，其光学系统如图 7-10 所示。本体包括光管和读数显微镜。

图 7-10　平面度检查仪的光学系统图

1—光源；2—十字分划板；3—立方棱镜；4—目镜；5—目镜分划板；6—测微读数
鼓轮；7,9—反光镜；8—物镜；10—平面反射镜

光线由光源 1 发出，形成平行光束将自准直仪中的十字分划板 2 的十字投射在平面反射镜 10 上，经反射后，成像在目镜分划板 5 上。若反射镜与平行光束互相垂直，则平行光束沿原路返回，反射回来的十字分划板的影像（亮十字影像）与目镜分划板 5 的指示线相重合，如图 7-11(a) 所示。如果反射镜产生倾斜角 α，则反射光轴与入射光轴成 2α 角，使亮十字影像相对于目镜分划板 5 的指示线产生相应的偏移量 Δ，如图 7-11(b) 所示，偏移的格数由目镜分划板 5 和测微读数鼓轮 6 读出。鼓轮上有等分 100 格的圆周标记，它每转一周，就使分划板上的指示线相对于分划板 5 上的标尺移动一个标记间距。

(a) 起始读数(1000格)　　　　　　　(b) 第二次读数(800格)

图 7-11　测量时的读数

读数鼓轮每格的角值分度值 $i = 0.005\text{mm/m} = 5\mu\text{m/m}$ 相当于 $1''$。

当平面反射镜桥板的跨距 l 为 200mm 时，则读数鼓轮每格线值分度值：

$$i = 200 \times 0.005/1000 = 0.001 \; (\text{mm}) = 1 \; (\mu\text{m})$$

所以，可以由 Δ（格数）计算出被测工件与桥板两端的接触点相对于光轴的高度差 h（μm）：

$$h = i\Delta \tag{7-4}$$

（3）实验步骤

① 沿工件被测方向将自准直仪本体安放在固定的位置上。接通电源，使光线照准放置在桥板上的反射镜。将平面反射镜桥板分别放置在被测工件的两端，调整自准直仪本体的位置，使十字分划板 2 的影像在平面反射镜 10 位于工件的两端时均能进入视场。

② 将平面反射镜桥板移到靠近自准直仪本体的工件那一端，调整目镜分划板 5 的指示线位置，使它位于亮十字影像的中间，如图 7-11(a) 所示，从测微读数鼓轮 6 上读出起始读数 Δ_1（格数）。

③ 按确定好的桥板跨距 l，沿工件依次分段移动桥板，观察并记录目镜中亮十字影像相对于指示线的偏移量，如图 7-11(b) 所示，读数为 Δ_i（格数），i 表示测点序号。由始测点到终测点顺测和由终测点到始测点往返测各一次。返测时桥板切勿调头。将各测点两次读数的平均值作为该测点的测量数据。若某测点两次读数差异较大，则表明测量不正常，必须查明原因后重测。然后，处理测量数据，求解直线度误差值。

（4）测量数据的处理

测出各测点的数据后，可以按最小包容区域图解法或按两端点连线图解法评定直线度误差值。

① 最小包容区域图解法　在图 7-12 中，以横坐标表示测量间隔（各测点的顺序），纵坐标表示量值。将测量间隔和相应测点的量值分别按一定比例画在坐标纸上。然后把各测点连起来形成折线，该折线可以表示被测实际线。

图 7-12　图解直线度误差值

评定直线度误差时，由两条平行直线包容被测实际线。该实际线应至少有高低相间三点分别与这两条平行直线接触，而这两条平行直线之间的区域称为最小包容区域。因此，从得到的折线上找出高低相间的两个最高点和一个最低点或者两个最低点和一个最高点，则过此三点所作的两条平行直线之间的纵坐标距离，即为直线度误差值。

② 两端点连线图解法　如图 7-12 所示，评定直线度误差时，把得到的折线首尾两端点的连线作为评定基准，从折线上找出最高点和最低点，这两点分别到评定基准的纵坐标距离的绝对值之和，即为直线度误差值。

图解法处理数据示例：用角值分度值为 $1''$ 的自准直仪测量长度为 1400mm 的导轨直线度误差。所采用桥板的跨距为 200mm，将导轨分成七段进行测量。测量数据如表 7-1 所示，按这些测量数据作图，如图 7-12 所示。

表 7-1　直线度误差测量数据

桥板位置			测　点					
			0～1	1～2	2～3	3～4	4～5	5～6	6～7
读数	顺测	读数 Δ_i	95.3	93.3	97.2	100.1	97	95.8	94
		相对值 $\Delta_i-\Delta_1$	0	−2	+1.9	+4.8	+1.7	+0.5	−1.3
	返测	读数 Δ_i	95.3	94.3	97	99.3	96.4	95.6	94
		相对值 $\Delta_i-\Delta_1$	0	−1	+1.7	+4	+1.1	+0.3	−1.3
	平均值		0	−1.5	+1.8	+4.4	+1.4	+0.4	−1.3
	累积值（量值）		0	−1.5	+0.3	+4.7	+6.1	+6.5	+5.2

导轨直线度误差值按最小包容区域评定为 4 格，按两端点连线评定为 5.8 格。自准直仪的线值分度值为 $5\mu m/m \times 200mm = 1\mu m$，因此按最小包容区域评定的直线度误差值 $f_{最小} = 1 \times 4 = 4\mu m$，按两端点连线评定的直线度误差值 $f_{端点} = 1 \times 5.8 = 5.8\mu m$。

测出各测点的数据后，也可电算求解直线度误差值。

（5）思考题

① 直线度误差有几种评定方法？

② 若本实验改用指示表测量，那么在数据处理上有什么不同？

7.2.2　箱体方向、位置和跳动误差测量

（1）目的与要求

① 学会用普通测量器具和检验工具测量箱体方向、位置和跳动误差的方法。

② 理解方向、位置和跳动公差的实际含义。

（2）测量原理

方向、位置和跳动误差由被测实际要素对基准的变动量评定。在箱体上一般是用平面和孔面作基准。测量箱体方向、位置和跳动误差的原理是以平板或心轴来模拟基准，用检验工具和指示表来测量被测实际要素上各点与平板的平面或心轴的轴线之间的距离，按照方向、位置和跳动公差要求来评定方向、位置和跳动误差值。如图 7-13 所示，被测箱体有七项几何公差（对箱体应标注哪些几何公差，要根据箱体的具体要求来定，这里是按实验需要假设

图 7-13　被测箱体

的）。各项公差要求及相应误差的测量原理分述如下。

① $\boxed{// \mid 100{:}t_1 \mid B}$　表示孔 ϕ30H6 的轴线对箱体底平面 B 的平行度公差，在轴线长度 100mm 内为 $t_1$mm，在孔壁长度 Lmm 内，只有 $t_1L/100$mm。

测量时用平板模拟基准平面 B，用孔的上、下素线的对应轴心线代表孔的轴线。因孔较短，孔的轴线弯曲很小。可测孔的上、下壁到基准面 B 的高度，取孔壁两端的中心高度差作为平行度误差。

② $\boxed{\nearrow \mid t_2 \mid A}$　表示端面对孔 ϕ30H6 轴线的轴向圆跳动不大于 $t_2$mm，以孔 ϕ30H6 的轴线 A 为基准。

测量时，用心轴模拟基准轴线 A，测量该端面上某一圆周上的各点与垂直于基准轴线的平面之间的距离，以各点距离的最大差作为轴向圆跳动误差。

③ $\boxed{\nearrow\!\!\!\!/ \mid t_3 \mid A}$　表示孔 ϕ80H8 孔壁对孔 ϕ30H6 轴线的径向全跳动不大于 $t_3$mm，以孔 ϕ30H6 的轴线 A 作为基准。

测量时，用心轴模拟基准轴线 A，测量 ϕ80H8 孔壁的圆柱面上各点到基准轴线的距离，以各点距离中的最大差值作为径向全跳动误差。

④ $\boxed{\perp \mid t_4 \mid B}$　表示箱体两侧面对箱体底平面 B 的垂直度公差均为 $t_4$mm。

用侧面和底面之间的角度与直角尺比较来确定垂直度误差。

⑤ $\boxed{= \mid t_5 \mid C}$　表示宽度为 (90 ± 0.1)mm 的槽面的中心平面对箱体左、右两侧面的中心平面的对称度公差为 $t_5$mm。

分别测量左槽面到左侧面和右槽面到右侧面的距离，并取对应的两个距离之差中绝对值最大的数值，作为对称度误差。

⑥ $\boxed{\circledcirc \mid \phi t_6 \circledM \mid D{-}F \circledM}$　表示两个孔 ϕ30H7 的实际轴线对其公共轴线的同轴度公差为 ϕt_6mm，$\circledM$ 表示 ϕt_6 是在两孔均处于最大实体状态下给定的。这项要求最适宜用同轴度综合量规检验。

⑦ $\boxed{\oplus \mid \phi t_7 \circledM \mid A \circledM}$　表示四个孔 ϕ8 的轴线的位置度公差为 ϕt_7mm，以孔 ϕ30H6 的轴线 A 作为基准。$\circledM$表示 ϕt_7 是在四个孔径和基准孔径均处于最大实体状态之下给定的。这项要求最适宜用位置度综合量规检验。

（3）测量用工具

在一般生产车间，测量箱体位置误差常用的工具有下面几种。

① 平板：用于放置箱体及所用工具，模拟基准平面。

② 心轴和轴套：插入被测孔内，模拟孔的轴线。

③ 量块：用作长度基准或垫高块。

④ 角度块和直角尺：用作角度基准，测量倾斜度和垂直度。

⑤ 各种常用测量器具：用于对方向、位置和跳动误差进行测量并读取数据，如杠杆百分表等。

⑥ 各种专用量规：用于测量同轴度、位置度等。

⑦ 辅助工具，如表架、千斤顶、定位块等。

选择什么工具，应按测量要求和具体情况而定。

（4）操作步骤

① 测量平行度

a. 如图 7-14 所示，将箱体 2 放在平板 1 上，使箱体底面与平板接触。

b. 测量孔的轴剖面内下素线的 a_1、b_1 两点（离边缘约 2mm 处）至平板的高度。其方法是将杠杆百分表的换向手柄朝上拨，推动表座使测头伸进孔内，调整杠杆表使测杆大致与被测孔平行，并使测头与孔接触在下素线 a_1 点处，旋动表座的微调螺钉，使表针预压缩半圈，再横向来回推动表座，找到测头在孔壁的最低点，取表针在转折点时的读数 M_{a1}（表针逆时针方向的读数为大）。将表座拉出，用同样方法测量 b_1 点处，得读数 M_{b1}。退出时勿使表及其测杆碰到孔壁，以保证两次读数时的测量状态相同。

图 7-14　平行度测量
1—平板；2—箱体；3—表座；
4—测杆；5—杠杆百分表

c. 测量孔的轴剖面内之上素线的 a_2、b_2 两点到平板的高度。此时需将表的换向手柄朝下拨，用同样的方法，分别测量 a_2、b_2 两点，找到测头在孔壁的最高点，取表针在转折点时的读数 M_{a2} 和 M_{b2}（表针顺时针方向读数为小）。其平行度误差按下式计算：

$$f = \left| \frac{M_{a1}+M_{a2}}{2} - \frac{M_{b1}+M_{b2}}{2} \right| = \frac{1}{2} \left| (M_{a1}-M_{b1}) + (M_{a2}-M_{b2}) \right| \qquad (7-5)$$

若 $f \leqslant Lt_1/100$，则该项合格。

② 测量轴向圆跳动

a. 如图 7-15 所示，将带有轴套的心轴 3 插入孔 $\phi 30H6$ 内，使心轴右端顶针孔中的钢球 6 顶在角铁 7 上。

b. 调节指示表 5，使测头与被测孔端面的最大直径处接触，并将表针预压半圈。

图 7-15　端面圆跳动测量
1—平板；2—箱体；3—心轴；4—轴套；
5—指示表；6—钢球；7—角铁

图 7-16　径向全跳动测量
1—平板；2—箱体；3—心轴；
4,6—轴套；5—杠杆表

c. 将心轴向角铁推紧并回转一周，记录指示表上的最大读数和最小读数，取两读数差作为轴向圆跳动误差 f。若 $f \leqslant t_2$，则该项合格。

③ 测量径向全跳动

图 7-17　垂直度测量
1—平板；2—箱体；3—表座；4—支承点；
5—指示表；6—标准直角尺

a. 如图 7-16 所示，将心轴 3 插入 $\phi 30H6$ 孔内，使定位面紧靠孔口，并用轴套 6 从里面将心轴定住。在心轴的另一端装上轴套 4，调整杠杆表 5，使其测头与孔壁接触，并将表针预压半圈。

b. 将轴套绕心轴回转，并沿心轴移动，使测头在孔的表面滑过，取表上指针的最大读数与最小读数之差作为径向全跳动误差 f，若 $f \leqslant t_3$，则该项合格。

④ 测量垂直度

a. 如图 7-17(a) 所示，先将表座 3 上的支承点 4 和指示表 5 的测头同时靠至标准直角尺 6 的侧面,并将表针预压半圈,转动表盘使零标记与表针对齐,此时读数取零。

b. 再将表座上支承点和指示表的测头靠向箱体侧面,如图 7-17(b)所示,记录表上读数。移动表座,测量整个侧面,取各次读数的绝对值中最大者作为垂直度误差 f。若 $f \leqslant t_4$,则该项合格。要分别测量左、右两侧面。

⑤ 测量对称度

a. 如图 7-18 所示,将箱体 2 的左侧面置于平板 1 上,将杠杆百分表 4 的换向手柄朝上拨,调整杠杆百分表 4 的位置使测杆平行于槽面,并将表针预压半圈。

图 7-18　对称度测量

1—平板;2—箱体;3—表座;4—杠杆百分表

b. 分别测量槽面上三处高度 a_1、b_1、c_1,记取读数 M_{a1}、M_{b1}、M_{c1};再将箱体右侧面置于平板上,保持杠杆百分表 4 的原有高度,再分别测量另一槽面上三处高度 a_2、b_2、c_2,记录读数 M_{a2}、M_{b2}、M_{c2},则各对应点的对称度误差为

$$f_a = |M_{a1} - M_{a2}|, \quad f_b = |M_{b1} - M_{b2}|, \quad f_c = |M_{c1} - M_{c2}| \tag{7-6}$$

取其中的最大值作为槽面对两侧面的对称度误差 f。若 $f \leqslant t_5$,则该项合格。

⑥ 测量同轴度　同轴度用综合量规检验。如图 7-19 所示。若量规能同时通过两孔,则该两孔的同轴度符合要求。量规的直径等于被测孔的实效尺寸 D_{vc}。

$$D_{vc} = D_{min} - t_6 \tag{7-7}$$

图 7-19　同轴度测量　　　　　图 7-20　位置度测量

1—箱体;2—综合量规

⑦ 测量位置度　位置度用综合量规检验。如图 7-20 所示,将量规的中间塞规先插入基准孔中,接着将四个测销插入四孔。如能同时插入四孔,则证明四孔所处的位置合格。

综合量规的四个测销直径,均等于被测孔的实效尺寸,基准孔的塞规直径等于基准孔的最大实体尺寸 $\phi 30\text{mm}$,各测销的位置尺寸与被测各孔位置的理论正确尺寸 $\phi 55\text{mm}$ 相同。

⑧ 作合格性结论

若上述七项误差都合格，则该被测箱体合格。

（5）思考题

① 用标准直角尺校调表座时，见图 7-17(a)，如果表针未指零标记，是否可用？此时如何处理测量结果？

② 全跳动测量与同轴度测量有何异同？

7.2.3　圆跳动误差测量

（1）目的与要求

掌握圆跳动误差的含义与测量方法。

（2）量仪说明和测量方法

本实验采用跳动检查仪来测量径向和轴向圆跳动，其外形如图 7-21。测量时被测工件（齿坯）安装在心轴上，用心轴轴线模拟体现基准轴线。然后，把心轴顶在跳动检查仪的两顶尖之间，把指示表的测头分别置于齿坯的外圆柱面上和端面上进行测量。

(a) 测量径向圆跳动　　　　　　　　(b) 测量轴向圆跳动

图 7-21　测量圆跳动示意图

1—跳动检查仪；2—指示表；3—齿坯或圆盘零件；4—心轴

（3）实验步骤

① 测量径向圆跳动，如图 7-21(a) 所示。移动表架使指示表测杆的轴线垂直于心轴轴线，且测头与齿坯的外圆柱面接触。把测杆压缩约 1mm，转动指示表的表盘使指针对准零标记。然后轻轻转动齿坯一周，从指示表读取最大与最小示值之差，此值即为径向圆跳动值。

② 测量轴向圆跳动，如图 7-21(b) 所示。扭转指示表使其测杆平行于心轴轴线，且测头与齿坯端面接触。把测杆压缩约 1mm，转动指示表的表盘使指针对准零标记。然后轻轻转动齿坯一周，从指示表读取最大与最小示值之差，此值即为轴向圆跳动值。

（4）思考题

① 测量径向圆跳动能否代替测量圆度误差？

② 可否把安装着齿坯的心轴放在两个 V 形块上测量圆跳动？

7.2.4　平面度误差测量

（1）目的与要求

① 掌握合像水平仪的原理和使用方法。

② 了解平面度误差的测量与数据处理方法。

（2）量仪说明和测量原理

任一平面包含许多条直线，其中具有代表性的直线度误差的相关和综合可以反映出平面度误差。因此，测量直线度误差所用的量仪（指示表、水平仪和自准直仪等）也适用于测量平面度误差。

测量平面度误差时，所测直线和测点的数目根据被测平面的大小来决定，布点的方法通常采用图 7-22 所示的方法，测量按图中箭头所指示的方向依次进行。前两种布点在数据处理上比较方便，但不能用于自准直仪。最外的测点应距工作面边缘 5～10mm。

(a) 网格布点之一　　　　　　(b) 网格布点之二　　　　　　(c) 对角线布点

图 7-22　测量平面度误差时的布点方法

本实验采用合像水平仪，其结构图如图 7-23 所示，其分度值 $i=0.01$mm/m（相当于 $2''$）。合像水平仪要放在桥板上使用，把桥板放在被测工件上逐点依次测量。

图 7-23　合像水平仪

1—底板；2—杠杆；3—支承；4—壳体；5—支承架；
6,11—放大镜；7—棱镜；8—水准器；9—微分筒；
10—测微螺杆；12—标尺

图 7-24　水泡的两半影像

(a) 影像重合　　　(b) 影像错开

测量时，水准器 8 中水泡两端经棱镜 7 反射的两半影像从放大镜 6 观察。当桥板两端相对于自然水平面无高度差时，水准器 8 处于水平位置，则水泡在棱镜 7 两边是对称的，因此从放大镜 6 看到的两半影像相合，如图 7-24（a）所示。如果桥板两端相对于自然水平面有高度差，则水平仪倾斜一个角度，因而水泡不在水准器 8 的中央，从放大镜 6 看到的两半影像是错开的，如图 7-24（b）所示。这时转动测微螺杆 10 把水准器 8 倾斜一个角度，使水泡返回到对称于棱镜 7 两边的位置。这样，两半影像的偏移便消失，而恢复成图 7-24（a）所示相合的两半影像。偏移量先通过放大镜 11 由标尺读数，它反映测微螺杆 10 旋转的整圈数；再从微分筒 9 的标尺盘读数（该盘上有等分 100 格的圆周标记），它是螺杆 10 旋转不足一圈的细分读数。习惯上规定，水平仪气泡移动方向和水平仪移动方向相同时读数取为"＋"，相反时则读数取为"－"。本量仪读数取值的正负由微分筒 9 指明。

测微螺杆 10 转动的格数 a、桥板跨距 l（mm）与桥板两端相对于自然水平面的高度差 h（μm）之间的关系为

$$h=0.01al \tag{7-8}$$

（3）实验步骤

① 将被测工件（平板）放置在三个千斤顶上，再把水平仪放在平板中间和边缘上，调整千斤顶，直至水泡皆大致位于棱镜 7 两边的对称位置上且位置变化不大为止，使平板大致调平。

② 按选定的布点方法，在平板上画好网格。将安放着水平仪的桥板置于平板上，逐点依次测量。

③ 将各测点读数的格值按公式 $h=0.01al$ 转换成线值，处理测量数据，求解平面度误差值。

（4）平面度误差的评定方法

① 按最小包容区域评定　如图 7-25 所示，由两平行平面包容被测实际表面时，被测实际表面应至少四点分别与该两平行平面接触，且满足下列两条件之一，则该两平行平面之间的距离为平面度误差值。

(a) 三角形准则　　　　　　　　　　　　(b) 交叉准则

图 7-25　按最小包容区域评定平面度误差
○—最高点；□—最低点

a. 三角形准则：至少有三点与一平面接触，有一点与另一平面接触，且该点的投影能落在上述三点连成的三角形内。

b. 交叉准则：至少各有两点与两平行平面接触，且分别由相应两点连成的两条直线在空间呈交叉状态。

② 按对角线法评定　用通过被测表面的一条对角线两端点的连线且平行于另一条对角线两端点的连线的平面作为评定基准，以各测点对此评定基准的偏差中最大偏差与最小偏差的代数差作为平面度误差值。

③ 按任意三远点法评定　用被测表面上相距最远的三点建立的平面作为评定基准，以各测点对此评定基准的偏差中最大偏差与最小偏差的代数差作为平面度误差值。

（5）测量数据处理

评定误差值时，需将被测表面上各测点对测量基准的坐标值转换为对评定方法所规定的评定基准的坐标值，因此测量数据要进行坐标变换。坐标变换前后的差值称为旋转量。在空间直角坐标系里，以 x 坐标轴和 y 坐标轴作为旋转轴。设绕 x 坐标轴旋转的单位旋转量为 y，绕 y 坐标轴旋转的单位旋转量为 x，则测量基准绕 x 坐标轴旋转再绕 y 坐标轴旋转时，实际

0	x	$2x$	$\cdots$	nx
y	$x+y$	$2x+y$	$\cdots$	$nx+y$
$2y$	$x+2y$	$2x+2y$	$\cdots$	$nx+2y$
$\vdots$	$\vdots$	$\vdots$	$\vdots$	$\vdots$
my	$x+my$	$2x+my$	$\cdots$	$nx+my$
y				

图 7-26　各测点的综合旋转量

表面上各测点的综合旋转量，如图 7-26 所示（位于原点的测点的综合旋转量为零）。各测点的原坐标值加上综合旋转量，即为坐标变换后各测点的坐标值。

测量数据处理示例：用分度值为 0.01mm/m 的合像水平仪按图 7-22(a) 所示网格布点测量一块小平板的平面度误差，9 个测点 12 个测量数据如图 7-27 所示。图中所列数据均已

换算为线值（μm），且为空间直角坐标系的 z 坐标值。试按最小包容区域评定平面度误差值。

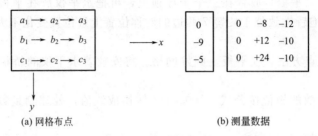

(a) 网格布点　　　　　　　　　(b) 测量数据

图 7-27　网格布点测量

用水平仪测量平面度误差时，读数表示被测两点的高度差，在不同的测点，测量基准是不同的，故必须将所有读数统一到同一测量基准才能评定误差值，在确定起始测点的坐标值（通常取为零）以后，将各测点读数顺序累积。本例图 7-27(b) 的测量数据按顺序累积为图 7-28 的量值。

经分析，图 7-28 所示各测点的高低分布，应采用交叉准则来判断，将同一的测量基准分别绕 x 坐标轴和 y 坐标轴旋转后，使 a_1、c_2 两点等值和 a_3、c_1 两点等值，因而得出方程组（图 7-28 和图 7-26）：

$$\begin{cases} 0+0=10+x+2y \\ -14+2y=-20+2x \end{cases}$$

0(a_1)	-8(a_2)	-20(a_3)
-9(b_1)	+3(b_2)	-7(b_3)
-14(c_1)	+10(c_2)	0(c_3)

图 7-28　统一成同一测量基准的量值

当解该方程组，求得旋转量 $x=-4/3$，$y=-13/3$（正负号表示旋转方向）。这样求得各测点的综合旋转量如图 7-29 所示，然后，把各测点的量值（图 7-28）分别加上各测点的综合旋转量（图 7-29）得图 7-30 所示的数据。至此，a_1、c_2 两点为等值最高点，a_3、c_1 两点为等值最低点，该 9 个测点的高低分布符合交叉准则，所以平面度误差值为

$$f=0-\left(22\,\frac{2}{3}\right)=-22\,\frac{2}{3}\,\mu\text{m}$$

	0	x	$2x$
0	0	$-\dfrac{4}{3}$	$-\dfrac{8}{3}$
y	$-\dfrac{13}{3}$	$-\dfrac{17}{3}$	-7
$2y$	$-\dfrac{26}{3}$	-10	$-11\,\dfrac{1}{3}$

图 7-29　各测点的综合旋转量

0	$-9\,\dfrac{1}{3}$	$-22\,\dfrac{2}{3}$
$-13\,\dfrac{1}{3}$	$-2\,\dfrac{2}{3}$	-14
$-22\,\dfrac{2}{3}$	0	$-11\,\dfrac{1}{3}$

图 7-30　符合交叉准则的量值

当第一次转换不能满足评定方法所规定的条件时，则在第一次转换的基础上用上述方法继续进行转换，直到满足所规定的条件为止。

（6）思考题

① 平面度误差有几种评定方法？

② 若本实验改用指示表测量，则在数据处理上有什么不同？

7.2.5　圆度误差测量

（1）目的与要求

① 了解圆度仪测量圆度误差的原理。

② 了解用两点法和三点法测量圆度误差及数据处理方法。

（2）用圆度仪测量圆度误差的测量原理

圆度仪主要用来测量圆度误差，其精度高而且效率也高。圆度仪有两种类型：一种为转轴式圆度仪或称传感器旋转式圆度仪，另一种为转台式圆度仪或称工作台旋转式圆度仪。本实验采用 YD200A 型转台式圆度仪，其外形如图 7-31 所示。可以按最小区域圆、最小二乘方圆、最小外接圆和最大内接圆评定圆度误差值。

(a) 主机　　　　　　　　　　　　　　　　(b) 电箱

图 7-31　YD200A 型圆度仪

1—底座；2—立柱；3—传感器；4—记录器；5—按键

如图 7-31 所示，传感器 3 固定在立柱 2 上，被测工件装卡在工作台的粗定心台中，利用粗定心台可调整工件的被测表面与主轴大致同心。测量时工件随工作台主轴转动，传感器 3 不转动，测头相对工作台回转的运动轨迹是一个理想圆，它是圆度测量基准。当被测表面不圆时，测头势必相对于理想圆产生径向偏差，该径向偏差由传感器 3 接收，并转换成电信号输送到电气控制系统，经过放大器、滤波器、运算器输送到记录器去记录图形，或者通过计算机按所选择的圆度误差评定方法和程序运算误差值，利用这种原理确定圆度误差的方法称为半径变化量测量法。

通过旋钮来选择传感器 3 测量力的大小和选择外圆或内圆的测量力方向，如图 7-32 所示。测头安装在传感器上，测量时使测头与工件被测表面接触。如图 7-33 所示，它们的半

工件的偏心距由对心表指示

使工件轴线与转台轴线对正

转台基准轴线

电火花电压源

图 7-32　原理图

径差 $r_1 - r_2$ 乘以放大倍数 M 时的分度值 I 为圆度误差值 f，即

$$f = (r_1 - r_2) \times I \tag{7-8}$$

图 7-33 圆度最小包容区域
1—圆度曲线；2—同心圆模板

图 7-34 三点法测量装置
1—方箱；2—钢球；3—V 形块；4—指示表；
5—被测工件；6—平板

（3）两点法、三点法测量圆度

① 测量装置和测量方法 三点法测量圆度误差就是利用 V 形块测量圆度误差。如图 7-34 所示的三点法测量装置是通常用来测量外表面圆度误差的测量装置，用符号 "$3S_\alpha$" 表示。V 形块夹角 α 有 120°、108°、90°、72°、60°五种。测量时，被测圆柱面的轴线应垂直于测量截面，同时固定轴向位置，如图 7-34 中用方箱 1 和钢球 2 作轴向定位。把被测圆柱面回转一周过程中指示表测头在径向方向上示值的最大差值 Δ，除以反映系数 F（表 7-2）作为圆度误差值 f，即 $f = \Delta/F$。

表 7-2 两点法测量及指示表和 V 形块对称安置的顶式三点法测量的反映系数 F

棱数 n		2	3	4	5	6	7	8	9	10	11	12
两点法 2		2	—	2	—	2	—	2	—	2	—	2
三点法	3S72°	0.47	2.62	0.38	1.00	2.38	0.62	1.53	2.00	0.70	2.00	1.53
	3S108°	1.38	1.38	—	2.24	—	1.38	1.38	—	2.24	—	1.38
	3S90°	1.00	2.00	0.41	2.00	1.00	—	2.41	—	1.00	2.00	0.41
	3S120°	1.58	1.00	0.42	2.00	0.16	2.00	0.42	1.00	1.58	—	2.16
	3S60°	—	3	—	—	3	—	—	3	—	—	3

棱数 n		13	14	15	16	17	18	19	20	21	22	
两点法 2		—	2	—	2	—	2	—	2	—	2	
三点法	3S72°	0.62	2.38	2.00	0.38	2.62	0.47	—	2.70	—	0.47	
	3S108°	1.38	—	2.24	—	1.38	1.38	—	2.24	—	1.38	
	3S90°	2.00	1.00	—	2.41	—	1.00	2.00	0.41	2.00	1.00	
	3S120°	—	1.58	1.00	0.42	2.00	0.16	2.00	0.42	1.00	1.58	
	3S60°	—	—	3	—	—	3	—	—	3	—	

两点法又称直径测量法，用符号 "2" 表示。两点法测量可以使用千分尺，在被测圆柱面的直径方向上，在其测量截面的 360°范围内测出直径的最大差值 Δ 除以 2 作为圆度误差值 f，即 $f = \Delta/2$。利用 α 为 90°的 V 形块，将指示表测量杆偏置 45°测量，如图 7-35（a）所

示，这也是两点法测量。利用图 7-35（b）所示的测量装置，即用平板和方箱代替图 7-35（a）所示测量装置中的 V 形块，其测量结果同两点法，把指示表示值的最大差值 Δ 除以 2 作为圆度误差值 f，即 f＝Δ/2。两点法只适用于测量偶数棱圆的圆度误差。

在实际生产中，测量前通常不知道被测圆柱面的棱数，这就需要运用两点、三点法组合测量，常用的组合方案为"2＋3S90°＋3S120°"和"2＋3S72°＋3S108°"。

组合方案的反映系数最大值、最小值

图 7-35　两点法测量装置
1—V 形块；2—指示表；3—被测工件；4—平板；5—方箱

和平均值，如表 7-3 所示。根据 GB/T 4380—2004《圆度误差的确定　两点、三点法》的规定，取三次测得值中的最大值 Δ_{max}，除以平均反映系数。

表 7-3　组合方案的反映系数

棱数 n	组合方案	
	2＋3S90°＋3S120°	2＋3S72°＋3S108°
	反映系数 F	
n 未知 2＜n≤2.2	最大　　2.41 平均(F_{av})　1.95 最小　　1.00	最大　　2.62 平均(F_{av})　2.09 最小　　1.38

② 实验步骤　选择组合方案，利用三点法和两点法测量装置依次进行三次测量：调整指示表测杆的位置，使它的轴线位于 V 形块夹角平分面内，如图 7-34 所示；或垂直于平板，见图 7-35（b），压缩测杆约 1mm，转动表盘使指针对准零标记，然后轻轻转动被测工件一周，从指示表读取最大与最小示值之差。按三次测得值中的最大值评定圆度误差值。

（4）思考题
① 圆度误差的四种评定方法中哪一种方法符合圆度误差定义？
② 两点法为什么只适用于测量偶数棱圆的圆度误差？三点法相当于两点法有什么优点？
③ 什么是两点、三点法组合测量？其优点是什么？

7.3　表面粗糙度测量

7.3.1　用光切显微镜测量表面粗糙度
（1）目的与要求
① 掌握用光切显微镜测量表面粗糙度的原理和方法。
② 加深理解轮廓最大高度 Rz 的实际含义。
（2）测量原理
光切显微镜是利用光切原理测量表面粗糙度。如图 7-36 所示，由光源 1 发出的光，穿过狭缝 3，形成带状光束，经物镜 4 斜向 45°射向工件，凹凸不平的表面上呈现出曲折光带，再以 45°反射，经物镜 5 到达分划板 6 上。从目镜里看到的曲折亮带，有两个边界，光带影像边界的曲折程度表示影像的峰谷高度 h'。h' 与表面凸起的实际高度 h 之间的关系见式 (7-9)，其中的 M 为物镜 4（5）的放大倍数。

$$h'=\frac{hM}{\cos45°}=\sqrt{2}\,hM \tag{7-9}$$

(a) 光切图　　　　　　　　　(b) 光路图

图 7-36　光切法原理

1—光源；2—聚光镜；3—狭缝；4,5—物镜；6—分划板；7—目镜

在目镜视场里，对高度 h' 是沿 45° 方向测量的，设用目镜千分尺 14（图 7-37）读数的值为 H，则 h' 与 H 之间的关系为

$$h'=H\cos45° \tag{7-10}$$

由式(7-9) 和式(7-10) 得

$$h=\frac{H\cos45°}{\sqrt{2}\,M}=\frac{H}{2M}=iH \tag{7-11}$$

式中，令 $1/(2M)=i$，作为目镜千分尺装在光切显微镜上使用时的分度值。此值由仪器说明书给定，可用标准标尺校准。

（3）仪器简介

光切显微镜由照明管和观察管组成，故又称双管显微镜。其外形结构有两种，图 7-37 中可换物镜 12 由两只物镜装成一体，两光轴对台面倾斜，固定成 45°，两物镜焦点交于一点，使用时无需调整。

在观察管的上方装目镜千分尺 14，也可装照相机。

在目镜千分尺（图 7-38）的视场里有两块分划板：固定分划板 2 上刻有 8mm 长的标尺标记，可动分划板 1 上刻有十字线和双标线。标尺筒的圆周上刻有 100 条标尺标记。转动标尺筒一周，通过螺杆使可动分划板上双标线相对标尺移动 1mm。由于放大 2 倍（物镜的放大倍率 $M=2$），

图 7-37　光切显微镜

1—光源；2—立柱；3—锁紧螺钉；4—微调手轮；5—横臂；6—升降螺母；7—底座；8—纵向千分尺；9—固定螺钉；10—横向千分尺；11—工作台；12—可换物镜；13—手柄；14—目镜千分尺；15—目镜；16—照相机座

故目镜千分尺的分度值小于 0.01mm，如表 7-4 所示。

图 7-38　目镜千分尺

表 7-4　光切显微镜的主要技术数据

可换物镜放大倍数	物镜组的放大倍数	目镜视场直径/mm	目镜千分尺分度值/μm	测量范围 Rz/μm
60	31.3	0.3	0.16	0.8~1.6
30	17.3	0.6	0.29	1.6~6.3
14	7.9	1.3	0.63	6.3~20
7	3.9	2.5	1.28	20~63

（4）操作步骤

① 准备工作　估计被测表面的 Rz 值，参考表 7-4 选择一对合适的物镜，分别安装在照明管与观察管的下方。并按表 4-1 选用取样长度与评定长度。

接通电源，擦净工件。将工件放在工作台上，转动工作台，使要测量的截面方向与光带方向平行，未指明截面时，一般尽可能使表面加工纹理方向与光带方向垂直。移动工作台，将工件上要测量的点移到光带处，对外圆柱表面则将最高点移到光带处。

② 调节仪器（参见图 7-37）

a. 粗调焦。松开横臂 5 上锁紧螺钉 3，缓慢地旋转升降螺母 6，使横臂带着双管一起向下移动。同时观察目镜，当观场中可看到清晰的工件表面加工痕迹时，停止移动，拧紧锁紧螺钉 3（调焦时为避免镜头碰工件，最好由下向上移动双管）。略微转动目镜 15 上的滚花环，直到视场中的十字线最清晰为止。

b. 精调焦。转动微调手轮 4，使视场中光带最窄，并使一个边界最清晰。此时的边界代表光切面，如图 7-38 所示。

c. 对线。松开目镜千分尺上螺钉，转动镜架使目境中十字线的横线与光带方向大致平行以体现轮廓中线，此时标尺对光带方向倾斜 45°，拧紧螺钉。

③ 轮廓最大高度 Rz　用目镜中十字线的横线瞄准轮廓，从目镜千分尺上读数，以确定轮廓高度。测量方法是：转动目镜的标尺筒，使横线与轮廓影像的清晰边界在取样长度的范围内与最高点（峰）相切，记下数值 H_p（图 7-39），再移动横线与同一轮廓影像的最低点

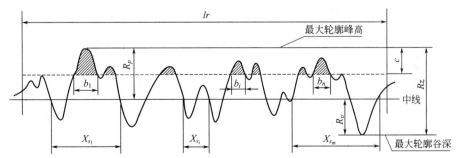

图 7-39　表面的轮廓最大高度

（谷）相切，记下数值 H_v。H_p 和 H_v 数值是相对于某一基准线（平行于轮廓中线）的高度。设中线到基准线的高度为 H，则 $y_p = H_p - H$，$y_v = H - H_v$，代入 $Rz = H_p - H_v$。

将记下的读数代入上式即可得轮廓最大高度 Rz。

测量时，目镜视场可能小于取样长度。此时需要转动工作台上的纵向千分尺 8（图 7-37），使工件平移，以便找出在所选取样长度上轮廓的最大高度。

再移动工作台，测出评定长度范围内 n 个取样长度上的 Rz 值，并取平均值，即得所测表面的轮廓最大高度：

$$Rz = \sum_{i=1}^{n} Rz_i / n \tag{7-12}$$

④ 判断合格性　若实测计算的结果不超出允许值，则可判该表面的粗糙度合格。

（5）思考题

① 为什么只能用光带的同一个边界上的最高点（峰）和最低点（谷）来计算 Rz？而不能用不同边界上的最高点与最低点来计算？

② 是否可用光切显微镜测出 Rz 和 Ra 值？

③ 目镜千分尺的分度值原为 0.01mm，装在光切显微镜上使用，为什么变小了？它怎样确定？

7.3.2　用电动轮廓仪测量表面粗糙度

（1）目的与要求

① 了解用电动轮廓仪测量表面粗糙的原理和方法。

② 理解轮廓算术平均偏差 Ra 的实际含义。

（2）测量原理

电动轮廓仪测量表面粗糙度属于针描法，是一种接触测量方法。测量时用一个很尖的触针与被测表面垂直，同时它的移动也与加工纹理方向垂直。当传感器匀速移动时，触针将随着表面轮廓的几何形状作垂直起伏运动，把这个微小的位移经传感器转换成电信号，经过放大、滤波、运算处理即可获得表面粗糙度的某个参数。

电动轮廓仪型号繁多，外形有较大差异，但根据采用传感器的不同，主要有两大类。一类采用差动电感式传感器，另一类采用压电式传感器。本实验以哈尔滨量具刃具厂近期生产的 T1000 型电动轮廓仪为例，介绍其测量原理，其他型号的仪器请参考相关说明书。

图 7-40　传感器的原理

T1000 型电动轮廓仪，是一种由单片机控制测量和数据处理过程的便携式表面粗糙度测量仪器，采用差动电感式传感器，传感器的原理，如图 7-40 所示。

在传感器测杆的一端装有触针，当传感器匀速移动时，被测表面轮廓上的峰谷起伏使触针上下运动，此运动经支点使磁芯同步上下运动，从而使磁芯外的差动线圈的电感量发生变化，由于差动线圈和测量电桥相连接，从而使电桥失去平衡，于是就输出一个与触针位移量成比例的电信号，电信号需经进一步处理方可获得表面粗糙度参数。

（3）仪器简介

T1000 型电动轮廓仪是一种自动化程度较高，易于操作，可用电池驱动的便携式表面粗糙度测量仪器，测量过程及数据处理由单片机控制，测量参数的预置和测量运行由薄膜式按键来执行，所有参数和测量值都显示在一个八位显示屏上。

图 7-41 为 T1000 型电动轮廓仪的外形图，该电动轮廓仪主要包括：传感器、驱动箱、

电箱、微型打印机四部分。

图 7-41　T1000 型电动轮廓仪的外形图

T1000 型电动轮廓仪正面控制键如图 7-42 所示。

① TOL键：确定公差带等。
② Lt键：选择测量长度等。
③ R键：选择评定参数等。
④ ▷键：确认选择的各项参数，启动测量等。
⑤ Print键：参数打印选择等。

图 7-42　T1000 正面图

T1000 型电动轮廓仪背面控制键如图 7-43 所示。

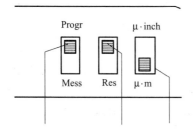

① 左键：参数输入和测量状态转换开关。
② 中间键：复位开关。
③ 右键：公英制单位转换开关。

图 7-43　T1000 背面图

　　T1000 型电动轮廓仪可以测量的表面粗糙度参数有：Ra、Rz、$Rmr(c)$ 及德国标准的 RzDIN、RzJIS 等。测量范围：触针位移为 $\pm 40\mu m$，Ra 为 $8\mu m$。该仪器可测量平面、外圆柱面、直径 3.5mm 以上的内孔面。对于大型零件可以手持驱动箱直接在零件上测量；小型和形状复杂的零件需将驱动箱安装在立柱上测量；传感器可以旋转 90°，所以可以测量曲轴等形状复杂的零件。

　　（4）实验步骤

　　① 选择测量参数和相关数据，本实验以测量 Ra 和 Rz 为例介绍操作步骤，其他参数的测量方法与此类似。

a. 将转换开关置于 "Progr"（图 7-43）。

b. 按 "▷" 键打开电源，见图 7-42。

c. 按 "R" 键显示 Ra，按确认键选定 Ra。

d. 按 "Print" 键，选定打印 Ra。

e. 按 "TOL" 键，然后按确认键，预置 Ra 公差带。

f. 再次按 "TOL" 键，显示 "T ≧ ××.××"。

g. 再次反复按 "TOL" 键和确认键，选定 Ra 上公差带。

h. 按 "TOL" 键，显示 "T ≦ ××.××"。

i. 重复步骤 f 操作，选定 Ra 下公差带。

j. 按 "Print" 键，选定打印公差带数值。

k. 再次按 "R" 键，显示 Rz，按确认键选定 Rz。

l. 按 "Print" 键，选定打印 Rz。

② 将仪器背面的转换开关置于 "Mess"，使仪器进入测量状态。

③ 调整传感器的位置。

a. 松开锁紧螺钉，使传感器与被测表面接触，并且保证传感器的运动方向与加工纹理方向垂直，如果是手持传感器直接在零件上测量，需要按图 7-44 所示的方式放置传感器。

正确　　　　　　　错误

图 7-44　传感器安装位置

b. 传感器定位。当传感器直接放在工件上测量时，其位置自动确定。如果将驱动箱放在立柱上时，则必须人工定位。其方法是：同时按 "TOL" 键和确认键，显示器将显示传感器的位置偏差 "Pos—××.×"，调整传感器位置，使显示值不超出 $\pm 20 \mu m$，如图 7-45 所示。

④ 选定测量（评定）长度。

a. 同时按 "Lt" 键和确认键，显示器显示原来预置的数值。

b. 反复按 "Lt" 键，调到要求的测量长度，并按确认键。

⑤ 按确认（启动）键，进行测量，测量完成后传感器自动返回原始位置。显示器显示测量值，按 "R" 键可分别显示 Ra 和 Rz 的数值。打印机同时打印选定的参数。

⑥ 按图形打印键，打印机将打印表面粗糙度曲线和其他全部参数。

图 7-45　传感器定位

7.3.3 用干涉显微镜测量表面粗糙度

(1) 目的与要求

① 了解用干涉法测量表面粗糙度的原理，学习使用干涉显微镜。

② 加深理解轮廓最大高度 Rz 的实际含义。

(2) 测量原理

干涉显微镜是利用光波干涉原理来测量表面粗糙度。干涉显微镜的光学系统如图 7-46 所示。由光源 1 发出的光（或经滤光片 3 成单色光），经聚光镜 2、8 投射到分光镜 9 上，并被分成两路：一路光反射向前（遮光板 20 移去），经物镜组 12，射向参考平面镜 13 再反射回来；另一路透射向上，经补偿镜 10 和物镜组 11 射向工件表面 18，再反射回来。两路光到分光镜 9 会合，向前射向目镜组 19 或照相机。

图 7-46 干涉显微镜的光学系统

1—光源；2,4,8—聚光镜；3—滤光片；5—反光镜；6—视场光阑；7—孔径光阑；9—分光镜；

10—补偿镜；11,12—物镜组；13—参考平面镜；14—可调反光镜；15—折射镜；

16—照相物镜；17,20—遮光板；18—工件表面；19—目镜组

两路光会合时会发生光波干涉现象。因参考平面镜 13 对光轴微有倾斜，相当于与被测工件表面 18 形成楔形空隙，故在目镜中看到一系列干涉条纹，如图 7-47 所示。相邻两干涉条纹相应的空隙差为半个波长。由于轮廓的峰和谷相当于不同大小的空隙，故干涉条纹呈现弯曲状。其相对弯曲程度与轮廓高度对应。测出干涉条纹的弯曲量 a 与相邻两条纹间距 b 的比值，乘以半个光波波长（$\lambda/2$），可得轮廓的峰谷高度 h，即

$$h = \frac{a}{b} \times \frac{\lambda}{2} \tag{7-13}$$

(3) 仪器简介

图 7-48 所示是 6JA 型干涉显微镜，它的外壳是方箱。箱内安装光学系统；箱后下部伸出光源部件；箱后上部伸出参考平面镜及其调节的部件等；箱前上部伸出观察管，其上装目镜千分尺 2（其功能见图 7-38 的介绍）；箱前下部窗口装照相机；箱的两边有各种调整用的手轮；箱的上部是圆工作台 15，它可水平移动、转动和上下移动。

干涉显微镜可测量轮廓峰谷高度的范围是 $0.025 \sim 0.8\mu m$。

(a) 视场图　　　　　　　　　　　(b) 测量原理

图 7-47　干涉显微镜视场中的干涉条纹

图 7-48　6JA 型干涉显微镜

1—目镜；2—目镜千分尺；3—照相机；4,6,10,11,12—手轮；5,7—手柄；

8—螺钉；9—光源；13,14—滚花轮；15—圆工作台

对小工件，将被测表面向下放在圆工作台上测量；对大工件，可将仪器倒立放在工件的被测表面上进行测量。

仪器备有反射率为 0.6 和 0.04 的两个参考平面镜，不仅适用于测量高反射率的金属表面，也适用于测量低反射率的工件（如玻璃）表面。

（4）操作步骤

① 调节仪器（图 7-48）

a. 通过变压器接通电源，开亮灯泡。

b. 调节参考光路。将手轮 4 转到目视位置，转手轮 10 使图 7-46 中的遮光板 20 移出光路。旋转螺钉 8 调整灯泡位置，使视场照明均匀。转手轮 11，使目镜视场中弓形直边（图 7-49）清晰。

c. 调节被测工件光路。将工件被测面擦净，面向下放在工作台上。转手轮 10，使遮光板转入光路。旋转滚花轮 13 以升降工作台，直到从目镜视场中看到工件表面的清晰加工痕迹为止。再转手轮 10，使遮光板转出光路。

d. 调节两路光束重叠。松开螺钉取下目镜 1，从观察管中可看到两个灯丝的像。转滚花轮 13，使图 7-46 中的孔径光阑 7 开到最大。转手轮 10，使两个灯丝像完全重合，同时调节螺钉 8，使

图 7-49　弓形直边

灯丝像位于孔径光阑中央。

e. 调节干涉条纹。装上目镜，旋紧螺钉，旋转目镜上滚花环看清十字线。将手柄 7 向左推到底，使滤光片插入光路，在目镜视场中就会出现单色的干涉条纹。微转手轮 12，使条纹清晰。将手柄 7 向右推到底，使滤光片退出光路，目镜视场中就会出现彩色的干涉条纹，用其中仅有的两条黑色条纹进行测量。转手轮 11，调节干涉条纹的亮度和宽度。旋转滚花轮 14 以旋转圆工作台，使要测量的截面与干涉条纹方向平行，未指明截面时，则使表面加工纹理与干涉条纹方向垂直。

② 测量轮廓的峰谷高度

a. 选择光色。表面加工粗糙、痕迹不规则时，常用白光；目测时，彩色干涉条纹识别方便；精密测量时，采用单色光。本仪器使用绿色光。

b. 选取样长度。估计被测表面的 Rz 值，参考表 4-1 选取。6JA 型干涉显微镜视场为 0.25mm，在 $Rz \geq 0.025 \sim 0.5 \mu m$ 时可在一个视场内测量，但若 $Rz > 0.5 \sim 0.8 \mu m$，取样长度为 0.8mm 时，则必须移动工作台在三个视场内测量。

c. 调整瞄准线。调节目镜千分尺，使目镜里十字线的一条线与整个干涉条纹的方向平行，以体现轮廓中线。拧紧螺钉，以后就用该线瞄准。

d. 测量干涉条纹的间距。调节目镜千分尺 2，使瞄准线在取样长度范围内先后与相邻两条干涉条纹上的各个峰顶的平均中心重合，读得 N_1 值和 N_2 值，见图 7-47(b)，则干涉条纹的间距为

$$b = N_1 - N_2 \tag{7-14}$$

e. 测量干涉条纹的弯曲量。调节目镜千分尺，使瞄准线在取样长度范围内依次与同一条干涉条纹上的最高峰顶中心和最低谷底中心重合，读得 N_1 值和 N_2 值，则干涉条纹的最大弯曲量为

$$a_{max} = |N_1 - N_2| \tag{7-15}$$

③ 计算表面的轮廓最大高度 Rz

$$Rz = \frac{a_{max}}{b} \times \frac{\lambda}{2} \tag{7-16}$$

式中　λ——所用光的波长，单色光由滤光片的检定证给出，一般绿色光取 $0.53 \mu m$，白光取 $0.57 \mu m$。

④ 判断合格性　移动圆工作台，在评定长度内连续测量五个 Rz 值，并求平均值，得出在评定长度内的 Rz，若它们不超出允许值，则可判定该表面的粗糙度合格。

(5) 思考题

试分析比较光切法、干涉法、针描法测量表面粗糙度的特点。

7.4　圆柱螺纹测量

7.4.1　用影像法测量外螺纹

(1) 目的与要求

① 了解工具显微镜的测量原理和操作方法。

② 掌握用大型工具显微镜测量外螺纹的牙型半角、螺距和中径的方法。

(2) 量仪说明和测量原理

影像法测量外螺纹是在工具显微镜上，利用光线投射将被测螺纹牙型轮廓放大投影成像于目镜头中，来测量螺纹的中径、螺距和牙型半角。工具显微镜分为小型、大型、万能等几种形式。它们的测量精度和测量范围及附件虽各不相同，但测量原理相同。本实验采用大型

工具显微镜，其光学系统，如图 7-50 所示。由主光源 1 发出的光经光阑 2、滤光片 3、反射镜 4、聚光镜 5 和玻璃工作台 6，将被测工件的轮廓经物镜组 7、反射棱镜 8 投影到目镜焦平面 9 上，从而在目镜 10 中观察到放大的轮廓影像，从角度读数目镜 11 中读取角度值。另外，也可以用反射光源照亮被测工件，以工件表面上的反射光线，经物镜组 7、反射棱镜 8 投影到目镜焦平面 9 上，同样在目镜 10 中观察到放大的轮廓影像。

图 7-50　大型工具显微镜的光学系统图

1—主光源；2—光阑；3—滤光片；4—反射镜；5—聚光镜；6—玻璃工作台；7—物镜组；
8—反射棱镜；9—目镜焦平面；10—目镜；11—角度读数目镜

如图 7-51 所示，为大型工具显微镜，它由下列四部分构成。

图 7-51　大型工具显微镜

1—目镜；2—角度读数目镜；3—微对焦环；4—顶尖座；5—圆工作台；6—螺钉；
7—横向千分尺；8—底座；9—升降手轮；10—锁紧螺钉；11—立柱；12—连接座；
13—连杆；14—立柱倾斜手轮；15—纵向千分尺；16—顶尖架；17—角度读数
目镜光源；18—显微镜筒；19—物镜；20—圆工作台转动手轮

① 底座　用来支持整个量仪。

② 工作台　用来承放工件，可以作纵向和横向移动，用千分尺读数，还可以绕本身的轴线旋转。

③ 显微镜系统　用来把工件轮廓放大投影成像，其终端的各种目镜，用来瞄准和读取角度值。

④ 立柱　用来安装显微镜筒等光学部件。

（3）实验步骤

① 接通电源。将被测螺纹塞规牢牢地顶在两个顶尖之间。把工作台圆周标尺标记对准零位。

② 根据被测螺纹尺寸，按表 7-5 查出适宜的光阑直径，然后调好光阑的大小。

表 7-5　光阑直径（牙型角 $\alpha = 60°$）

螺纹中径 d_2/mm	10	12	14	16	18	20	25	30	40
光阑直径/mm	11.9	11	10.4	10	9.5	9.3	8.6	8.1	7.4

③ 扳动立柱。当光线垂直于被测螺纹轴线射入物镜时，牙型轮廓影像就会有一侧模糊。如图 7-51 所示，为了获得清晰的影像，转动立柱倾斜手轮 14，使立柱 11 向右或向左倾斜一个角度 φ，其值等于螺纹升角，$\varphi = \arctan(P/\pi d)$，式中 P 为螺距，d 为公称直径，立柱倾斜角度数值由表 7-6 查取。

表 7-6　立柱倾斜角度（牙型角 $\alpha = 60°$）

螺纹大径 d/mm	10	12	16	18	20	22	24	27	30
螺距 P/mm	1.5	1.75	2	2.5	2.5	2.5	3	3.5	4
立柱倾斜角度	3°01′	2°56′	2°29′	2°47′	2°27′	2°13′	2°17′	2°17′	2°17′

④ 调节目镜。如图 7-51 所示，转动目镜 1 上的视度调节环，使视场中的米字线清晰，松开锁紧螺钉 10，旋转升降手轮 9，调整量仪的焦距，使被测轮廓影像清晰，然后旋紧锁紧螺钉 10。

⑤ 瞄准。方法有以下两种。

a. 压线法。如图 7-52（a）所示，米字线的中虚线 AA' 与牙型轮廓影像的一个侧边重合，用于测量长度。

b. 对线法。如图 7-52（b）所示，米字线的中虚线 AA' 与牙型轮廓影像的一个侧边间有一条宽度均匀的细缝，用于测量角度。

(a) 压线法

(b) 对线法

图 7-52　瞄准方法

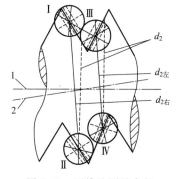

图 7-53　压线法测量中径

1—螺纹轴线；2—测量轴线

⑥ 测量螺纹主要参数。

a. 测量中径。单线螺纹中径是指在螺纹轴向截面内，沿垂直于轴线的方向上，两个相对牙型侧面间的距离。用压线法测量应注意以下问题。

ⅰ. 转动纵向和横向千分尺，以移动工作台；转动目镜左侧的手轮（图 7-51）使米字线分划板转动，把中虚线 AA' 瞄准牙型轮廓影像的一个侧边，如图 7-53 所示，记下横向千分尺第一次示值。

ⅱ. 把立柱反向转一个 φ 角，纵向千分尺不动，转动横向千分尺，直至把中虚线 AA' 瞄准对面的牙型轮廓影像的一个侧边，记下横向千分尺第二次示值。两次示值之差即为被测螺纹一侧的实际中径。

ⅲ. 为了消除被测螺纹安装误差对测量结果的影响，需要在左、右侧面分别测出 $d_{2左}$ 和 $d_{2右}$，取两者的平均值作为中径的实际尺寸 d_2，即

$$d_2 = \frac{d_{2左} + d_{2右}}{2} \tag{7-17}$$

b. 测量螺距。螺距是指相邻两牙同名侧面在中径线上的轴向距离。用压线法测量，如图 7-54 所示。

ⅰ. 移动纵向和横向千分尺，同时转动圆工作台转动手轮 20（图 7-51），使中虚线 AA' 瞄准牙型轮廓影像的一个侧边，记下纵向千分尺第一次示值。

ⅱ. 横向千分尺不动，转动纵向千分尺，使工作台移动 n 个螺距的距离，把中虚线 AA' 瞄准牙型轮廓影像的同向侧边，

图 7-54 压线法测量螺距
1—螺纹轴线 2—测量轴线

记下第二次示值。这两次示值之差即为一侧 n 个螺距的实际长度。

ⅲ. 为了消除被测螺纹安装误差对测量结果的影响，应在左、右侧面分别测出 $nP_左$ 和 $nP_右$，取两者的平均值作 n 个螺距的实际尺寸 $nP_{实际}$，即

$$nP_{实际} = \frac{nP_左 + nP_右}{2} \tag{7-18}$$

n 个螺距的累积偏差为：

$$\Delta P_{实际} = nP_{实际} - nP \tag{7-19}$$

c. 测量牙型半角。牙型半角是指在螺纹轴向截面内，牙型侧面与轴线的垂线间的夹角。用对线法测量。

ⅰ. 转动圆工作台转动手轮 20（图 7-51），使角度读数目镜中的示值为 $0°0'$，则表示中虚线 AA' 垂直于工作台的纵向轴线。

ⅱ. 转动纵向和横向千分尺，同时转动圆工作台转动手轮 20，把中虚线 AA' 与牙型轮廓影像的一个侧边重合，如图 7-55 所示，此时角度读数目镜中的示值即为该侧的牙型半角数值。

ⅲ. 为了消除被测螺纹安装误差对测量结果的影响，应在左、右侧面分别测出 $\alpha/2(1)$、$\alpha/2(2)$、$\alpha/2(3)$、$\alpha/2(4)$。当测量完 $\alpha/2(1)$ 后，应移动纵向千分尺测量，同时调整手轮 20 测量 $\alpha/2(2)$。然后，按照测量中径的方式调整仪器测量 $\alpha/2(3)$、$\alpha/2(4)$。并按下式计算牙型左、右两侧的半角 $\alpha/2(左)$ 和 $\alpha/2(右)$：

$$\frac{\alpha}{2}(左) = \frac{\frac{\alpha}{2}(1) + \frac{\alpha}{2}(4)}{2}, \quad \frac{\alpha}{2}(右) = \frac{\frac{\alpha}{2}(2) + \frac{\alpha}{2}(3)}{2}$$

图 7-55 对线法测量牙型
1—螺纹轴线；2—测量轴线

将它们与牙型半角公称值 $\alpha/2$ 比较，则牙型半角偏差为

$$\Delta\frac{\alpha}{2}(左)=\frac{\alpha}{2}(左)-\frac{\alpha}{2}, \quad \Delta\frac{\alpha}{2}(右)=\frac{\alpha}{2}(右)-\frac{\alpha}{2} \tag{7-20}$$

（4）思考题

① 用影像法测量螺纹时，工具显微镜的立柱为什么要倾斜一个螺纹升角 φ？

② 用工具显微镜测量外螺纹的主要参数时，为什么测量结果要取平均值？

③ 影像法与三针法测量螺纹中径各有何优缺点？

7.4.2 用三针法测量外螺纹中径

（1）目的和要求

① 理解三针法测量外螺纹中径的原理。

② 学会杠杆千分尺的使用方法。

（2）测量原理和量仪说明

用三针法测量外螺纹中径属于间接测量，其原理如图 7-56 所示，是将三根直径相同的量针（或称量线）或量柱分别放入螺纹直径两边的牙槽内，然后用具有两个平行测量面的量仪测出外尺寸 M，根据所测 M 值和被测螺纹的螺距 P、牙型半角 $\alpha/2$ 以及所用量针的直径 d_0，计算出螺纹中径 d_2。

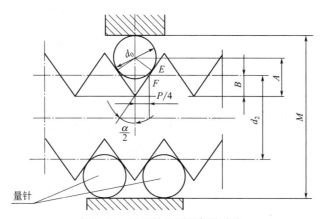

图 7-56 用三针法测量螺纹中径

$$d_2=M-d_0\left(1+\frac{1}{\sin\dfrac{\alpha}{2}}\right)+\frac{P}{2}\cot\frac{\alpha}{2}$$

当 $\alpha/2=30°$ 时，有

$$d_2 = M - 3d_0 + 0.866P \qquad (7-21)$$

如果量针与螺纹的接触点 E 正好位于螺纹中径处，则螺纹半角的误差将不影响测量结果，此时所用的量针直径称为最佳直径，其值可按下式计算：

$$d_0 = \frac{P}{2\cos\dfrac{\alpha}{2}}$$

当 $\alpha/2=30°$ 时，有

$$d_0 = 0.577P \qquad (7-22)$$

为了简化三针的尺寸规格，工厂生产的三针尺寸是几种尺寸相近螺纹共用的标准值，不一定恰好等于所要的最佳直径。测量时要按上式计算的最佳直径从成套三针中挑选直径最接近的三针。

三针有两种结构：图 7-57(a) 所示的悬挂式三针是挂在架上使用；图 7-57(b) 所示的带座板式三针是套在测头上使用的。

(a) 悬挂式　　　　　　　　　　　　(b) 带座板式

图 7-57　三针结构形式

量针的制造精度有两级：0 级用于测量中径公差为 $4\sim8\mu m$ 的螺纹塞规；1 级用于测量中径公差大于 $8\mu m$ 的螺纹塞规或螺纹工件。

图 7-58　杠杆千分尺和三针安装图

1—测头；2—活动测杆；3—标尺盘；4—微分筒；5—尺身；6—指标；7—指针；8—按钮；9—锁紧环；10—罩盖；11—三针挂架；12—尺座

（3）仪器简介

测量外尺寸 M 的量仪有千分尺、杠杆千分尺、杠杆卡规、比较仪、测长仪等，根据工件的精度要求选择。本实验采用杠杆千分尺，如图 7-58 所示。

杠杆千分尺由指示表和千分尺两部分组成一体，比普通千分尺多指示表部分，测头 1 不是固定的。手按按钮 8，可使测头 1 内缩。通过杠杆齿轮放大机构，带动指针 7 在扇形标尺盘上回转。拧开罩盖 10 后用一专用拨片可调整两个指标 6 的位置，使之指示上、下偏差。用来测量大批工件，直接判断合格性。表内有一弹簧向外推动测头 1，以产生测量力，因而千分尺的右端没有棘轮机构。杠杆千分尺的测量范围有 $0\sim25mm$，$25\sim50mm$，$50\sim75mm$、$75\sim100mm$ 四种，指示表的分度值有 $1\mu m$ 和 $2\mu m$ 两种，千分尺标记筒的分度值为 $10\mu m$。

（4）操作步骤

① 准备工作

a. 根据被测螺纹的大小粗估 M 值，选择测量范围合适的杠杆千分尺。将杠杆千分尺装在尺座上，拧螺钉，将尺壳略微夹紧，不能用力太大，以免夹坏尺壳。将三针挂架 11 套上，拧螺钉夹住。擦净尺上测头 1 和活动测杆 2 的端面。

b. 根据被测螺纹的螺距计算量针的最佳直径，从成套三针中选出与最佳直径（表 7-7）最接近的三针。擦净三针的测量面，将三针挂在挂架上。先挂两针，再挂另一针。

表 7-7　公制螺纹量针最佳直径 d_0

公称齿距 P/mm	0.5	0.75	1	1.5	2	2.5	3	3.5	4	4.5	5	5.5	6
量针最佳直径 d_0/mm	0.291	0.433	0.572	0.866	1.157	1.441	1.732	2.020	2.311	2.595	2.866	3.177	3.468

② 校准与测量　杠杆千分尺的校准与测量有如下两种用法。

a. 绝对测量。测量前先要检查千分尺的零位，即旋转微分筒 4，使测头与测杆的端面接触，或在其间放一只标准规（25mm 或 50mm 长），并推进测头，看微分筒 4 的读数是否为零（或为 25mm、50mm、75mm）。若不为零，用仪器所附的小扳手扳转固定套达到零读数。

将被测螺纹件的牙槽擦净后，放到测头与测杆之间，再将三针插入牙槽，旋转微分筒 4，使两端面与三针接触，并推进测头，使指针转到标尺盘零位左右，直到微分筒 4 上任一标记与标尺筒 3 上长指标线对齐为止。略微摆动螺纹件，直到表中指针稳定在最小值时读数（此读数为微米级）。将此读数与千分尺标尺筒上读数（此读数达 $10\mu m$ 级）相加，就得实测 M 值。

b. 相对测量。先按被测螺纹的基本中径计算外尺寸 M 值，选取量块组，将量块组放入杠杆千分尺的测头与测杆之间，旋转微分筒 4，使两端面与量块组的测量面接触，并推进测头直到表针指零。然后旋转锁紧环 9 将活动测杆 2 锁紧。按下按钮 8 再放开，则测头内缩又伸出，观察表针读数。如此三次，表针仍指零或偏零但不超过半格，则表示调整正确。如果偏零过多，则要松开锁紧环，重新对零。调好后，按下按钮 8，取出量块组。将被测螺纹的牙槽擦净后，放到测头与测杆之间，将两根量针插入测头与螺纹之间的牙槽。左手捏住螺纹压缩测头，待右手将另一根量针插入测杆与螺纹之间的牙槽后放松压力，令测头与测杆夹住三针和螺纹。略微摆动螺纹件，直到表针稳定在最小值（此读数为微米级）。将此读数与所选量块组的尺寸相加，就得实测 M 值。

③ 判断合格性　按上述方法测量螺纹件两端的尺寸，将工件转过 90°，再测两端的尺寸，共测出四处的 M 值，然后取其平均值，用公式算出螺纹中径，若它们在极限中径之间，则合格。

(5) 思考题

① 用三针法测量所得到的螺纹中径，有哪些测量误差？

② 用三针测得的中径是作用中径还是单一中径？

③ 用杠杆千分尺可作绝对测量，也可作相对测量，两种方法的区别在哪里？哪种方法的精确度高？为什么？

7.5　圆柱齿轮测量

7.5.1　齿轮单个齿距偏差和齿距累积总偏差测量

(1) 目的和要求

① 掌握用相对法测量齿轮齿距偏差的方法。

② 掌握单个齿距偏差和齿距累积总偏差的计算方法，并理解二者的区别。

（2）量仪说明和测量方法

单个齿距偏差 f_{pt} 是指在端平面上，接近齿高中部的一个与齿轮轴线同心的圆上，实际齿距与理论齿距的代数差。齿距累积总偏差 F_p 是指同侧齿面间任意弧段内的最大齿距累积偏差。本实验按相对法（比较法）用齿距仪（周节仪）或万能测齿仪测量 f_{pt} 和 F_p。在这种情况下，任意取一个齿距作为基准齿距，依次测量其余齿距对基准齿距的偏差，然后通过数据处理求解 f_{pt} 和 F_p。

手持式齿距仪外形，如图 7-59 所示。它以齿轮顶圆作为测量时的定位基准。

图 7-60 为万能测齿仪外形图。量仪的弧形支架 7 可绕基座 1 的垂直轴线旋转，安装被测齿轮心轴的顶尖装在弧形支架上。支架 2 可以在水平面上纵向和横向移动，工作台装在支架 2 上。工作台上装有能够径向移动的滑板 4，锁紧装置 3 可以将滑板 4 固定在任意位置上。当松开锁紧装置 3 时，靠弹簧的作用，滑板 4 能匀速地移动到测量位置，这样就能逐齿进行测量。

图 7-59　手持式齿距仪

1—基座；2—定位支架；3—活动测头；4—固定测头；
5,6—紧固螺钉；7—指示表

测量装置 5 上有指示表 6。万能测齿仪可以用来测量齿轮的齿距、齿圈径向跳动、齿厚和公法线长度。用它测量齿轮齿距时，测量力是靠装在被测齿轮心轴上的重锤来保证的，如图 7-61 所示。

图 7-60　万能测齿仪

1—基座；2—支架；3—锁紧装置；4—滑板；
5—测量装置；6—指示表；7—弧形支架

图 7-61　用万能测齿仪测量齿距示意图

（3）实验步骤

① 用手持式齿距仪测量（图 7-59）

a. 根据被测齿轮的模数，调整量仪的固定测头 4 的位置。然后调节两个定位支架 2 的位置，当测头 3 和 4 大致能与被测齿轮相邻两个同侧齿面在分度圆附近接触时，拧紧四个定位支架的紧固螺钉 5。

　　b. 以任意两个相邻的同侧齿面间的实际距离作为基准齿距，调整指示表的零位，然后逐齿测量各个齿距相对于基准齿距的偏差 P_i，列表记录指示表的示值。测完一周后，应校对零位。

　　② 用万能测齿仪测量（图 7-60）

　　a. 把安装着被测齿轮的心轴顶在量仪的两顶尖间。调整测量装置 5，使两个球端量脚进入齿间，与相邻两个同侧齿面在分度圆附近接触。在心轴上挂上重锤，使齿面紧靠定位爪。

　　b. 以任意一个齿距作为基准齿距，调整指示表 6 的零位。径向移动滑板 4，使量脚进出该齿距几次，以检查指示表示值的稳定性。

　　c. 退出量脚后，将被测齿轮转过一齿，再使量脚进入齿间，与齿面接触。这样逐齿测量各个齿距相对于基准齿距的偏差 P_i，列表记录指示表的示值。测完一周后，应校对零位。

　　(4) 测量数据处理

　　下面举例说明根据指示表示值 P_i，求解被测齿轮的单个齿距偏差 f_{pt} 和齿距累积总偏差 F_p 的方法。f_{pt} 应在齿距偏差 f_{pt} 允许值范围内；F_p 应不大于齿距累积总偏差允许值。

　　① 用计算法求解 f_{pt} 和 F_p　将示值 P_i 填入表 7-8 的第 2 列。将第 2 列中的示值逐个齿距相加得 $\sum_{i=1}^{z} P_i$，再除以齿数 Z，得 $K = \dfrac{1}{z}\sum_{i=1}^{z}P_i$，$K$ 表示测量时的基准齿距对公称齿距的偏差。

表 7-8　相对测量（比较测量）齿距的数据处理　　　　　　　　　　　　　　μm

齿距序号 i	指示表示值 P_i	指示表示值累加	单个齿距偏差 f_{pti}	齿距偏差累积值 F_{pi}
1	0	0	+4	+4
2	+5	+5	+9	+13
3	+5	+10	+9	+22
4	+10	+20	+14	+36
5	-20	0	-16	+20
6	-10	-10	-6	+14
7	-20	-30	-16	-2
8	-18	-48	-14	-16
9	-10	-58	-6	-22
10	-10	-68	-6	-28
11	+15	-53	+19	-9
12	+5	-48	+9	0
计算结果		$K = \dfrac{1}{z}\sum_{i=1}^{z}p_i$ $= -\dfrac{48}{12} = -4$	$\Delta f_{pti} = p_i - K$	$F_{pi} = \sum_{i=1}^{z} f_{pti}$

　　将第 2 列中的每个示值 P_i 减去 K，填入第 4 列中。此列数值表示各个实际齿距对公称齿距的偏差 f_{pt}。其中绝对值最大者即为被测齿轮的单个齿距偏差 f_{pt} 的值。

　　将第 4 列中的数值逐个齿距累加，填入第 5 列，此列中最大值与最小值之差即为该齿轮的齿距累积总偏差 F_p 的值。

　　② 用图解法求解 F_p　以横坐标代表齿距序号 i，纵坐标代表示值累积值 $\sum_{i=1}^{z}F_{pi}$，绘出

图 7-62 所示的折线。连接该折线首尾两点，过折线上的最高点和最低点，作两条平行于首尾两点连线的直线，这两条平行线沿纵坐标方向的距离即代表齿距累积总偏差 F_p 的值。

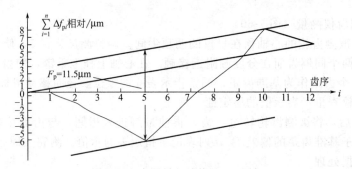

图 7-62　齿距累积总偏差 F_p 图解

（5）思考题

测量齿轮单个齿距偏差 f_{pt} 和齿距累积总偏差 F_p 的目的是什么？可以用什么评定指标代替 F_p？

7.5.2　齿轮径向跳动测量

（1）目的与要求

① 掌握用齿轮径向跳动检查仪测量径向跳动偏差的方法。

② 理解径向跳动偏差的实际含义。

（2）量仪说明和测量方法

径向跳动 F_r，是在齿轮一转范围内，测头在齿槽内与齿高中部双面接触，测头相对于齿轮轴线的最大变动量。测头的形式有球形、锥形等，不论使用何种形状的测头，其大小应与被测齿轮的模数相协调，以保证测头在齿高中部与齿轮双面接触。

F_r 可用径向跳动检查仪、万能测齿仪或普通的跳动仪测量。本实验采用齿轮径向跳动检查仪，如图 7-63 所示。测量时，把被测齿轮安装在心轴上，用心轴轴线模拟体现该齿轮的基准轴线，然后用指示表逐齿测量其测头相对于齿轮基准轴线的变动量。

图 7-63　齿轮径向跳动检查仪

1—立柱；2—指示表；3—指示表测量扳子；4—心轴；5—顶尖；6—顶尖锁紧螺钉；7—顶尖架；

8—顶尖架锁紧螺钉；9—滑台；10—底座；11—滑台锁紧螺钉；12—滑台移动手轮；

13—被测齿轮；14—表架锁紧螺钉；15—调节螺母

（3）实验步骤

① 根据被测齿轮的模数，选择尺寸合适的测头，将其安装在指示表 2 的测杆上。把安装着被测齿轮 13 的心轴 4 顶在两个顶尖 5 之间。注意调整两个顶尖之间的距离，使心轴无轴向窜动，且转动自如。

② 放松滑台锁紧螺钉 11，转动滑台移动手轮 12 使滑台 9 移动。从而使测头大约位于齿宽中间，然后再将滑台锁紧螺钉 11 锁紧。

③ 调整量仪零位：放下指示表测量扳子 3，松开表架锁紧螺钉 14，转动调节螺母 15，使测头随表架下降到与齿轮双面接触，把指示表的指针压缩 1～2 圈，然后将表架锁紧螺钉 14 固紧。转动表盘，把零标尺标记对准指示表的指针。

④ 测量：抬起指示表测量扳子 3，把被测齿轮 13 转过一个齿，然后放下指示表测量扳子 3 使测头进入齿槽内，记下指示表的示值。这样逐齿测量所有的轮齿，从各次示值中找出最大示值和最小示值，它们的差值即为齿圈径向跳动 F_r。F_r 应不大于径向跳动偏差允许值。

（4）思考题

齿圈径向跳动 F_r 是由什么加工因素产生的？测量 F_r 的目的是什么？可以用什么评定指标代替？

7.5.3　齿轮齿廓偏差测量

（1）目的与要求

① 了解渐开线检查仪的测量原理。

② 了解渐开线检查仪测量齿廓偏差的方法。

（2）量仪说明和测量原理

齿廓总偏差 F_α 是在计算范围 L_α 内，包容实际齿廓迹线的两条设计齿廓迹线间的距离。本实验采用单盘式渐开线检查仪测量齿廓偏差。该量仪是根据渐开线形成原理设计的，如图 7-64 所示。被测齿轮 3 与可更换的基圆盘 4 装在同一心轴上。基圆盘直径等于被测齿轮基圆直径，它与装在拖板 8 上的直尺 2 相切（由于弹簧作用，有一定的接触力）。转动手轮 6 通过丝杠 5 带动拖板移动，并使直尺与基圆盘作纯滚动，因而直尺与基圆盘最初接触的切点相对于基圆盘的运动轨迹便形成一条理论渐开线。测量时被测齿轮与基圆盘同步旋转，装在拖板上的杠杆 1 的一端作为测头与被测齿面接触，接触点位于直尺与基圆盘滚动的切平面上，杠杆的另一端与指示表 7 的测头接触。这样，就把被测实际齿廓与上述理论渐开线进行比较，两者的差异即为齿廓偏差，其数值从指示表读出。实际齿廓可用记录器记录。

图 7-64　渐开线检查仪测量原理
1—杠杆；2—直尺；3—被测齿轮；4—基圆盘；5—丝杠；6—手轮；
7—指示表；8—拖板

（3）齿廓测量范围的确定

测量齿廓偏差时，只测量工作部分内的齿廓。单盘式渐开线检查仪以展开角或者展开长度来确定齿廓测量范围。本实验按被测齿轮与齿条啮合来计算齿廓工作部分，用展开长度确定测量长度。

（4）实验步骤

3202G 型渐开线检查仪，如图 7-65 所示，其正确使用状态是：当量仪横向拖板 2 的标尺 15 与底座的中心指示线对齐时，测头的中心应通过基圆盘 5 的圆心。

校对杠杆测头伸出长度、调整指示表零位：转动纵向手轮 8，使纵向拖板 7 移动，当基

图 7-65　3202G 型渐开线检查仪

1—仪表座；2—横向拖板；3—横向手轮；4—直尺；5—基圆盘；6—心轴；7—纵向拖板；
8—纵向手轮；9—立柱；10—垂直手轮；11—垂直立柱；12—测量系统；
13—指示表；14—垂直滑板；15—标尺；16—指示线

圆盘 5 刚与直尺 4 接触时，测头的测点应在直尺与基圆盘的切平面上。此时指示表的读数应基本为零；否则，应利用仪器附带的样板重新调整零位。

测量工件齿廓偏差的步骤如下。

① 将被测齿轮安装在心轴 6 上，并用拨盘将其与基圆盘连接在一起，但不要把螺钉旋紧到最大限度，以备调整指示表零位时该齿轮尚能在心轴上转动。

② 转动横向手轮 3，使横向拖板 2 的标尺读数与起始展开长度相等。转动纵向手轮 8 使基圆盘 5 和直尺 4 接触后再旋转半圈（此时弹簧处于压缩状态）。

③ 在心轴上转动被测齿轮，使被测齿面与测头接触。继续转动该齿轮，使指示表测头被压缩，其指针位于零标尺标记附近。然后旋紧心轴 6 上的螺钉以固定被测齿轮，微动直尺 4 使指示表的指针微动，旋转到零标尺标记的位置。

④ 转动横向手轮 3，按被测齿廓的展开长度，从起始展开长度将该齿廓展开。在转动过程中，从指示表上读取相应的数值。在整个展开范围内指示表最大与最小示值的代数差为齿廓偏差。应在齿轮圆周上间隔 90°测一齿（每齿皆测左、右齿面），取这些齿廓偏差中的最大值作为测量结果，应不大于齿廓偏差的允许值。

（5）思考题

① 测量齿廓偏差的目的是什么？

② 测量齿廓偏差时，为什么要调整测头伸出长度（测头端点的位置）？

7.5.4　齿轮径向综合偏差测量

（1）目的与要求

① 掌握用双面啮合检查仪测量齿轮径向综合偏差的方法。

② 了解径向综合总偏差 F_i'' 和一齿径向综合偏差 f_i'' 产生的原因。

（2）量仪说明和测量方法

本实验采用双面啮合综合检查仪测量径向综合总偏差和一齿径向综合偏差，如图 7-66 所示。

量仪利用弹簧的作用力使被测齿轮与理想精确的测量齿轮作双面啮合。由于齿轮存在径

图 7-66　双面啮合综合检查仪

1—固定拖板；2—浮动拖板；3,11—手轮；4—销钉；5—螺钉；6—指示表；

7—记录器；8—测量齿轮；9—被测齿轮；10—手柄

向加工误差、基节偏差和齿廓偏差等，当齿轮转动时，双啮（即双面啮合）中心距就发生变动。这种变动量可以用指示表读出或用记录器记录。在被测齿轮一转内，双啮中心距的最大变动量称为径向综合总偏差 F_i''；在被测齿轮一齿距角内，双啮中心距的最大变动量称为一齿径向综合误差 f_i''。

（3）实验步骤

① 将被测齿轮 9 和测量齿轮 8 分别装在浮动拖板 2 和固定拖板 1 的心轴上。按逆时针方向转动手轮 3，直至手轮 3 被销钉 4 挡住为止，此时浮动拖板 2 大致停留在可浮动范围的中间。然后放松手柄 10，转动手轮 11，使固定拖板 1 移向浮动拖板 2，待两齿轮接近双面啮合时，再将手柄 10 压紧，使固定拖板 1 的位置固定。然后，按顺时针方向转动手轮 3，由于弹簧的作用，两齿轮便作无侧隙的双面啮合。

② 调整量仪零位：调整螺钉 5 的位置使指示表 6 的指针压缩 1～2 圈，并把螺钉 5 上的锁紧螺母拧紧，再转动表盘把零标尺标记对准指示表的指针。若使用记录器 7，则在滚筒上裹上记录纸，并将记录笔调整到中间位置。

③ 测量：将被测齿轮缓慢转动一周，记下指示表示值中的最大值与最小值，它们的差值即为径向综合总偏差 F_i''。将被测齿轮转过一个齿距角，记下指示表示值中的最大值与最小值之差，这样在圆周上均匀间隔测量若干次，并记录各次的测量结果，取其中的最大值作为该齿轮的一齿径向综合偏差 f_i''。

F_i'' 和 f_i'' 也可以从记录器 7 绘制的曲线上求出，如图 7-67 所示。特别是 f_i''，用记录曲线求出更为准确。F_i'' 和 f_i'' 应分别不大于其允许值。

图 7-67　双啮测量记录曲线

φ—被测齿轮转角；Δa—双啮中心距变动量

（4）思考题

① 径向综合总偏差 F_i'' 和一齿径向综合偏差 f_i'' 分别反映了齿轮的哪些加工误差？测量这两个评定指标的目的是什么？

② 双面啮合综合测量的优点和缺点是什么？

7.5.5　齿轮齿厚偏差测量

（1）目的与要求

① 掌握齿轮卡尺的调整与使用方法。

② 理解齿厚偏差的实际含义和作用。

（2）齿轮卡尺说明和测量方法

图 7-68 所示为测量齿厚偏差的齿轮卡尺，它由互相垂直的两个游标尺组成。测量时以齿轮顶圆作为定位基准。垂直游标尺用于控制被测部位的分度圆弦齿高 h_c，水平游标尺则用于测量分度圆弦齿厚 S_{nc}。它的读数方法与游标卡尺相同。

对于标准直齿圆柱齿轮，令其模数为 m，齿数为 z，则分度圆弦齿高 h_c 和弦齿厚 S_{nc} 按下式计算：

$$h_c = m\left[1 + \frac{z}{2}\left(1 - \cos\frac{90°}{z}\right)\right] \tag{7-23}$$

$$S_{nc} = mz\sin\frac{90°}{z} \tag{7-24}$$

为了使用方便，按上式计算出模数为 1mm、各种不同齿数的齿轮的分度圆弦齿高和弦齿厚，列于表 7-9。

图 7-68　齿轮卡尺
1,5—水平游标尺；2—垂直游标尺；
3,4—标尺；6—游标

（3）实验步骤

① 用外径千分尺测量齿轮顶圆的实际直径，计算顶圆公称半径 r_a 和实际半径 r'_a。

② 计算分度圆弦齿高 h_c 和弦齿厚 S_{nc}（或从表 7-9 查取），按 $\bar{h} - (r_a - r'_a)$ 的数值调整齿轮卡尺的垂直游标尺，然后加以固定。

表 7-9　$m = 1$mm 时标准齿轮分度圆玄齿高 h_c 和弦齿厚的数值 S_{nc}

齿数 z	h_c/mm	S_{nc}/mm	齿数 z	h_c/mm	S_{nc}/mm	齿数 z	h_c/mm	S_{nc}/mm
17	1.0362	1.5696	29	1.0213	1.5700	41	1.0150	1.5704
18	1.0342	1.5688	30	1.0205	1.5701	42	1.0147	1.5704
19	1.0324	1.5690	31	1.0199	1.5701	43	1.0143	1.5705
20	1.0308	1.5692	32	1.0193	1.5702	44	1.0140	1.5705
21	1.0294	1.5694	33	1.0187	1.5702	45	1.0137	1.5705
22	1.0281	1.5696	34	1.0181	1.5702	46	1.0134	1.5705
23	1.0268	1.5696	35	1.0176	1.5702	47	1.0131	1.5705
24	1.0257	1.5697	36	1.0171	1.5703	48	1.0129	1.5705
25	1.0247	1.5698	37	1.0167	1.5703	49	1.0126	1.5705
26	1.0237	1.5698	38	1.0162	1.5703	50	1.0123	1.5705
27	1.0228	1.5699	39	1.0158	1.5704			
28	1.0220	1.5700	40	1.0154	1.5704			

③ 将齿轮卡尺置于被测轮齿上，使垂直游标尺的高度尺与齿顶可靠地接触。然后，移动水平游标尺的量脚，使之与齿面接触，从水平游标尺上读出弦齿厚的实际尺寸。应分别在齿轮圆周上均布的几个轮齿上测量。被测齿轮齿厚的实际偏差 E_{sn} 应在齿厚上极限偏差 E_{sns} 与下极限偏差 E_{sni} 范围内。

（4）思考题

测量齿轮齿厚的目的是什么？可以用什么评定指标代替齿厚偏差？

7.5.6　齿轮公法线平均长度偏差测量

（1）目的与要求

① 掌握测量齿轮公法线平均长度的方法。

② 掌握公法线平均长度偏差的计算，理解公法线平均长度偏差与齿厚偏差的关系。

（2）量仪说明和测量方法

公法线平均长度偏差 E_{bn} 是指齿轮一周范围内，公法线长度平均值与公称值之差。本实验采用公法线千分尺或公法线指示规来测量公法线长度。

公法线千分尺的外形如图 7-69 所示。它的结构、使用和读数方法与普通千分尺一样，仅量砧制成碟形，以使碟形量砧能伸进齿间进行测量。

图 7-69　公法线千分尺外形

图 7-70　公法线指示规结构
1—圆柱；2—弹性开口圆套；3—固定量脚；4—活动卡脚；
5—比例杠杆；6—指示表；7—扳手；8—按钮

图 7-70 为公法线指示规的结构图。量仪的弹性开口圆套 2 的孔比圆柱 1 稍小，将专门扳手 7 取下插入弹性开口圆套 2 的开口槽中，可使弹性开口圆套 2 沿圆柱 1 移动。用组成公法线长度公称值的量块调整活动卡脚 4 与固定量脚 3 之间的距离，同时转动指示表 6 的表盘使它的指针对准零标尺标记。然后，用比较法测量齿轮各条公法线的长度。测量时应轻轻摆动量仪，按指针转动的转折点（最小示值）进行读数。

测量公法线长度时的跨齿数 k 和它的公称值 W 分别按下列公式计算：

$$k = z\frac{\alpha_m}{180°} + 0.5 \tag{7-25}$$

$$W = m\cos\alpha[\pi(k-0.5) + z\,inv\alpha] + 2xm\sin\alpha \tag{7-26}$$

$$\alpha_m = \arccos\frac{d_b}{d+2xm} \tag{7-27}$$

式中　　m、z、α、d_b 和 d——模数、齿数、基准齿型角、基圆直径和分度圆直径；

　　　　　　　　X——变位系数；

　　　　　invα——渐开线函数（inv20°=0.0149）。

k 必须为整数，取最接近计算值的整数。

为了使用方便，对于 $\alpha = 20°$、$m = 1mm$ 的标准直齿圆柱齿轮，按上述公式计算出跨齿数 k 和公法线长度公称值 W，列于表 7-10 中。

（3）实验步骤

用公法线指示规测量：按被测齿轮的模数、齿数、基准齿廓角等参数计算跨齿数和公法线长度公称值，选取量块，调整量仪零位。然后逐齿测量或均布测量 6 条公法线长度，从指示表读取示值，这些示值的平均值与公法线公称长度之差为公法线平均长度偏差 E_{bn}。应在公法线平均长度上极限偏差 E_{bns} 与下极限偏差 E_{bni} 范围内。测量后，应校对量仪零位，误差不得超过半格标尺标记。

用公法线千分尺测量：按被测齿轮的模数、齿数、基准齿廓角等参数计算跨齿数 k 和公法线长度 W 公称值（或从表 7-10 查取），然后在圆周上均布测量 6 条公法线。计算方法同上。

表 7-10　$\alpha=20°$、$m=1$mm 的标准直齿圆柱齿轮的公法线长度公称值

z	n	W/mm	z	n	W/mm	z	n	W/mm
17	2	4.663	29		10.7386	40		13.8448
18	3	7.6324	30	4	10.7526	41	5	13.8588
19		7.6464	31		10.766	42		13.8728
20		7.6604	32		10.7806	43		13.8868
21		7.6744	33		10.7946	44		13.9008
22		7.6884	34		10.8086			
23		7.7024	35		108226	45	6	16.8670
24		7.7165				46		16.8810
25		7.7305	36	5	13.788	47		16.8950
26		7.7445	37		13.8028	48		16.9090
27	4	10.7106	38		13.8168	49		16.9230
28		10.7246	39		13.8308	50		16.9370

注：其他模数的齿轮，需将表中 W 的数值乘以模数。

（4）思考题

与测量齿厚相比较，测量公法线长度有何优点？

7.6　常用的测量器具

7.6.1　游标卡尺

　　游标卡尺是一种利用游标读数原理制成的测量器具，如图 7-71 所示。游标卡尺的读数装置由主标尺和游标尺两部分组成。游标尺与尺身之间有一弹簧片，利用弹簧片的弹力使游

(a) 普通游标卡尺

(b) 深度游标卡尺　　　(c) 高度游标卡尺

图 7-71　游标卡尺

标尺与尺身靠紧。游标尺上部有一紧固螺钉，可将游标尺固定在尺身上的任意位置。尺身和游标尺都有量爪，利用内测量爪可以测量槽的宽度和管件的内径，利用外测量爪可以测量零件的厚度和管件的外径。深度尺与游标尺连在一起，可以测量槽和孔的深度。

（1）游标卡尺的工作原理

如图 7-72 所示，其主标尺标记间距 a 为 1mm，若令主标尺标记 $n-1$ 格的宽度等于游标尺标记 n 格的宽度，则游标尺的标记间距 $b=(n-1)/n\times a$，而主标尺标记与游标尺标记间距宽度差（即游标尺的精度值）$i=a-b=a/n$。当游标尺在主标尺两个标记间移动时，游标尺"0"线离开主标尺前一标记的距离就等于游标尺标记的序号与游标精度值的乘积，这个乘积就是读数时小数部分的值，此值加上游标尺"0"线前面主标尺上的标记值即为测量结果。

图 7-72　游标卡尺的标记原理

主标尺与游标尺的分度间隔不同，通常主标尺标记分度间隔为 1mm，游标尺标记分度间隔根据其测量精度不同而不同。游标卡尺根据游标上的分度格数，常常分为 10 分度、20 分度和 50 分度三种，它们的精度分别为 0.1mm、0.05mm 和 0.02mm。

（2）不同分度游标卡尺的读数原理及示例

① 10 分度游标卡尺　10 分度游标卡尺如图 7-73 所示，其主标尺的最小分度是 1mm，游标尺上有 10 个小的等分标记，它们的总长等于 9mm，因此游标尺的每一分度与主标尺的最小分度相差 0.1mm，当左测脚与右测脚合在一起，游标尺的零标记与主标尺的零标记重合时，游标尺上只有第 10 条标记与主标尺的 9mm 标记重合，其余的标记都不重合。游标尺的第一条标记在主标尺的 1mm 标记左边 0.1mm 处，游标尺的第二条标记在主标尺的 2mm 标记左边 0.2mm 处，等等。游标尺的第几条标记与主标尺的标记重合，就是零点几毫米。

图 7-73　10 分度游标卡尺

例如，图 7-73 所示的 10 分度游标卡尺，精度为 0.1mm。整数读数为：4mm；小数读数为：游标尺上第 1 条标记（图中箭头所指的线）与主标尺标记对齐，所以读数为 $1\times 0.1mm=0.1mm$；则被测尺寸＝4mm＋0.1mm＝4.1mm。

② 20 分度游标卡尺　20 分度游标卡尺如图 7-74 所示，其主标尺的最小分度是 1mm，

游标尺上有 20 个小的等分标记，它们的总长等于 19mm。因此，游标尺的每一分度与主标尺的最小分度相差 0.05mm，当左测脚与右测脚合在一起，游标尺的"0"线与主标尺的"0"线重合时，游标尺上只有第 10 条标记与主标尺的 19mm 标记重合，其余的标记都不重合。游标尺的第一条标记在主标尺的 1mm 标记左边 0.05mm 处，游标尺的第二条标记在主标尺的 2mm 标记左边 0.1mm 处，等等。游标尺的第 n 条标记与主标尺的标记重合，就是 $0.05 \times n$ 毫米。

图 7-74　20 分度游标卡尺

例如，图 7-74 所示的 20 分度游标卡尺，精度为 0.05mm。整数读数为：3mm；小数读数为：游标尺上第 5 条标记（图中箭头所指的线）与主标尺标记对齐，所以读数为 $5 \times 0.05mm = 0.25mm$；则被测尺寸 $= 3mm + 0.25mm = 3.25mm$。

③ 50 分度游标卡尺　50 分度游标卡尺如图 7-75 所示，其主标尺的最小分度是 1mm，游标尺上有 50 个小的等分标记，它们的总长等于 49mm，因此游标尺的每一分度与主标尺的最小分度相差 0.02mm。当左测脚与右测脚合在一起，游标尺的"0"线与主标尺的"0"线重合时，游标尺上只有第 10 条标记与主标尺的 49mm 标记重合，其余的标记都不重合。游标尺的第一条标记在主标尺的 1mm 标记左边 0.02mm 处，游标尺的第二条标记在主标尺的 2mm 标记左边 0.04mm 处，等等。游标尺的第 n 条标记与主标尺的标记重合，就是 $0.02 \times n$ 毫米。

图 7-75　50 分度游标卡尺

例如，图 7-75 所示的 50 分度游标卡尺，精度为 0.02mm。整数读数为：10mm；小数读数为：游标尺上第 10 条标记（图中箭头所指的线）与主标尺标记对齐，所以读数为 $10 \times 0.02mm = 0.20mm$；被测尺寸 $= 10mm + 0.20mm = 10.20mm$。

7.6.2　外径千分尺

千分尺又称螺旋测微器，是利用精密螺旋副原理，对弧形尺架上两测量面间分隔距离进行读数的手携式通用长度测量工具。千分尺的规格种类繁多，改变千分尺测量面形状和尺架尺寸等就可以制成不同用途的千分尺，主要有外径千分尺、内径千分尺、深度千分尺和内测千分尺等。其中，外径千分尺根据不同的结构和用途又分为：杠杆千分尺、壁厚千分尺、公法线千分尺和螺纹千分尺等。

（1）外径千分尺的使用方法

外径千分尺如图 7-76 所示，测量时用螺旋副将微分筒 6 的角位移转变为可动测头 3 的直线位移。可动测头 3 的螺距为 0.5mm，固定套筒 5 上的标记间距也为 0.5mm。微分筒 6 上有等分 50 格的圆周标记，当微分筒旋转一圈时，可动测头 3 的轴向位移为 0.5mm；当微分筒旋转一格时，可动测头 3 的轴向位移为 0.5÷50＝0.01（mm），此即千分尺的分度值。当旋转微分筒而测头 3 和工件快要接触时，应缓慢旋转棘轮 10，直到发出"喀喀"的响声，则表示已接触。然后可直接读数，或者先用锁紧机构固定可动测头的位置，再把千分尺从工件上取下来读数。

图 7-76　外径千分尺

1—尺架；2—固定测砧；3—可动测头；4—螺纹轴套；5—固定套筒；6—微分筒；7—调节螺母；
8—接头；9—垫圈；10—棘轮；11—锁紧手柄；12—护板（隔热板）；13—拔销轴

（2）外径千分尺的读数方法及示例

外径千分尺的读数值由三部分组成，毫米的整数部分、半毫米部分和小于半毫米的小数部分。

测量过程中，当测砧和测微螺杆并拢时，活动套管的"0"线应恰好与固定套管的"0"线重合。旋出测微螺杆，并使测砧和测微螺杆的测量面正好分别与待测长度的两端接触，那么测微螺杆向右移动的距离就是所测的长度。这个距离的整毫米数及半毫米数由固定套管上读出，小于半毫米的部分则由活动套管读取。

先读毫米的整数部分和半毫米部分。读数时，先以活动套管的端面为基准线，因为活动套管的端面是毫米和半毫米读数的指示线。看活动套管端面左边固定套管上露出的标尺标记，如果活动套管的端面与固定套管的上标记之间无下标记，读取的数为测量结果毫米的整数部分；如活动套管端面与上标记之间有一条下标记，那么就能读取测量结果的半毫米部分。

再读小于半毫米的小数部分。固定套管上的轴向中线是活动套管读数的指示线。读数时，从固定套管轴向中线所对的活动套管上的标记，读取被测工件小于半毫米的小数部分，如果轴向中线处在微分筒上的两条标记之间，即为千分之几毫米，可用估读法确定。

最后，相加得测量值。将毫米的整数部分、半毫米部分和小于半毫米的小数部分相加起来，即为被测工件的测量值。

例如，如图 7-77（a）所示，首先，活动套管端面左侧露出的固定套管上的数值是 3mm；然后，活动套管上第 10 格线与固定套管上的轴向中线基本对齐，即数值为 0.10mm，再估读 0.002mm。那么，千分尺的正确读数应为 3＋0.102＝3.102（mm）。

如图 7-77（b）所示，首先，活动套管端面左侧露出的固定套管上的数值是 7mm；然后，活动套管端面与固定套管上标记之间有一条下标记，所以要加上 0.5mm；最后，活动套管

图 7-77 外径千分尺的读数示例

上第 19～20 格线与固定套管上的轴向中线基本对齐，即数值为 0.19mm，再估读 0.007mm。那么，千分尺的正确读数应为 $7+0.5+0.197=7.697$（mm）。

7.6.3 百分表

分度值为 0.01mm 的指示表，称为百分表。百分表是一种精度较高的量具，一般以相对测量法测量工件的尺寸误差和几何误差，也可以在其测量范围内对工件的尺寸进行绝对测量，还可以作为各种检验夹具和专用量仪的读数装置。百分表分为机械式百分表和数显式百分表。

（1）机械式百分表的工作原理

机械式百分表，简称百分表，其工作原理如图 7-78（b）所示。当带有齿条的测杆移动时，固定在同一轴上的小齿轮 z_1 和大齿轮 z_2 就一起旋转，因而使固定在另一轴上的中心齿轮 z_3 和指针一起旋转，从表盘上读出测杆的位移量。为了消除齿侧间隙引起的空程误差，在百分表内装有游丝，由游丝产生的扭力矩作用在补偿齿轮 z_4 上，以保证各齿轮无论正转还是反转，都在同一齿侧啮合。一般百分表的 $z_1=16$，$z_2=z_4=100$，$z_3=10$，百分表的放大倍数 $K=150$。

(a) 外形图　　　(b) 传动系统图

图 7-78　机械式百分表

1—小齿轮 z_1；2—大齿轮 z_2；3—中心齿轮 z_3；4—拉簧；5—测杆；

6—转数指针；7—补偿齿轮 z_4；8—游丝（转簧）

百分表沿表盘圆周刻有 100 格等分标记，而标尺标记间距 $C=1.5\text{mm}$，于是百分表的分度值 $i=C/K=1.5/150=0.01\text{mm}$。

参看图 7-78(a)，测量时先将测杆向上压缩 1～2mm（长指针按顺时针方向转 1～2 圈），然后旋转表盘，使表盘的零标尺标记对准长指针。长指针旋转一周，则短指针旋转一格，根据短指针所在的位置，可以知道长指针相对于零标尺标记的旋转方向和旋转圈数。

（2）机械式百分表的读数方法及示例

机械式百分表在测量过程中，其指针和转数指针的位置都会发生变化。测杆移动 1mm，转数指针就移动一个格，所以被测尺寸毫米的整数值部分从转数指示盘（小指示盘）上读出，如图 7-78(a) 所示的毫米整数部分为 1mm。同时，测杆移动 1mm，百分表表盘（大指示盘）指针也转动一圈，也就是说，测杆移动 0.01mm 时，表盘指针转动一小格，所以被测尺寸毫米的小数部分应从大指示盘上读取〔见图 7-78(a)〕。因指针指在两条标记线之间，需要估读到第三位小数，因此毫米小数部分为 0.638mm。这样整数部分和小数部分相加即得被测尺寸值 1.638mm。

对数显式百分表，直接显示出被测尺寸值，很直观而且不存在估读问题。机械式百分表由于表盘指针尖端与表盘之间有一定的距离，所以在读数时，眼睛一定要垂直于表盘进行读数，否则会产生读数误差。

在读数时，一定要注意表盘指针和转数指针的起始位置，否则很容易读错数。为了测量读数的方便，一般都转动表盘，使其上的"0"线对准指针，这样就不需要再记忆表盘指针的起始位置，而可以直接读出被测尺寸的小数部分。

7.6.4　万能角度尺

万能角度尺又被称为角度规、游标角度尺和万能量角器，它利用游标读数原理直接测量机械加工中工件的内、外角度，可测 0°～320° 的外角及 40°～130° 的内角，或进行划线的一种角度量具。其主要结构型式分别为Ⅰ型和Ⅱ型游标万能角度尺（其测量范围分别为 0°～320° 和 0°～360°）（见图 7-79）、带表万能角度尺和数显万能角度尺四种。

（1）万能角度尺的读数机构。见图 7-79(a)，该机构是由刻有基本角度标记的主尺，和固定在扇形板上的游标尺组成，扇形板可在主尺上回转移动（有锁紧装置），形成了与游标卡尺相似的游标读数机构。主尺标记每格为 1°，游标的标记是取主尺的 29° 等分为 30 格，因此游标标记角格为 29°/30，即主尺与游标一格的差值为（1°−29°/30=2′），也就是说万能角度尺读数准确度为 2′。

（2）万能角度尺读数方法与游标卡尺完全相同。先读出游标"0"线前的角度是几度，再从游标上读出角度"分"的数值，两者相加就是被测零件的角度数值。在万能角度尺上，基尺是固定在尺座上的，直角尺是用卡块固定在扇形板上，直尺是用卡块固定在直角尺上。若把直角尺拆下，也可把直尺固定在扇形板上。由于直角尺和直尺可以移动和拆换，使万能角度尺可以测量 0°～320° 的任何角度。如图 7-80 所示，直角尺和直尺全装上时，可测量 0°～50° 的角度；仅装上直尺时，可测量 50°～140° 的角度；仅装上直角尺时，可测量 140°～230° 的角度；把直角尺和直尺全拆下时，可测量 230°～320° 的角度（即可测量 40°～130° 的内角度）。

万能角度尺的主尺上，基本角度的标尺标记只有 0°～90°，如果测量的零件角度大于 90°，则在读数时，应加上一个基数（90°、180°、270°）。当零件角度为：>90°～180°，被测角度 =90°+角度尺读数；>180°～270°，被测角度 =180°+角度尺读数；>270°～320° 被测角度 =270°+角度尺读数。

附：

（1）实验守则

(a) Ⅰ型游标万能角度尺

(b) Ⅱ型游标万能角度尺

图 7-79 游标万能角度尺

① 本守则的目的是维护仪器设备安全、培养学生正确实验的方法和对工作一丝不苟的良好习惯，保证实验教学质量。

② 对学生作实验的要求是：原理清楚、方法正确、数据可靠和报告工整。

③ 按规定时间准时进入实验室。入室前掸去衣帽上灰尘，更换拖鞋。保持安静、禁止喧哗，注意室内整洁、禁止随地吐痰和吸烟。

④ 进实验室前应预习实验指导书，了解实验的目的要求和测量原理。

⑤ 开始作实验之前，应在教师指导下，对照仪器了解仪器的结构和使用调整方法。

⑥ 按操作步骤进行测量、记录数据。操作要细心，动作要轻匀。手指勿触摸计量器具的工作面和光学镜头，不要动用与本次实验无关的计量器具。

⑦ 实验用仪器发生故障时，应立即报告指导教师予以排除，不得自行拆卸修理。因违反操作规程而损坏仪器者，要按章处理。

⑧ 测量完成后，切断电源。将仪器和工件上测量面用浸汽油的棉花擦净，并涂上防锈

图 7-80　万能角度尺的应用

油。整理现场，经指导教师检查同意后，方能离开实验室。

（2）实验报告的要求和内容

编写实验报告是训练学生撰写科学论文能力、培养良好学风的重要环节。对本课程，实验报告是考核学习成绩的手段之一，是评估教学质量的重要依据。

实验报告应由每个学生个人独立完成，报告内容要层次清楚、文句简明通顺，符合汉字规范和法定计量单位。

实验报告的一般内容如下：

① 实验名称。

② 测量对象：写出被测工件的规格、尺寸和技术要求。

③ 计量器具：写出所用仪器和量具的名称和主要计量指标。

④ 测量结果：记录测得的读数，绘制测量简图，进行数据处理，写出最后结果，要注明数据的单位和符号。

⑤ 合格性结论：按技术要求查出公差或极限偏差，判断被测工件的合格性。

⑥ 其他：回答思考题，分析测量误差，写出实验心得等。

参 考 文 献

[1] 韩进宏，王长春.互换性与测量技术基础.北京：北京大学出版社，2006.
[2] 毛平淮.互换性与测量技术基础.北京：机械工业出版社，2006.
[3] 李军.互换性与测量技术基础.武汉：华中科技大学出版社，2007.
[4] 王伯平.互换性与测量技术基础.北京：机械工业出版社，2004.
[5] 景旭文.互换性与测量技术基础.北京：中国计量出版社，2002.
[6] 廖念钊等.互换性与技术测量.北京：中国计量出版社，2007.
[7] 庞学慧，武文革.互换性与测量技术基础.北京：电子工业出版社，2009.
[8] GB/T 321—2005.优先数和优先数系.北京：中国标准出版社，2005.
[9] GB/T 19764—2005.优先数和优先数系化整值系列的选用指南.北京：中国标准出版社，2005.
[10] GB/T 1800.1—2009.产品几何技术规范 极限与配合 第一部分：公差、偏差和配合的基础.北京：中国标准出版社，2009.
[11] GB/T 1800.2—2009.产品几何技术规范 极限与配合 第二部分：标准公差等级和孔、轴极限偏差表.北京：中国标准出版社，2009.
[12] GB/T 1801—2009.产品几何技术规范 极限与配合 公差带和配合的选择.北京：中国标准出版社，2009.
[13] GB/T 2822—2005.标准尺寸.北京：中国标准出版社，2005.
[14] JJG 146—2003.量块 检定规程.北京：中国标准出版社，2004.
[15] GB/T 1957—2006.光滑极限量规 技术条件.北京：中国标准出版社，2006.
[16] GB/T 3177—2009.产品几何技术规范 光滑工件尺寸的检验.北京：中国标准出版社，2009.
[17] GB/T 1182—2008.产品几何技术规范 几何公差 形状、方向、位置和跳动公差标注.北京：中国标准出版社，2008.
[18] GB/T 4249—2009.产品几何技术规范 公差原则.北京：中国标准出版社，2009.
[19] GB/T 16671—2009.产品几何技术规范 几何公差 最大实体要求、最小实体要求和可逆要求.北京：中国标准出版社，2009.
[20] GB/T 1184—1996.形状和位置公差未注公差值.北京：中国标准出版社，1997（2004复审）.
[21] GB/T 1958—2004.产品几何技术规范 形状和位置公差 检测规定.北京：中国标准出版社，2005.
[22] JJF 1001—1998.通用计量术语及定义.北京：中国标准出版社，1999.
[23] GB/T 131—2006.产品几何技术规范 技术产品文件中表面结构的表示法.北京：中国标准出版社，2007.
[24] GB/T 3505—2009.产品几何技术规范 表面结构 轮廓法 术语、定义及表面结构参数.北京：中国标准出版社，2009.
[25] JB/T 10313—2002.量块检验方法.北京：中国标准出版社，2002.
[26] GB/T 307.1—2005.滚动轴承 向心轴承 公差.北京：中国标准出版社，2005.
[27] GB/T 307.2—2005.滚动轴承 测量和检验的原则及方法.北京：中国标准出版社，2005.
[28] GB/T 307.3—2005.滚动轴承 通用技术规则.北京：中国标准出版社，2005.
[29] GB/T 192—2003.普通螺纹 基本牙型.北京：中国标准出版社，2003.
[30] GB/T 197—2003.普通螺纹 公差.北京：中国标准出版社，2003.
[31] GB/T 193—2003.普通螺纹 直径与螺距系列.北京：中国标准出版社，2003.
[32] GB/T 15756—2008.普通螺纹 基本尺寸.北京：中国标准出版社，2008.
[33] GB/T 1096—2003.普通型 平键.北京：中国标准出版社，2003.
[34] GB/T 1568—2008.键 技术条件.北京：中国标准出版社，2009.
[35] GB/T 18620.1—2008.圆柱齿轮 检验实施规范 第1部分：齿轮同侧齿面的检验.北京：中国标准出版社，2008.
[36] GB/T 18620.2—2008.圆柱齿轮 检验实施规范 第2部分：径向综合偏差、径向跳动、齿厚和侧隙的检验.北京：中国标准出版社，2008.
[37] GB/T 18620.3—2008.圆柱齿轮 检验实施规范 第3部分：齿轮坯、轴中心距和轴线平行度的检验.北京：中国标准出版社，2008.
[38] GB/T 18620.4—2008.圆柱齿轮 检验实施规范 第4部分：表面结构和轮齿接触斑点的检验.北京：中国标准出版社，2008.
[39] GB/T 10095.1—2008.圆柱齿轮 精度制 第1部分：齿轮同侧齿面偏差的定义和允许值.北京：中国标准出版社，2008.
[40] GB/T 10095.2—2008.圆柱齿轮 检验实施规范 第2部分：径向综合偏差与径向跳动的定义和允许值.北京：中国标准出版社，2008.
[41] GB/T 5847—2004.尺寸链 计算方法.北京：中国标准出版社，2004.
[42] GB/T 10610—2009.产品几何技术规范 表面结构 轮廓法 评定表面结构的规则和方法.北京：中国标准出版社，2009.
[43] GB/T 275—1993.滚动轴承与轴和外壳的配合.北京：中国标准出版社，1993（2004复审）.
[44] GB/T 1144—2001.矩形花键的尺寸、公差和检验.北京：中国标准出版社，2002.
[45] GBT 4604—2006.滚动轴承 径向游隙.北京：中国标准出版社，2006.
[46] GBT 4199—2003.滚动轴承 公差 定义.北京：中国标准出版社，2004.
[47] GB/T 10920—2008.螺纹量规和光滑极限量规 型式与尺寸.北京：中国标准出版社，2009.